UV/VIS-Spektroskopie

Wolfgang Gottwald, Kurt Herbert Heinrich

Die Praxis der instrumentellen Analytik

herausgegeben von U. Gruber und W. Klein

Gottwald
RP-HPLC für Anwender

Gottwald
GC für Anwender

Gottwald/Wachter
IR-Spektroskopie für Anwender

Herzog/Messerschmidt
NMR-Spektroskopie für Anwender

In Vorbereitung:

Kromidas
Validierung in der Analytik

Gottwald
Statistik für Anwender

UV/VIS-Spektroskopie für Anwender

Wolfgang Gottwald
Kurt Herbert Heinrich

 **WILEY-VCH**

Weinheim • New York • Chichester
Brisbane • Singapore • Toronto

Wolfgang Gottwald
Kurt Herbert Heinrich
Provadis GmbH
Partner für Bildung & Beratung
Lab Technology
Industriepark Höchst
D-65926 Frankfurt

Das vorliegende Werk wurde sorgfältig erarbeitet. Dennoch übernehmen Autor, Übersetzer und Verlag für die Richtigkeit von Angaben, Hinweisen und Ratschlägen sowie für eventuelle Druckfehler keine Haftung.

Die Deutsche Bibliothek – CIP-Einheitsaufnahme

Gottwald, Wolfgang:
UV-VIS-Spektroskopie für Anwender / Wolfgang Gottwald ; Kurt
Herbert Heinrich. – Weinheim ; New York ; Chichester ; Brisbane ;
Singapore ; Toronto : Wiley-VCH, 1998
(Die Praxis der instrumentellen Analytik)

ISBN 978-3-527-28760-4

© WILEY-VCH Verlag GmbH, D-69469 Weinheim (Federal Republic of Germany). 1998.

Gedruckt auf säurefreiem und chlorfrei gebleichtem Papier.

Vorwort

Unter den physikalisch-chemischen Meßmethoden bieten sich zur Quantifizierung von Substanzen neben der Chromatographie meist spektroskopische Verfahren an. Die UV/VIS-Spektroskopie nimmt dabei in vielen Laboratorien einen festen Platz ein, besonders weil nahezu jeder Analyt einer spektroskopischen Bestimmung zugänglich ist, ob er nun anorganischen oder organischen Charakter besitzt.

Neben der ständigen Fortentwicklung der Meßeinrichtungen und Zubehöre hat insbesondere die stürmische Entwicklung in der Elektronik und in der Gerätetechnik dieser analytischen Methode neue Anwendungsgebiete erschlossen. Daneben hat die begleitende Rechnerunterstützung neue Wege zur Auswertung spektraler Daten eröffnet. Die UV/VIS-Spektroskopie hat damit für Laboratorien einen neuen Stellenwert erhalten.

Für das Laborpersonal und dessen Qualifizierung ist die Entwicklung und die immer größere Anwendungsbreite dieser Meßtechnik eine Herausforderung. Die Autoren des vorliegenden Bandes aus der Reihe „Die Praxis der instrumentellen Analytik" (Hrsg. U. Gruber und W. Klein) haben es sich deshalb zur Aufgabe gemacht, dem Anwender in möglichst einfacher Form das nötige Grundlagenwissen zur praxisorientierten UV/VIS-Spektroskopie zu vermitteln. Auf komplizierte Ableitungen und Formalismen wurde dabei bewußt verzichtet. Unser Ziel war es, für Auszubildende in den verschiedensten Laborberufen ebenso wie für Studenten und Diplomanden der Fachhochschulen und Universitäten einen fundierten praktischen Einstieg in die UV/VIS-Spektroskopie anzubieten. Aber auch der Praktiker im Labor wird die notwendige Hilfestellung in der täglichen Routineanalytik mittels UV/VIS-Spektroskopie finden.

Methodische Grundlagen, Kenntnisse in der Gerätetechnik und Hinweise zur Spektrenaufnahme sollen dabei nicht nur zum Verständnis und zum effektiveren Einsatz der Analysenmethode beitragen. Die kritische Beurteilung und Bewertung der erhaltenen Daten erfordern die Kenntnis aller Zusammenhänge. Deswegen wird ausführlich auf die statistischen Grundlagen von Meßergebnissen und Kalibrierdaten sowie auf die Fehlererkennung und -vermeidung eingegangen. Nach einer ausführlichen Behandlung der Qualifizierung UV/VIS-spektrometrischer Messungen und Meßsysteme werden schließlich im letzten Teil des Buches Arbeitsanleitungen angeboten, die zur Vertiefung der praktischen UV/VIS-Spektroskopie dienen sollen. In diesen Versuchen wird bewußt auf die Verwendung teurer Zubehöre oder außergewöhnlicher Reagenzien verzichtet, vielmehr wurde besonderer Wert auf die Nachvollziehbarkeit der Versuche sowie die mögliche Interpretation der Ergebnisse gelegt. Die beschriebenen Versuche basieren auf den Erfahrungen mit zahlreichen Anwendern, die diese Versuchsabläufe während vieler Fortbildungsveranstaltungen der PROVADIS, Partner für Bildung und Beratung (vormals die Ausbildungsabteilung der HOECHST AG, Werk Höchst), mit Erfolg durcharbeiten.

Wir danken an dieser Stelle den Kolleginnen und Kollegen der PROVADIS sowie allen unseren Kursteilnehmern für ihre vielfachen Anregungen und ihre konstruktive Kritik. Ein besonderer Dank gilt unserem Kollegen Ralf Sossenheimer, der sich die Mühe machte, das erstellte Manuskript kritisch durchzuarbeiten und uns viele wertvolle Hinweise und Ratschläge aus seiner reichen UV/VIS-Erfahrung gab.

Frankfurt-Höchst

Wolfgang Gottwald
Kurt Herbert Heinrich

Mai 1998

Inhaltsverzeichnis

1 Einführung

Die Fotometrie und die Spektroskopie sind wichtige Teilgebiete der Physik. Die Grundlagen der Fotometrie wurden bereits intensiv in der zweiten Hälfte des 17. Jahrhunderts erforscht, obwohl die wahre Natur des Lichtes erst Ende des 19. Jahrhunderts anschaulich beschrieben werden konnte. Es gibt eine Fülle von Lichtquellen, deren Funktion auf unterschiedlichen Effekten beruht, allen gemeinsam aber ist die Eigenschaft, Energie auszusenden. Das Messen dieser abgestrahlten Energie ist die Aufgabe der Fotometrie. Während die Fotometrie sich mit der Messung der Strahlungsenergie beschäftigt, wird mit Hilfe der Spektroskopie eine Aussage über die Wechselwirkung der Strahlungsenergie mit den Atomen oder Molekülen der untersuchten Stoffe getroffen. Es ist die Aufgabe der Spektroskopie, Informationen über den Aufbau, die Zusammensetzung und die Konzentration der untersuchten Stoffe zu liefern. Diese Informationen kann man nur erhalten, wenn es gelingt, das Licht in seine Bestandteile zu zerlegen, also Licht einer einzigen Wellenlänge zu erzeugen. Erst danach ist es möglich, mittels der Fotometrie die Lichtenergie zu messen.

Gerade die Messung der Lichtenergie war der wichtigste Meilenstein, um die Fotometrie als analytische, sehr vielfältige Methode in naturwissenschaftlichen Disziplinen als Hilfsmittel einzusetzen. Man denke beispielsweise an den Einsatz eines Belichtungsmessers in Kameras, der heute ohne Hilfe der modernen Elektronik nicht optimal genutzt werden könnte. Seit die Elektronik im ersten Drittel unseres Jahrhunderts ihren Siegeszug begann, ist die Fotometrie als Hilfsmittel in der Technik und in der Analytik nicht mehr wegzudenken.

Die von Strahlungsquellen ausgesandte Energie kann inzwischen mit so großer Genauigkeit gemessen werden, daß man z. B. in der Lage ist, die Entfernung von Sternen durch die Messung ihrer scheinbaren Helligkeit genau zu bestimmen.

Bei den ersten Fotometern mußte die Helligkeit einer leuchtenden Fläche mit der Helligkeit einer anderen Fläche verglichen werden. Das ging immer nur bei einer einzigen Wellenlänge. Durch optische Methoden über fernrohrähnliche Systeme wurden die Lichtstärken zweier Lichtquellen verglichen.

Das Fettfleckfotometer nach Bunsen (Robert Bunsen, 1791–1860) ist das bekannteste Fotometer, das dieses Verfahren benutzt und dadurch reproduzierbare Werte liefert. Beim Fettfleckfotometer wird ein Blatt Papier in der Mitte mit einem Fettfleck versehen und in einen Rahmen eingespannt. Auf die eine Seite fällt Licht von einer davorgestellten Lichtquelle. Das Licht wird vom nichtbehandelten Papier reflektiert, nur der Fettfleck läßt das Licht durch. Von der anderen Seite fällt Licht von einer zweiten Lichtquelle auf das Papier. Auch hier reflektiert das Papier das unbehandelte Licht, nur der Fettfleck läßt das Licht durch. Ändert man nun die Abstände der Lichtquellen vom Papier, so gibt es eine Stelle, an welcher die Beleuchtungsstärke von der linken und von der rechten Seite gleich stark ist. Der Fettfleck wird für das Auge unsichtbar. Die Beleuchtungsstärken auf der linken und auf der rechten Seite sind somit gleich. Da die beiden Beleuchtungsstärken sich zueinander verhalten wie die Quadrate ihrer Abstände ist es auf diese Weise mit sehr einfachen Mitteln möglich gewesen, die abgestrahlte Energie von Lichtquellen untereinander reproduzierbar zu vergleichen. Durch eine Kombination von zwei Prismen ist es bei dem Fotometerwürfel nach Lummer-Brodhun (Otto Lummer, 1860–1925) möglich, Vorder- und Rückseite eines Gipsplättchens gleichzeitig zu beobachten. Wenn beide Plattenseiten die gleiche Helligkeit zeigen, sind die Beleuchtungsstärken beider Lichtquellen gleich groß. Auch hier haben wir es mit einer Relativmessung zu tun. Bei allen diesen Verfahren dient immer das Auge als „Meßwertaufnehmer". Die Wahrnehmung des auftreffenden Lichtes war daher subjektiv und vom Beobachter abhängig. Besonders die Abschätzung der Empfindlichkeit war kritisch. Um größere Genauigkeiten zu erreichen, mußte sich zusätzlich das Auge des Beobachters an die schwachen Lichtquellen gewöhnen. Als dann von Dr. Bruno Lange das Fotoelement erfunden wurde, war es erstmals möglich, reproduzierbare, objektive Meßergebnisse von fotometrischen Größen zu erhalten. Damit begann die Entwicklung der Fotovoltaik.

1.1   Einsatzmöglichkeiten der UV/VIS-Spektroskopie

Man erkannte sehr früh, daß Farbstofflösungen nur ein Teil des Lichtes durchlassen, ein anderer, oft viel größerer Anteil des Lichtes wird absorbiert. Für verschiedene Farben ist die Absorption nicht gleich groß, deshalb muß bei Absorptionsmessungen immer die Wellenlänge mit angegeben werden. Den Physikern Johann Heinrich Lambert (1728–1777) und August Beer (1825–1863) ist es zu verdanken, daß die Fotometrie auch heute noch eine wichtige Stütze der Instrumentellen Analytik ist. Das nach ihnen benannte Gesetz beschreibt den Zusammenhang zwischen der Absorption des Lichtes in einer farbigen Lösung und der Konzentration der Lösung. Dadurch ist es möglich, die Konzentration von Farbstoffen durch Vergleichsmessungen zu bestimmen.

In den dreißiger Jahren unseres Jahrhunderts liegt der Beginn der UV/VIS-Spektroskopie, aber erst nach Ende des 2. Weltkrieges ist ein deutlicher Aufschwung der Methode zu verzeichnen. Das Hauptproblem war zuerst, möglichst preisgünstige, einfache Geräte zu schaffen, die zudem langzeitstabile Meßwerte lieferten. Diese konträren Anforderungen konnten erst im Laufe von Jahrzehnten erfüllt werden, man mußte Kompromisse eingehen. Die fotometrische Analytik war aber immer eine relativ preisgünstige Analysenmethode. Im Prinzip geht es darum, eine Abhängigkeit der Lichtabsorption von der gewünschten Meßgröße zu finden. Ein wichtiges Ziel muß dabei immer im Auge behalten werden: es sollte stets zwischen Lichtabsorption und Analytkonzentration ein linearer Zusammenhang vorhanden sein.

Eine Zeitlang glaubte man, der Zenit der UV/VIS-Spektroskopie in der Allgemeinen Analytik sei schon überschritten. Andere Analysentechniken traten zeitweise deutlicher in den Vordergrund. Trotzdem liefert die Fotometrie recht einfache, schnelle und preiswerte Ergebnisse. Daher werden Auszubildenden in naturwissenschaftlichen Berufen, aber auch angehenden Technikern, Ingenieuren und Studenten der Physik, Biologie, Chemie und Medizin die Grundlagen der fotometrischen Analytik intensiv vermittelt.

Moderne Spektralfotometer lassen sich einfach bedienen. Durch Steuerung der Geräte durch PCs und die automatische Auswertung fotometrischer Größen tritt die Fotometrie als wichtige Säule der Analysen wieder stärker in den Vordergrund. Multidiodenarrays lassen es zu, gleichzeitig bei mehreren Wellenlängen zu messen. Diese Meßmethode wird gerne genutzt, weil die Analysenzeiten sehr stark vermindert werden können und dadurch kostengünstiger gearbeitet werden kann.

Sehr viele Analyten lassen sich mit spezifischen Reagenzien sichtbar machen (anfärben). Der Analyt reagiert mit dem Reagenz zu einem Farbstoffkomplex, dessen Konzentration proportional zur Konzentration des Analyten in der Lösung sein muß. Ein großes Anwendungsfeld ist hier gegeben. Bei der Untersuchung chemischer Gleichgewichte und der Reaktionskinetik leistet die Fotometrie wichtige Hilfestellung. Darüber hinaus gibt es bei vielen medizinischen und biologischen Anwendungen ebenfalls die Möglichkeit, mit spezifischen Reagenzien die zu untersuchenden Stoffe anzufärben und dann fotometrisch auszuwerten. Die hierbei verwendeten Fotometer können relativ einfach aufgebaut sein, da sie nur genau definierte und spezifische Aufgaben erfüllen müssen. Zum Beispiel werden Wasseranalysen meistens auf diese Art fotometrisch durchgeführt. Die Absorption des Lichtes liegt dabei im sichtbaren Bereich.

Im UV-Bereich findet man Lichtabsorptionen mit einem deutlichen Maximum bei einer bestimmten Wellenlänge. Die Wellenlänge des Absorptionsmaximums läßt oft Rückschlüsse auf den molekularen Aufbau zu. Chemisch ähnliche Stoffe zeigen daher ähnliche Spektren. Durch Vergleichsspektren ist eine Zuordnung zu einer Stoffamilie möglich. Besitzt z. B. ein Molekül *wenige* konjugierte Doppelbindungen, so ist ein deutliches Absorptionsmaximum im UV-Bereich zu erwarten. Liegt jedoch ein breites Absorptionsmaximum eher im sichtbaren Bereich (VIS) vor, hat die geprüfte Verbindung *viele* konjugierte Doppelbindungen oder einen polycyclischen Aufbau.

Die Größe des Absorptionsmaximums ist ein Maß für die Stoffkonzentration. Qualitative Bewertungen sind im UV-Bereich ähnlich wie im sichtbaren Bereich möglich. Es entfällt aber hier das Anfärben der Lösung durch spezielle Reagenzien.

1.2   Qualitative, halbquantitative und quantitative Bestimmungen

In der Fotometrie sind sowohl qualitative als auch quantitative Analysen möglich. Bei der qualitativen Analyse geht man davon aus, daß ein Absorptionsspektrum eines Stoffes bereits bekannt ist und mit dem gemessenen Spektrum verglichen wird. Ist das aufgenommene Spektrum mit einem vorgegebenen Spektrum identisch, so geht man davon aus, daß es sich um den gleichen Stoff handelt. Man kann aus der Lage von Maxima der Lichtabsorption (Extinktionsmaxima) im Spektrum manchmal auf die Art der Verbindung schließen (siehe Kapitel 6).

Die quantitative UV/VIS-Spektroskopie ist in der Lage, Konzentrationen mit guter Genauigkeit zu bestimmen, dazu ist allerdings ein gewisser Kalibrieraufwand erforderlich. Die Kalibrierung muß statistisch bewertet werden (siehe Kapitel 8).

Halbquantitative fotometrische Verfahren werden oft bei Schnelltests verwendet. Man färbt mit einem Reagenz die Probe an und vergleicht die Intensität der Färbung mit einer Farbskala. Die Schnelltests im medizinisch-diagnostischen Bereich wie z. B. Urintests fallen unter diese Anwendungsgebiete.

1.3 Grenzen der Methode

Der Meßbereich der Konzentration eines Analyten ist trotz der Vielfältigkeit der Fotometrie erstaunlich gering. Die Meßwerte müssen innerhalb der Gültigkeitsbereiche der physikalischen Gesetze (Lambert-Beersches Gesetz) liegen. Ist die Konzentration des Analyten zu niedrig, ist das Meßsignal zu niedrig und nicht signifikant gegenüber dem „Grundrauschen" des Meßgerätes. Jedes Molekül des Analyten muß mit der gleichen Wahrscheinlichkeit von einem eintreffenden Lichtquant getroffen werden können. Ist die Lösung zu stark konzentriert, ist die Trefferquote der Lichtquanten nicht mehr innerhalb der statistischen Wahrscheinlichkeit, da eine Lichtabsorption bereits ausschließlich in den vorderen Schichten der Lösung stattfindet und nicht in der gesamten Probe. Daraus ergibt sich auch, daß die Schichtdicke der Küvetten nicht zu groß sein darf, um zu richtigen und präzisen Meßergebnissen zu gelangen.

Mit der Lichtabsorption kann eine große Zahl von Stoffen fotometrisch untersucht werden. Ammonium kann z. B. im Bereich der Konzentration zwischen 0,02 bis 167 mg/L quantitativ nachgewiesen werden. Die Wasserhärte ist im Bereich von 1 bis 20°dH meßbar. Selbst relativ geringe Konzentrationen von 0,01 mg/L bei Formaldehyd sind noch meßbar.

An folgendem Beispiel kann man sehen, wie der Konzentrationsbereich von fotometrischen Proben sein darf. Wenn man beispielsweise königsblaue Tinte (Pelikan 4001) fotometrisch untersuchen will, muß die Tinte ungefähr im Verhältnis 1:400 verdünnt werden, um am Fotometer eine Anzeige über den gesamten Meßbereich zu bekommen. Bei einer Wellenlänge von 580 nm tritt ein deutliches Maximum der Lichtabsorption auf. Eine Vedünnung von 1:1000 liefert immer noch einwandfreie reproduzierbare Werte, die über den gesamtem Meßbereich verteilt sind.

Der Schwerpunkt der UV/VIS-Spektroskopie liegt im quantitativen Bereich. Eine Substanzidentifizierung durch Vergleich der Spektren ist nur bedingt möglich. Andere bekannte qualitative Analysenmethoden (IR-Spektroskopie, NMR- und Massenspektroskopie) sind der UV/VIS-Spektroskopie deutlich überlegen, verlangen aber einen höheren Maschinen- und Bedienungsaufwand. Eine Aufschlüsselung der Feinstruktur ist mit Hilfe der UV/VIS-Spektroskopie nicht möglich, allenfalls bei Aromaten ist manchmal eine interpretierbare Feinstruktur im UV-Bereich feststellbar (siehe Kapitel 6).

Die leichte Bedienbarkeit und die unproblematische Analysendurchführung macht jedoch das Fotometer zu einem Standardgerät im Labor. Eine an die Geräte angeschlossene Rechnerauswertung mittels PC ist zwar relativ teuer, bringt aber einen weiteren Bedienungskomfort. Dieser trägt dazu bei, Analysenfehler stark einzuschränken und die Archivierung und die Dokumentation der gewonnenen Daten zu erleichtern. Alle Hersteller liefern heute Geräte mit PC-Schnittstellen. Der PC steuert dabei das Fotometer, welches wieder Meßwerte an den PC zurückliefert. Ein leicht bedienbares Auswerteprogramm unter der Benutzeroberfläche WINDOWS® ist heute Standard. Die Geräte „unterhalten" sich im Prinzip, denn es findet ein Datenaustausch zwischen den Geräten statt. Die Dokumentation und Datenarchivierung funktioniert reibunglos.

2 Elektromagnetische Strahlung

Elektromagnetische Strahlung ist eine Energieart, die sich im Vakuum mit einer Geschwindigkeit von ca. 300 000 km/s ausbreitet und in Form von sichtbarem Licht (VIS), ultravioletter Strahlung (UV), Wärmestrahlung, Mikro- und Radiowellen sowie Gamma- und Röntgenstrahlung mit Materie in Wechselwirkung tritt. Die Wechselwirkungen der elektromagnetischen Strahlung mit Materie ist durch physikalische Modelle gut zu beschreiben. Die Quantenmechanik wird dabei zu einem sehr wichtigen Hilfsmittel, um die Phänomene zwischen Licht und Energie zu erklären und zu deuten. In diesem Kapitel wird das Wesen der elektromagnetischen Strahlung hinsichtlich der Spektroskopie behandelt.

2.1 Elektromagnetische Strahlung und Lichtgeschwindigkeit

Das Verhalten von Teilchen, die eine wellenförmige Bewegung vollführen, läßt sich im allgemeinen gut charakterisieren. Die Akustik beschreibt die Bewegung von Atomen in Gasen, bevorzugt in der Luft. Die bekannten Gesetze der Mechanik haben auch hier volle Gültigkeit. Die Kalorik, die Lehre von der Wärme, beschreibt die Bewegung von Molekülen.

Mit der Gravitation, der Kraftwirkung von Massenteilchen auf andere Massenteilchen, zeigt das Licht sehr starke, deutliche Wechselwirkungen. Leider ist die Gravitation bis heute noch nicht vollständig durch Interpretation anderer physikalischer Erscheinungen erklärbar.

Zu Ende des 19. Jahrhunderts wurden von James Maxwell neue Erkenntnisse über das Licht gewonnen. Das Licht breitet sich wellenförmig gleichmäßig nach allen Seiten hin kugelförmig im Raum aus. Durch die Verschiebung von elektrischen Ladungen verändert sich das umgebende elektrische Feld. Als „Feld" wird dabei in der Physik der Wirkungsbereich von Kräften bezeichnet. Der Wirkungsbereich der Schwerkraft macht sich zum Beispiel als Gravitationsfeld bemerkbar. Der Bereich magnetischer Kraftwirkungen wird *Magnetfeld* genannt. In der Nähe elektrisch geladener Teilchen ist ein *elektrisches Feld* nachweisbar. Alle genannten Kräfte treten in Wechselwirkung zueinander und beeinflussen sich gegenseitig. Bereiche gleicher Kraftwirkungen in dem jeweiligen Feld heißen *Feldlinien*. Bei gleichmäßiger Verteilung in einem homogenen Feld ist auch der Verlauf der Feldlinien gleichmäßig. Sobald von außen auf ein Feld Kräfte wirken, treten im Feldlinienverlauf Verschiebungen und Verformungen auf. Da alle beschriebenen Felder als Wirkungsbereich von Kräften angesehen werden können, ist es vollkommen gleichgültig, welche Ursache die von außen wirkende Kraft hat. Die Störung im Feld macht sich als Veränderung des Feldes bemerkbar. Die Veränderungen sind auch noch in einiger Entfernung von der Störungsquelle durch Veränderung der Stärke des Feldes nachweisbar, die Störung breitet sich also im Raum aus. Zur Ausbreitung des Feldes ist kein Medium notwendig, die Anwesenheit von Materie beeinflußt aber das Feld. Die Veränderungen eines Feldes breiten sich mit *Lichtgeschwindigkeit* aus. Präzise muß hier immer angegeben werden, in welchem Medium das Feld sich ausbreitet.

Bei der Ausbreitung des Lichtes entsteht sowohl ein elektrisches als auch ein magnetisches Feld. Die Veränderung und die Verschiebung elektrischer Ladungen hat immer eine Änderung des magnetischen Feldes zur Folge. Licht ist somit als *elektromagnetische Welle* anzusehen. Wenn ein Feld sich im Raum ausbreitet, so ist dazu kein Medium notwendig, deshalb pflanzt sich elektromagnetische Strahlung auch im Vakuum fort. Bevor die wahre Natur des Lichtes als elektromagnetische Strahlung erkannt wurde, dachten die Physiker an eine Ausbreitung der Welle ähnlich wie Wellen auf dem Wasser oder Schallwellen in der Luft. Es wurde ein unsichtbarer (Licht-) „Äther" vermutet, der als Medium zum Lichttransport diente. Dieser „Äther" war nicht stofflich gemeint, sondern als besonderes Transportmittel für Licht, dessen Wesen noch nicht richtig erklärbar war. Durch die Erkenntnis, daß das Licht sich als elektromagnetische Welle ausbreitet, sind Wechselwirkungen des Lichtes mit Materie erklärbar, z. B. mit negativ geladenen Atomteilchen, den Elektronen. Es konnte aber auch nachgewiesen werden, daß die Auffassung von Isaac Newton, der vermutete, Licht bestehe aus kleinen Teilchen, richtig war. Und trotzdem zeigte sich das Licht bei Experimenten als Strahlung mit einem elektrischen und einem magnetischen Feld, die sich obendrein noch wellenförmig ausbreitet. Diese Lichtteilchen, *Photonen* genannt, gelten als gesicherte Erkenntnis. Ebenso gilt aber die Wellennatur des Lichtes als gesichert. Der Energieinhalt eines Photons ist als Welle bestimmter Frequenz v zu beschreiben. Die Ausbreitungsgeschwindigkeit des Lichtes im Vakuum ist eine Naturkonstante, nach der sich alle anderen physikalischen Größen, die in Wechselwirkung mit dem Licht treten, richten. Selbst die für den Menschen normalerweise konstante Zeit richtet sich nach der Lichtgeschwindigkeit. Wenn sich ein Körper mit großer Geschwindigkeit bewegt, die der Lichtgeschwindigkeit sehr nahe kommt, vergeht für ihn die Zeit langsamer, als wenn er in Ruhe ist. Dafür steigt aber dann auch seine Masse überproportional stark an. Für ein Elektron hat das beispielsweise die Folge, daß seine Ruhemasse gleich Null wird, seine Masse in Bewegung aber rasch ansteigt. Für das Photon vergeht keine Zeit, solange es sich bewegt. Da sich Photonen *immer* bewegen, hat das zur Folge, daß Licht niemals älter werden kann.

Es gibt noch eine Menge ungelöster Rätsel um das Licht und um die elektromagnetische Strahlung, aber selbst die bereits verstandenen Erkenntnisse würden den Rahmen des Buches sprengen. Daher wird die Beschreibung der elektromagnetischen Strahlung auf den Bereich reduziert, der für die Spektroskopie von Relevanz ist.

Licht breitet sich geradlinig aus. Etwas genauer formuliert bedeutet es, daß die Aufenthaltswahrscheinlichkeit eines Photons auf einer direkten, geraden Verbindungslinie von Punkt A nach B am größten ist. Diese Linie beschreibt den Weg, für den das Licht die geringste mögliche Zeit benötigt (Fermatsches Prinzip). Das ist normalerweise die kürzeste Verbindung zwischen den zwei Punkten, es muß aber nicht immer so sein, wie wir bei dem Phänomen der Lichtbrechung sehen werden. Diese Zusammenhänge lassen sich mit der Quantenelektrodynamik (QED) anschaulich erklären, gehen jedoch über den Rahmen dieses Buches hinaus.

Die Aufenthaltswahrscheinlichkeit eines Photons auf einer Verbindungslinie von Punkt A nach B ist eine etwas ungewöhnliche Beschreibung der Vorgänge bei der Ausbreitung des Lichtes, liefert aber eine sowohl mathematisch, als auch physikalisch korrekte und anschauliche Erklärung für den Weg eines Photons. Hier ist nicht der konkrete Weg eines ganz bestimmten Photons gemeint, sondern es wird immer nur eine statistisch gefestigte Aussage über die größte *Aufenthaltswahrscheinlichkeit* eines Photons in einem bestimmten Bereich getroffen. Diese beschriebene Aufenthaltswahrscheinlichkeit wird allgemein auch als „Lichtstrahl" bezeichnet. Dadurch, daß man aber diesen Lichtstrahlen konkrete Wege zuordnen kann, ist ein großer Teil der optischen Fragestellungen mit den einfachsten Mitteln der Geometrie anschaulich und völlig ausreichend lösbar. Dies macht die Optik trotz des schwierigen Hintergrundes der Quantenelektrodynamik und der Relativitätstheorie in fast allen Bereichen zu einem leicht zu überschauenden Teilgebiet der klassischen Physik.

Für Lebewesen ist sichtbares Licht enorm wichtig, denn nur wenn Licht wahrgenommen werden kann, können sich die Menschen und Tiere hinreichend gut orientieren. Das Auge als Sensor für „sichtbares Licht" ist der wichtigste „Meßwertaufnehmer" des Menschen. Licht von einer Lichtquelle fällt entweder direkt in das Auge, oder trifft auf einen Gegenstand, der das Licht oder einen Teil davon wieder reflektiert. Ein Teil des eingestrahlten Lichtes wird absorbiert, der reflektierte Rest trifft auf das Auge. Das Licht erscheint als etwas Besonderes, weil es für die Orientierung den wichtigsten Teil bedeutet. Im Bereich des Spektrums der elektromagnetischen Strahlung nimmt das sichtbare Licht (VIS) nur einen sehr geringen Teil ein.

Nachfolgend sind einige grundlegenden Berechnungsgleichungen für den Umgang mit der elektromagnetischen Strahlung aufgeführt. Die Berechnungsformel für Ausbreitungsgeschwindigkeit des Lichtes c lautet:

$$c = \frac{1}{\sqrt{\varepsilon_0 \cdot \varepsilon_r \cdot \mu_0 \cdot \mu_r}} \qquad (2\text{-}1)$$

In Gl. (2-1) bedeutet:

c Ausbreitungsgeschwindigkeit des Lichtes
ε_0 elektrische Feldkonstante ($8,85416 \cdot 10^{-12} \frac{As}{Vm}$)
ε_r relative Dielektrizitätskonstante
μ_0 magnetische Feldkonstante ($\mu_0 = 4\pi \cdot 10^{-7} \frac{Vs}{Am}$)
μ_r relative Permeabilitätszahl (für ferromagnetische Werkstoffe wie Eisen ist μ_r größer als 1, sonst ist $\mu_r \approx 1$)

Für Vakuum gilt $\varepsilon_r = \mu_r = 1$. Die Berechnungsformel Gl. (2-1) vereinfacht sich damit für die Ausbreitungsgeschwindigkeit des Lichtes im Vakuum c_0 zu Gl. (2-2):

$$c_0 = \frac{1}{\sqrt{\varepsilon_0 \cdot \mu_0}} \qquad (2\text{-}2)$$

Für die Ausbreitungsgeschwindigkeit der elektromagnetischen Strahlung im Vakuum erhält man den Wert $c_0 = 2,9979 \cdot 10^8 \frac{m}{s}$, also rund $300\,000 \frac{km}{s}$.

Auf der rechten Seite der Gl. (2-2) stehen ausschließlich Naturkonstanten. Deshalb muß auch die Ausbreitungsgeschwindigkeit des Lichtes im Vakuum selbst eine Naturkonstante sein.

Aus der Berechnung für die Lichtgeschwindigkeit ergibt sich durch Einsetzen der Ausbreitungsgeschwindigkeit des Lichtes im Vakuum (Gl. (2-3)):

$$c = \frac{c_0}{\sqrt{\varepsilon_r \cdot \mu_r}} \qquad (2\text{-}3)$$

Für alle nicht-ferromagnetischen Stoffe ist die relative Permeabilitätszahl $\mu_r \approx 1$. Ferromagnetische Stoffe sind Eisen, Nickel und Kobalt. Diese Stoffe haben die Eigenschaft, das Magnetfeld erheblich zu konzentrieren und dadurch zu verstärken. Diese Eigenschaft wird durch die relative Permeabilitätszahl ausgedrückt. Bei allen anderen Stoffen wird das Magnetfeld nur unwesentlich beeinflußt. Da sich Licht ohnehin nicht in einem ferromagnetischen Werkstoff ausbreitet, kann der Faktor μ_r ohne weiteres mit dem Wert 1 gleichgesetzt werden. Die Lichtgeschwindigkeit in optischen Medien berechnet sich mit Gl. (2-4):

$$c = \frac{c_c}{\sqrt{\varepsilon_r}} \qquad (2\text{-}4)$$

Der Gl. (2-4) ist zu entnehmen, daß die Lichtgeschwindigkeit vom Material abhängig ist, in dem sich das Licht ausbreitet. Die relative Dielektrizitätskonstante beeinflußt also die Lichtgeschwindigkeit. Übrigens wird nicht nur die Lichtgeschwindigkeit beeinflußt, sondern auch die Geschwindigkeit der Ausbreitung aller elektromagnetischen Wellen. Die relative Dielektrizitätskonstante ε_r ist eine Verhältniszahl, die ein Maß für die Beeinflussung des elektrischen Feldes durch die Materie des Stoffes ist. Je kleiner die relative Dielektrizitätskonstante ist, um so schneller ist die Ausbreitungsgeschwindigkeit der elektromagnetischen Wellen in dem Stoff. In Luft breitet sich die elektromagnetische Strahlung fast genau so schnell aus wie im Vakuum, weil die Dielektrizitätskonstanten fast gleich sind.

In Abb. 2-1 fällt das Licht in Form eines Photons von der linken Seite in ein optisch dünneres System mit einer Geschwindigkeit c_1 und tritt an der

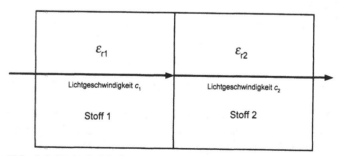

Abb. 2-1. Licht in Medien optisch unterschiedlicher Dichte

Grenzfläche in ein optisch dichteres Medium über. Die relativen Dielektrizitätskonstanten sind unterschiedlich groß, weil die Materialien verschieden sind. Beim Übergang, also direkt an der Grenzfläche, muß sich bereits die Lichtgeschwindigkeit ändern. Analog dazu kann man das Phänomen mit einem Fußmarsch einer Person im Schnee vergleichen. Auf dem Weg gibt es Stellen, wo der Schnee bereits weggeräumt ist, und andere Stellen, an denen der Schnee noch sehr tief ist. An den Stellen mit tieferem Schnee kommt der Wanderer deutlich langsamer voran, und zwar sofort im Grenzbereich zum Tiefschnee. An den Stellen ohne Schnee ist die Laufgeschwindigkeit deutlich größer.

Die unterschiedlichen Geschwindigkeiten des Lichtes in den optischen Medien können ohne Schwierigkeiten berechnet werden (Gl. 2-5 und 2-6).

$$\frac{c_1}{c_2} = \frac{c_0\sqrt{\varepsilon_{r2}}}{c_0\sqrt{\varepsilon_{r1}}} \tag{2-5}$$

$$\frac{c_1}{c_2} = \frac{\sqrt{\varepsilon_{r2}}}{\sqrt{\varepsilon_{r1}}} \tag{2-6}$$

In Gl. (2-5) und (2-6) bedeutet:

c_1 Lichtgeschwindigkeit im ersten Medium
c_2 Lichtgeschwindigkeit im zweiten Medium
ε_{r1} relative Dielektrizitätskonstante des ersten Mediums
ε_{r2} relative Dielektrizitätskonstante des zweiten Mediums

Das Verhältnis der beiden unterschiedlichen Lichtgeschwindigkeiten wird als Brechungsindex *n* bezeichnet (Gl. 2-7).

$$n_{1,2} = \frac{c_1}{c_2} = \frac{\sqrt{\varepsilon_{r2}}}{\sqrt{\varepsilon_{r1}}} \tag{2-7}$$

In Gl. (2-7) bedeutet:

$n_{1,2}$ Brechungsindex zwischen erstem und zweitem Medium

Der Brechungsindex ist von der Wellenlänge und von der Temperatur abhängig. Für exakte Angaben ist deshalb der Hinweis auf Temperatur und Wellenlänge erforderlich. Die Temperatur in °C wird als hochgestellte Zahl angegeben. Für die Wellenlänge ist meistens die Wellenlänge von

$\lambda = 589$ nm angegeben. Diese Wellenlänge wird in der Emissionsspektroskopie von angeregten Natriumionen ausgesendet (sogenannte *Natrium-D-Linie).* Die Angabe n_{D}^{20} bedeutet daher einen Brechungsindex n bei 20°C, der mit einer Lampe gemessen wird, welche die Natrium-D-Linie mit einer Wellenlänge von $\lambda = 589$ nm emittiert.

Dazu eine kurzes Berechnungsbeispiel: Wasser hat einen Brechungsindex von $n_{\mathrm{D}}^{20} = 1{,}33$. Mit welcher Geschwindigkeit breitet sich das Licht in Wasser aus, wenn das Natrium-D-Licht in Luft die Geschwindigkeit $c_0 = 3 \cdot 10^8 \frac{\mathrm{m}}{\mathrm{s}}$ hat? Die Berechnung der Geschwindigkeit wird mit Gl. (2-8) bis (2-11) vorgenommen.

$$n = \frac{c_0}{c} \tag{2-8}$$

Durch Umstellen erhält man Gl. (2-9):

$$c = \frac{c_0}{n} \tag{2-9}$$

Setzt man die Werte in Gl. (2-9) ein, erhält man Gl. (2-10)

$$c = \frac{3 \cdot 10^8 \mathrm{m}}{1{,}33 \, \mathrm{s}} \tag{2-10}$$

$$c = 2{,}256 \cdot 10^8 \frac{\mathrm{m}}{\mathrm{s}} \tag{2-11}$$

Der Brechungsindex n gilt immer nur spezifisch für zwei benachbarte Grenzflächen und ist eine wichtige Größe zur Beschreibung der optischen Eigenschaften eines Stoffes.

2.2 Kenngrößen einer Schwingung

Aus Abb. 2-2 erkennt man die wichtigsten Kenngrößen einer sinusförmigen Schwingung.

Die Zeit vom Beginn eines Wellenberges bis zum Beginn des nächsten Wellenberges wird *Periodendauer T* genannt und in Sekunden gemessen. Die Auslenkung der Schwingung nach oben und nach unten nennt man *Amplitude.* Je größer die Amplitude ist, um so größer ist die Energie E der Schwingung. Die *Länge* einer Welle wird als Wellenlänge λ bezeichnet.

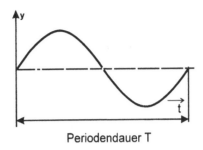

Periodendauer T

Abb. 2-2. Kenngrößen einer sinusförmigen Schwingung

T Periodendauer der Schwingung in s
λ Wellenlänge der Schwingung im m

Die Geschwindigkeit eines Körpers oder Teilchens wird physikalisch als Quotient aus Weg und Zeit definiert (Gl. 2-12):

$$v = \frac{s}{t} \tag{2-12}$$

In Gl. (2-12) bedeutet:

v   Geschwindigkeit
s   Weg
t   Zeit

Analog gilt Gl. (2-12) auch bei elektromagnetischen Schwingungen zur Berechnung der Lichtgeschwindigkeit. Der Weg der elektromagnetischen Strahlung wird durch die Wellenlänge λ und die Zeit durch die Periodendauer T ersetzt.

$$c = \frac{\lambda}{T} \tag{2-13}$$

Durch Umformen der Gl. (2-13) wird die *Wellenlänge* λ berechnet.

$$\lambda = c \cdot T \tag{2-14}$$

Die Anzahl der Schwingungen pro Sekunde wird *Frequenz* ν genannt. Die Frequenz ν hat die Einheit $\frac{1}{s}$.

$$T = \frac{1}{\nu} \tag{2-15}$$

Durch Einsetzen von Gl. (2-15) in Gl. (2-13) erhält man Gl. (2-16) und daraus wird durch Umformen die Gl. (2-17) zur Berechnung der Frequenz.

$$c = \lambda \cdot v \qquad (2\text{-}16)$$

$$v = \frac{c}{\lambda} \qquad (2\text{-}17)$$

Die Energie E eines Lichtquants kann mit Gl. (2-18) berechnet werden:

$$E = h \cdot v \qquad (2\text{-}18)$$

In Gl. (2-18) bedeutet:

E Energie eines Lichtquants
h Plancksches Wirkungsquantum $(6,256 \cdot 10^{-34} \, Js)$

Durch Einsetzen von Gl. (2-17) in Gl. (2-18) erhält man eine für die Fotometrie wichtige Gleichung (2-19) zur Berechnung der Energie einer elektromagnetischen Strahlung:

$$E = h \cdot \frac{c}{\lambda} \qquad (2\text{-}19)$$

Die Größen „Wirkungsquantum h" und „Lichtgeschwindigkeit c" sind Naturkonstanten, nur die Wellenlänge ist in Gl. (2-19) eine Variable. Aus Gl. (2-19) ist zu erkennen, daß die Energie einer elektromagnetischen Strahlung umgekehrt proportional zur Wellenlänge ist. *Je kürzer die Wellenlänge ist, um so höher ist die Energie der Strahlung.* Die natürliche ultraviolette Strahlung mit kurzen Wellenlängen unter $\lambda = 300$ nm ist wesentlich energiereicher als die Strahlung im sichtbaren Bereich. Deshalb bewirkt auch eine ausreichend lange ultraviolette Strahlung auf der Haut eine Schädigung durch Sonnenbrand. Noch zerstörerischer wirken die noch kurzwelligeren Gamma- bzw. Röntgenstrahlungen auf eine tierische oder menschliche Zelle.

2.3 Das elektromagnetische Spektrum

Sichtbares Licht ist nur ein sehr kleiner Teil des elektromagnetischen Spektrums. Wie bereits festgestellt wurde, ist die elektromagnetische Strahlung

Tabelle 2-1. Wellenlänge der elektromagnetischen Strahlung

Wellenlängen λ	Bereich/Eigenschaften	Anwendung
>1 m	Radiowellen	drahtlose Informationsübertragung
1 m bis 1 mm	Dezimeter-, Zentimeter-, Millimeterwellen, quasioptische Ausbreitung (wie sichtbares Licht)	Fernsehen, Richtfunk, Funknavigation, Satellitenfunk, Radar
ca. 1 mm (315 GHz)		kürzeste erzeugbare elektrische Welle ($P = 1$ μW)
<1 mm	Mikrowellen, Infrarotbereich	Wärmestrahlung
800 nm bis 380 nm	sichtbares Licht (VIS)	
380 nm bis 100 nm	Ultraviolette Strahlung (UV)	
ca. 10 nm bis 0,1 nm	Röntgenstrahlung	Diagnostik
10^{-10}m bis 10^{-12}m	γ-Strahlung	Korpuskel-Strahlung
10^{-12}m bis 10^{-15}m	kosmische Strahlung	

um so energiereicher, je kürzer die Wellenlänge ist. Tabelle 2-1 zeigt einige wichtige Teile des elektromagnetischen Spektrums. Es handelt sich hier um eine sehr grobe Übersicht, die nur die Stellung des sichtbaren Lichtes im Spektrum zeigen soll. Der Bereich der Radiostrahlung ist sehr stark zusammengefaßt, und nicht nach den einzelnen Wellenbereichen wie Mittelwellen, Kurzwellen und Ultrakurzwellen unterteilt, obwohl sich hier die Ausbreitungsbedingungen der Wellenlängen sehr stark unterscheiden.

Der in der Fotometrie benutzte sichtbare (VIS) und ultraviolette (UV) Bereich ist also nur ein winziger Ausschnitt aus dem Gesamtspektrum der elektromagnetischen Strahlung.

Der für menschliche Augen sichtbare Bereich des elektromagnetischen Spektrums kann weiter in Energiebereiche aufgeteilt werden. Für unser Auge sind die verschiedenen Wellenlängen als unterschiedliche Farben erkennbar (Tabelle 2-2). Die Grenzen zwischen den einzelnen Farbbereichen der Farben sind jedoch fließend.

Die in diesem Kapitel bisher beschriebenen Grundlagen und Berechnungsgleichungen gelten immer nur für ganz bestimmte Wellenlängen des Lichtes. Es wird durch die unterschiedlichen Energieinhalte der Lichtquanten (Photonen) z. B. des roten und blauen Lichtes immer geringe Unterschiede in der Lichtgeschwindigkeit geben, dadurch entsteht der Brechungsindexunterschied bei unterschiedlichen Wellenlängen. Der Differenzbetrag

Tabelle 2-2. Wellenlänge λ und zugeordnete Farbe

Wellenlänge λ	Farbe
750 bis 640 nm	Rot
640 bis 580 nm	Orange
580 bis 570 nm	Gelb
570 bis 490 nm	Grün
490 bis 430 nm	Blau
430 bis 400 nm	Violett

zwischen den Brechungsindices bei rotem und blauem Licht wird als *Dispersion* bezeichnet. Durch die unterschiedliche Wellenlänge ist der Brennpunkt einer Linse für blaues Licht näher an der Linse als für rotes Licht. Bei der Herstellung optischer Linsen ist der Einfluß der Wellenlänge als *chromatische Aberration* (Farbfehler) bekannt. Alle optischen Systeme besitzen mehr oder weniger stark dieses Problem. Durch Kombination unterschiedlicher Linsen kann dieser Fehler teilweise kompensiert werden. In Spektralfotometern verwendet man aus diesem Grund zur Bündelung und zum Umlenken der Lichtstrahlen ausschließlich *sphärische (gekrümmte) Spiegel*. Bei diesen Spiegeln wird auf eine polierte Glasoberfläche eine spiegelnde Metalloberfläche aufgebracht (z. B. durch Bedampfen mit Silber).

Sehr oft werden die Brechungsindices nicht nur bei rotem und blauem Licht gemessen, sondern auch bei anderen genau definierten Wellenlängen, die sich reproduzierbar herstellen lassen. Im sichtbaren Bereich ist die dazu üblicherweise verwendete Wellenlänge das Licht der Natriumdampflampe bei $\lambda = 689$ nm. Diese Wellenlänge liegt ungefähr in der Mitte des sichtbaren Spektrums. Der Brechungsindex wird hier mit dem Index D (n_D) angegeben. Im Emissionsspektrum von Natrium (z. B. Licht einer Flammenfärbung mit NaCl) ist bei dieser Wellenlänge die sogenannte Na-D-Linie deutlich sichtbar. In Gl. (2-7) wurde bereits darauf hingewiesen, daß der Brechungsindex eines Stoffes besonders bei Flüssigkeiten temperaturabhängig ist, weil auch die Dichte der Flüssigkeit wegen des Raumausdehnungskoeffizienten (kubischer Ausdehnungskoeffizient) von der Temperatur abhängig ist. Daher muß die Temperatur ϑ in °C und die Wellenlänge λ, bzw. die Bezeichnung der Spektrallinie bei der Angabe des Brechungsindex n mit angegeben werden. Die korrekte Angabe für den Brechungsindex von optischem Glas (sogenanntes Kronglas) lautet demnach $n_D^{20} = 1,5$.

2.4   Lichtbrechung

Beim Übergang von einem optisch dünneren Medium (z. B. Luft) in ein optisch dichteres Medium (z. B. Glas) ändert sich die Lichtgeschwindigkeit. Ist der Auftreffwinkel des Lichtes nicht senkrecht auf die Glasoberfläche, so treten weitere physikalische Gesetzmäßigkeiten auf (Abb. 2-3).

Zur Klärung der Gesetzmäßigkeiten wird davon ausgegangen, daß ein Photon von Punkt A im optisch dünneren Medium zum Punkt B im optisch dichteren Medium gelangen soll. Der Weg von A nach B ist definiert als „Lichtstrahl von Punkt A nach Punkt B". Das Licht legt nicht den kürzesten Weg zurück, sondern immer den schnellsten.

In Gl. (2-7) wird die Definition des Brechungsindex als Verhältnis der Lichtgeschwindigkeiten in beiden Medien beschrieben, gibt aber keine quantitative Aussage über den Brechungsindex selbst sowie den Verlauf des Lichtstrahles in den optischen Medien. In Abb. 2-3 ist das optisch dünnere Medium Luft und das optisch dichtere Medium Glas ($n_D = 1{,}5$ bis $1{,}7$). In Luft bewegen sich die Photonen schneller als im Glas. Bei gleichem Zeitaufwand muß der zurückgelegte Weg in der Luft größer sein als im Glas, denn die Geschwindigkeit des Lichtes in der Luft ist stets größer als in Glas. Das läßt sich auch mit Hilfe der höheren Mathematik beweisen. Es zeigt sich, daß Licht beim Übergang von einem optisch dünneren in ein optisch dichteres Medium zum Einfallslot hin gebrochen wird, das Licht also von seinem geraden Weg abgelenkt wird.

In Abb. 2-4 bewegt sich der Lichtstrahl von Punkt *A* nach *B* in möglichst geringer Zeit, der Auftreffpunkt auf das optisch dichtere Medium (z. B. Glas) liegt bei Punkt *P*. Die Lichtgeschwindigkeit im optisch dünneren Medium (z. B. Luft) sei c_1 und in Glas c_2. Um von Punkt *A* zu Punkt *B* zu

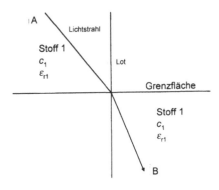

Abb. 2-3. Lichtbrechung beim Übergang vom optisch dünneren in ein optisch dichteres Medium

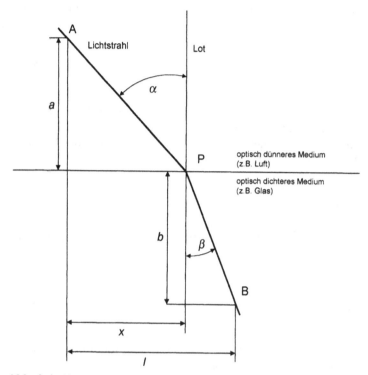

Abb. 2-4. Abmessungen zur Berechnung des Brechungsgesetzes

kommen, ist die Strecke von A nach P und danach von P nach B zurückzulegen. Die Lage der Punkte im Koordinatensystem ist durch die in der Abbildung angegebenen Strecken eindeutig definiert.

Der zurückgelegte Weg von Punkt A nach Punkt P berechnet sich nach dem Lehrsatz des Pythagoras nach Gl. (2-20) und Gl. (2-21):

$$\overline{AP}^2 = a^2 + x^2 \tag{2-20}$$

$$AP = \sqrt{a^2 + x^2} \tag{2-21}$$

Die Geschwindigkeit des Lichtes ist das Verhältnis von zurückgelegtem Weg zur Zeit, aus dem Einsetzen des Ausdrucks aus Gl. (2-21) für den zurückgelegten Weg im Zeitintervall t_1 ergibt sich die Gl. (2-22). Die Geschwindigkeit c_1 des Lichtes in der Luft von Punkt A nach P berechnet sich nach dieser Gleichung:

$$c_1 = \frac{\sqrt{a^2 + x^2}}{t_1} \qquad (2\text{-}22)$$

Im optisch dichteren Medium (Glas) wird die Wegstrecke $\overline{PB}$ zurückgelegt. Der Wegabschnitt von links nach rechts im Glas berechnet sich aus der Differenz zwischen den Entfernungen l und x. Nach dem Lehrsatz des Pythagoras ist der im Glas zurückgelegte Weg:

$$\overline{PB} = \sqrt{b^2 + (l - x)^2} \qquad (2\text{-}23)$$

Daraus ergibt sich Gl. (2-24) für die Berechnung der Geschwindigkeit c_2 des Lichtes im Glas:

$$c_2 = \frac{\sqrt{b^2 + (l - x)^2}}{t_2} \qquad (2\text{-}24)$$

Durch Umformen der Gleichungen nach der Zeit und Addition der Einzelzeiten ermittelt man die Gesamtzeit t nach Gl. (2-25):

$$t = \frac{\sqrt{a^2 + x^2}}{c_1} + \frac{\sqrt{b^2 + (l - x)^2}}{c_2} \qquad (2\text{-}25)$$

Durch Bildung der ersten mathematischen Ableitung der Zeit nach dem zurückgelegten Weg aus Gl. (2-25) erhält man nach den Regeln der Differentialrechnung Gl. (2-26):

$$\frac{dt}{dx} = \frac{x}{c_1 \sqrt{a^2 + x^2}} - \frac{l - x}{c_2 \sqrt{b^2 + (l - x)^2}} \qquad (2\text{-}26)$$

Um die kürzeste Zeit für den in Luft und Glas zurückgelegten Weg zu berechnen, wird die erste Ableitung nach Gl. (2-26) mit Null gleichgesetzt (Optimierungsberechnung nach den Regeln der Differentialrechnung). Durch Nullsetzen und Umformen der Gl. (2-26) erhält man Gl. (2-27):

$$\frac{x}{c_1 \sqrt{a^2 + x^2}} = \frac{l - x}{c_2 \cdot \sqrt{b^2 + (l - x)^2}} \tag{2-27}$$

Aus dem Verhältnis der zugehörigen Strecken (siehe Abb. 2-4) können die Sinuswerte des Einfallswinkels α und des Brechungswinkels β berechnet werden.

$$\sin \alpha = \frac{x}{\sqrt{a^2 + x^2}} \tag{2-28}$$

$$\sin \beta = \frac{l - x}{\sqrt{b^2 + (l - x)^2}} \tag{2-29}$$

Durch Einsetzen der Gl. (2-28) und Gl. (2-29) in Gl. (2-27) und Umstellen ergibt sich das Brechungsgesetz nach Snellius (Gl. 2-30):

$$\frac{c_1}{c_2} = \frac{\sin \alpha}{\sin \beta} \tag{2-30}$$

Die Lichtgeschwindigkeiten verhalten sich proportional zum Sinus der zugehörigen Winkel. Das bedeutet, daß beide Winkel von der Geschwindigkeit des Lichtes abhängig sind. In Gl. (2-7) ist bereits der Brechungsindex als Verhältnis der beiden Lichtgeschwindigkeiten definiert worden.

Das abgeleitete Brechungsgesetz gilt ebenso wie die anderen Gleichungen nur für eine Wellenlänge, im sichtbaren Bereich also nur für eine Farbe. Dieses einfarbige Licht nennt man *monochromatisch*. Für unterschiedliche Wellenlängen muß demnach der Brechungsindex und auch der Brechungswinkel anders sein. Weißes Licht, ein Gemisch aus allen Farben des Lichtes (*polychromatisches Licht*), also elektromagnetische Wellen unterschiedlicher Länge, trifft in Abb. 2-5 auf ein Prisma auf.

Das Prisma besteht aus Glas. Verwendet werden Materialien aus Kronglas mit Brechungsindices zwischen 1,5 und 1,6 oder Flintglas, dessen Brechungsindex bis 1,7 betragen kann.

Für die verschiedenen Wellenlängen ist die Fortpflanzungsgeschwindigkeit im Glas unterschiedlich. Blaues und violettes Licht mit höherer Energie hat eine höhere Geschwindigkeit als rotes Licht mit niedrigerer Energie. Die Zeit, die das Licht zum Durchgang durch das Prisma benötigt, ist aber für alle Wellenlängen gleich groß, denn alle Photonen müssen zum gleichen Zeitpunkt das Glas des Prismas wieder verlassen. Da also die Verweildauer im Glas des Prismas für alle Wellenlängen, bzw. Photonen unterschiedlicher Energie, gleich groß ist, muß bei unterschiedlichen Ausbreitungsgeschwin-

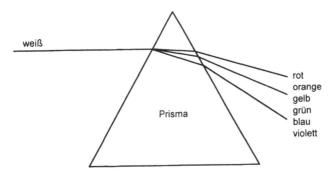

Abb. 2-5. Lichtbrechung beim Prisma

digkeiten der Weg für das polychromatische Licht anders sein. Rotes Licht legt wegen der niedrigeren Energie deshalb im Prisma einen kürzeren Weg zurück als das blaue Licht. Auf diese Weise wird das Licht in seine Einzelkomponenten aufgespalten und gebrochen. Die Aufspaltung (Dispersion) des Lichtes findet schon im Glas des Prismas statt, an der nächsten Grenzfläche tritt eine weitere Dispersion auf. Das Licht erfährt im Glas aber zusätzlich zur Brechung eine Absorption, die von der Glassorte abhängig ist. Die Absorption ist stark abhängig von der Wellenlänge des Lichtes. Bei hohen Energien, wie im UV-Bereich, ist die Absorption besonders hoch, hier muß das Prisma aus Quarzglas bestehen.

2.5   Zerlegung des Lichtes durch ein optisches Gitter

Die bisher beschriebene Art der Lichtzerlegung in seine verschiedenen Wellenlängen (Farben) beruht auf der Lichtbrechung (Dispersion) durch die unterschiedlichen Geschwindigkeiten des Lichtes der verschiedenen Wellenlängen im Glas des Prismas. Die Wellennatur des Lichtes bringt es mit sich, daß verschiedene Wellen sich überlagern können. Dadurch entstehen durch sogenannte Interferenzprozesse Maxima und Minima.

Die Abb. 2-6 zeigt die Überlagerung von zwei Wellen gleicher Frequenz, aber unterschiedlicher Phasenlage. Zu jedem Zeitpunkt werden die Amplituden der beiden Wellen addiert, es entsteht bei manchen Stellen eine Verstärkung, an anderen wiederum eine Abschwächung der Amplitude. Die Über-

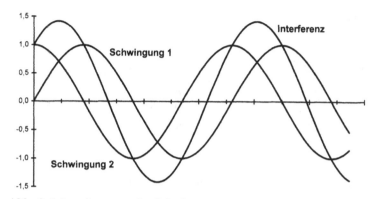

Abb. 2-6. Interferenz zweier Schwingungen

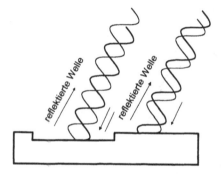

Abb. 2-7. Reflexion zweier Wellen

lagerung der Wellen wird als Interferenz bezeichnet. Diese Interferenz ist für jede Wellenlänge anders.

Abbildung 2-7 zeigt die Reflexion zweier Wellen. Auf der Oberfläche einer reflektierenden Platte befinden sich Vertiefungen. Eine Welle trifft auf die Oberfläche der Platte auf und wird durch die Reflexion wieder zurückgestrahlt. Die reflektierten Wellen sind in der Abbildung dunkel dargestellt. Eine Welle mit gleicher Frequenz wird von der Vertiefung in der Platte wieder reflektiert. Durch die Laufzeitunterschiede der beiden Wellen ergeben sich Phasenverschiebungen in den reflektierten Wellen. In Abb. 2-8 sieht man bei einer Phasenverschiebung von 90° eine deutliche Interferenz. Ist die Phasenverschiebung sehr klein, z. B. in Abb. 2-9 bei 10°, so tritt eine große Verstärkung bei der Überlagerung der Wellen auf. Bei Phasenverschiebungen in der Größenordnung von 180° tritt eine Auslöschung beider Wellen auf (Abb. 2-10). Bei verschiedenen Wellenlängen ist der beschriebe-

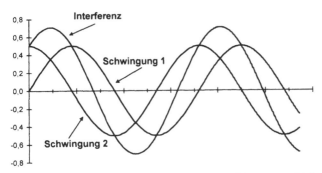

Abb. 2-8. Interferenz zweier Schwingungen, Phasenverschiebung 90°

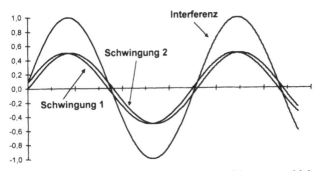

Abb. 2-9. Interferenz zweier Schwingungen, Phasenverschiebung 10°

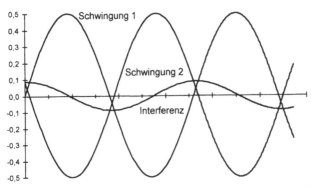

Abb. 2-10. Interferenz zweier Schwingungen, Phasenverschiebung 170°

ne Vorgang je nach Wellenlänge unterschiedlich. Es werden durch Interferenz in Abhängigkeit von der Richtung der reflektierten Welle manche Wellen ausgelöscht und andere wieder verstärkt. Es wird ein Teil des weißen Lichtes ausgelöscht, ein anderer Teil des Lichtes wieder abgestrahlt. Welcher Teil des Spektrums ausgelöscht wird, ist auch von dem Abstand der Vertiefungen auf der reflektierenden Oberfläche abhängig. Teile des Spektrums werden bevorzugt in bestimmte Richtungen abgestrahlt. Rotes Licht wird wegen seiner großen Wellenlänge und des dadurch resultierenden großen Betrages der Phasenverschiebung wesentlich stärker abgelenkt als das energiereichere, kurzwelligere blaue Licht. Ordnet man nun die Vertiefungen in sehr kleinen Abständen nebeneinander an, so spricht man von einem optischen Gitter. Die Funktion eines optischen Gitters zur Zerlegung des Lichtes in seine Einzelfarben kann an jeder Compact-Disk (Musik-CD oder CD-ROM eines PCs) gezeigt werden. Unter der Oberfläche der CD sind im Prinzip kleine Vertiefungen, Pitches genannt. Die Pitches entsprechen den digitalen Informationen Null und Eins. Die Vertiefungen wirken wie ein optisches Gitter, in das Auge des Betrachters fällt je nach Sichtwinkel Licht verschiedener Farben.

In den modernen Fotometern, bei denen mit verschiedenen Wellenlängen gearbeitet wird, verwendet man heute ausschließlich optische Gitter zur Zerlegung des Lichtes. Bei optischen Gittern ist ein linearer Zusammenhang zwischen Spektralfarbe und Abstrahlwinkel zu finden. Bei Prismen ist die Wellenlänge und der Abstrahlwinkel vom Sinus des Einstrahlwinkels abhängig. Ein optisches Gitter zeigt *nicht* wie ein Prisma eine von der Wellenlänge abhängige Absorption, sondern hat über den gesamten Spektralbereich eine weitgehend gleichmäßige, geringe Absorption. Der Vorteil des Einsatzes optischer Gitter in den Fotometern wird in Kapitel 4 genauer beschrieben.

3 UV/VIS-Spektroskopie und das Molekül

Wie bereits im vorigen Kapitel aufgezeigt wurde, ist nach dem Planckschen Gesetz die Energie eines Photons von der Wellenlänge des Lichtes abhängig.

$$E = h \cdot v = h \cdot \frac{c}{\lambda} \tag{3-1}$$

In Gl. (3-1) bedeutet:

E Energie
h Plancksches Wirkungsquantum ($6{,}626 \cdot 10^{-34}$ Js)
v Frequenz des Lichtes (s^{-1})
c Ausbreitungsgeschwindigkeit des Lichtes im Vakuum
   ($300\,000$ km/s$= 3 \cdot 10^{8}$ m/s)
λ Wellenlänge des Lichtes (m)

Ein Photon mit einer Wellenlänge von z. B. 800 nm ($= 800 \cdot 10^{-9}$ m $= 8 \cdot 10^{-7}$ m) enthält nach Gl. (3-1) eine Energie W von:

$$W = 6{,}626 \cdot 10^{-34} \text{ Js} \cdot \frac{3 \cdot 10^{8} \text{ m}}{8 \cdot 10^{-7} \text{ ms}}$$

$$W = \underline{2{,}48 \cdot 10^{-19} \text{ J}} \tag{3-2}$$

Bei der Einstrahlung von Energie auf ein Molekül kann die aufgenommene Energie prinzipiell zu drei verschiedenen Veränderungen führen [1]:

- die Elektronen zu höheren Energiezuständen überführen (elektronischer Anteil),
- den Anteil der Molekülschwingung erhöhen und
- die Molekülrotation verstärken.

Der elektronische Anteil bei der Absorption von elektromagnetischer Strahlung im Bereich der UV/VIS-Spektroskopie ist größer als der Schwingungsanteil, dieser ist wiederum größer als der Rotationsanteil. Bei langwelliger IR-Strahlung (geringere Energie) oberhalb von 800 nm, im Bereich des infraroten Lichts, wird z. B. die absorbierte Energie vorwiegend dazu genutzt, um in dem Molekül Schwingungen und Rotationen auszulösen. Unterhalb von 800 nm, im UV/VIS-Bereich, reicht die Energie eines Photons aus, um die Valenzelektronen von Molekülen anzuregen. Gleichzeitig werden aber auch geringe Schwingungs- und Rotationsprozesse im Molekül ausgelöst. Im Bereich von ca. 190 bis 400 nm werden analytische Messungen mit UV-Licht durchgeführt. Unterhalb von 190 nm beginnt der Luftsauerstoff das eingestrahlte Licht so merklich zu absorbieren, daß nur noch im Vakuum gearbeitet werden kann. Die dazugehörende Methode, die Fotoelektronenspektroskopie, ist nicht Bestandteil dieses Buches [2].

Im Rahmen der analytischen UV/VIS-Spektroskopie wird der spektrale Bereich von 200 bis 800 nm ausgenutzt.

Bei der Absorption von Strahlung im UV/VIS-Bereich können die Elektronen von Atomen oder Molekülen prinzipiell aus einem sogenannten Grundzustand Ψ_1 heraus die eingestrahlte Lichtenergie absorbieren und werden dadurch in den „angeregten" Zustand Ψ_2 überführt. Der Energieunterschied ΔE zwischen den beiden Zuständen muß der Bedingung nach Gl. (3-3) entsprechen.

$$\Delta E = E_2 - E_1 = h \cdot v \tag{3-3}$$

Durch eine spontane Emission (Abstrahlung) oder durch eine elektronische Anregung durch das eingestrahlte Licht kann die vorher aufgenommene Lichtenergie wieder abgegeben werden und das System wieder in den Grundzustand zurückkehren (Abb. 3-1).

Die in Abb. 3-1 beschriebenen Therme entsprechen den unterschiedlichen Energiezuständen der Elektronen im Singulett- und Triplettzustand (S und T).

Die Emission kann auch unter den Erscheinungen „Fluoreszenz" bzw. „Phosphoreszenz" ablaufen. Unter Fluoreszenz versteht man das Aufleuchten von Substanzen bei Bestrahlung mit unsichtbarer UV-Licht-, Röntgen- oder Korpuskularstrahlung. Im Gegensatz zur Phosphoreszenz ist die Fluoreszenz ohne den bekannten Nachleuchteffekt [3].

Prinzipiell lassen sich die beiden Grenzzustände Ψ_1 und Ψ_2 mit Hilfe der sogenannten MO- oder der VB-Theorie berechnen. Grundsätzlich lassen sich die Grenzzustände kleiner Moleküle mit den genannten Theorien näherungsweise berechnen, bei großen Molekülen geht man jedoch von empirisch gewonnenen Daten aus.

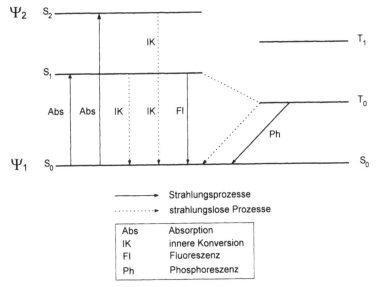

Abb. 3-1. Energieaufnahme und -abgabe

Um die weiteren Vorgänge bei der Absorptionsspektroskopie zu verstehen, ist eine Einführung in die Theorie der Orbitale, der Bindungsarten und der Molekülorbitale (MO) notwendig. In diesem für den Praktiker erarbeiteten Buch sind prinzipiell nur die elektronischen Vorgänge bei der Absorptionsspektroskopie beschrieben, um einige wichtige Handlungsweisen beim Analysieren mit Hilfe der UV/VIS-Spektroskopie zu erklären. Weitere Informationen über die MO- und VB-Theorie findet man unter [3, 4].

3.1   Atom- und Molekülorbitale

Beim einfachen Bohrschen Atommodell, bei dem sich die negativen Elektronen in Kreisbahnen um den positiven Kern bewegen, ist eine präzise Vorhersage von Ort und Geschwindigkeit des Elektrones notwendig. Nach *Heisenberg* ist es jedoch unmöglich, den Ort und die Geschwindigkeit des Elektrons gleichzeitig zu beschreiben. Daher ist eine präzise Beschreibung eines Elektrons gemäß des Bohrschen Atommodells auf einer Kreisbahn unmöglich. *Schrödinger* entwickelte eine Gleichung, mit der das Elektron als Ladungswolke mit negativer Ladung beschrieben werden kann. Die Wahrscheinlichkeit, das Elektron in der Wolke anzutreffen, ist an der Stelle groß, wo die Negativität der Ladungswolke besonders hoch ist. Die dem Elektron zugeordnete mathematische Funktion nennt man „Orbital". Es ist ein Wahrscheinlichkeitsraum ($P = 90\%$) für den Aufenthalt eines Elektrones. Jedes Orbital kann maximal zwei Elektronen aufnehmen. Die erste Hauptschale (vom Kern aus gesehen, die K-Schale) kann nur maximal 2 Elektronen aufnehmen, es existiert daher nur ein Orbital, welches $1s$ genannt wird. Die Zahl vor dem Buchstaben „s" kennzeichnet die Nummer der Schale. Die zweite Hauptschale (L) kann nach der bekannten Gleichung $2n^2$ mit $n = 2$ maximal 8 Elektronen aufnehmen. Auf der zweiten Schale können daher 4 Orbitale mit insgesamt 8 Elektronen besetzt werden. Die dritte Hauptschale kann maximal $2 \cdot 3^3 = 18$ Elektronen aufnehmen, daher sind insgesamt 9 Orbitale existent. Für jede Schale ist jedoch nur *ein* s-Orbital vorhanden, die anderen Orbitale sind vom p- und d-Typ. Vom p-Typ gibt es insgesamt 3 gleichwertige Orbitale (p_x-, p_y- und p_z-Typ) von d-Typ fünf ($d_{x^2-y^2}$-, d_{z^2}-, d_{xy}-, d_{xz}- und d_{yz}-Orbital). Die zweite Schale enthält nur s- und p-Orbitale, ab der dritten Schale können noch d-Orbitale hinzukommen.

1. Schale: $1s$-Orbital
2. Schale: $2s$-Orbital und je ein $2p_x$-, $2p_y$- und $2p_z$-Orbital
3. Schale: $3s$-Orbital, je ein $3p_x$-, $3p_y$- und $3p_z$-Orbital und je ein $3d_{x^2-y^2}$-, $3d_{z^2}$-, $3d_{xy}$-, $3d_{xz}$- und $3d_{yz}$-Orbital.

In Abb. 3-2 sind die s-, p- und d-Orbitale abgebildet [2].

Wie werden für die Darstellung der Elektronenkonfiguration die Elektronen auf die Orbitale eines Atoms verteilt? Dazu gibt es folgende Regeln:

- jedes Orbital kann mit maximal 2 Elektronen besetzt werden,
- das Pauli-Verbot,
- die Hundsche Regel der größten Multiplizität,
- die Orbitale werden vom energieärmeren zum energiereicheren Zustand hin aufgefüllt.

Das *Pauli-Verbot* besagt, daß alle Elektronen eines Atoms nicht in allen Eigenschaften (definiert über sogenannte Quantenzahlen) gleich sein können. Sind zwei Elektronen in einem Orbital, müssen sie sich im Drehimpuls (Spin) unterscheiden. Der Drehimpuls beschreibt die Drehung des Elektrons um seine Achse. Es sind nur zwei Drehrichtungen möglich: mit und gegen den Uhrzeigersinn.

Die *Hundsche Regel* schreibt die Besetzung der Orbitale einer Schale so vor, daß eine möglichst große Anzahl von *ungepaarten Elektronen* (nur ein

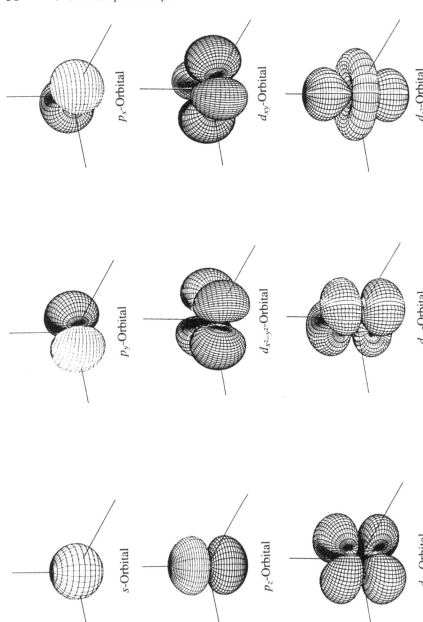

p_x-Orbital

d_{xy}-Orbital

d_{z^2}-Orbital

p_y-Orbital

$d_{x^2-y^2}$-Orbital

d_{xz}-Orbital

s-Orbital

p_z-Orbital

d_{y^2}-Orbital

Abb. 3-2. s-, p- und d-Orbitale. [2]

Elektron im Orbital) erhalten wird. Zunächst werden alle energiegleichen Orbitale einfach besetzt, erst dann wird die Doppelbesetzung vorgenommen.

Beschreiben wir nun eine (theoretische) serielle Auffüllung der Orbitale der ersten fünf Elemente des Periodensystems. Das Wasserstoffatom besitzt nur ein Elektron, das $1s$-Orbital der 1. Hauptschale wird damit einfach besetzt ($1s^1$). Die Hochzahl 1 in der angegebenen Schreibweise deutet auf die Anzahl der Elektronen im Orbital hin. Durch das zweite Elektron des Heliums wird das vorher einfach besetzte $1s$-Orbital nun doppelt besetzt ($1s^2$). Das nächste Element Lithium hat die gleiche Elektronenkonfiguration auf der ersten Schale ($1s^2$), jetzt kommt noch ein Elektron auf der zweiten Schale hinzu. Dieses Außenelektron wird in ein $2s$ Orbital aufgenommen ($1s^2\ 2s^1$). Das neu hinzukommende Elektron beim Beryllium füllt das $2s$-Orbital auf ($1s^2\ 2s^2$). Das zusätzliche Elektron zum Bor wird vom ersten $2p$-Orbital aufgenommen ($1s^2\ 2s^2\ 2p^1$). Dieses p-Orbital ist nur einfach besetzt.

Eine übersichtliche Schreibweise (die sog. Pauli-Schreibweise) ist in Abb. 3-3 abgebildet. Jeder Kasten ist ein Orbital, die Pfeile entsprechen den in das Orbital aufgenommenen Elektronen und repräsentieren gleichzeitig den unterschiedlichen Drehspin [2].

Wird das neue Elektron vom Bor zum Kohlenstoff in das bereits *einfach besetzte* 2p-Orbital des Bors oder in ein noch *freies* 2p-Orbital verteilt? Nach der Hundschen Regel kann die Frage eindeutig beantwortet werden. Nur dann, wenn das neu dazu kommende Elektron ein freies, unbesetztes Elektron besetzt, kann die Hundsche Regel eingehalten werden (Abb. 3-4).

Beim Stickstoff ($1s^2\ 2s^2\ 2p^3$) sieht die Elektronenkonfiguration wie in Abb. 3-5 gezeigt aus.

Erst beim Sauerstoff ($1s^2\ 2s^2\ 2p^4$) ist ein p-Orbital doppelt besetzt (Abb. 3-6).

Beim Neon ($1s^2\ 2s^2\ 2p^6$) sind alle Zustände der 2. Hauptschale besetzt (Abb. 3-7).

Die Konfiguration der Elektronen im Atom entscheidet über den Magnetismus des betreffenden Atoms. Atome mit Elektronen, die allein im Orbital

	1. Schale	2. Schale		
	s	s	p	p	p
Bor	↑↓	↑↓	↑	leer	leer

Abb. 3-3. Elektronenkonfiguration des Bors

	1. Schale	2. Schale		
	s	s	p	p	p
Kohlenstoff	↑↓	↑↓	↑	↑	leer

Abb. 3-4. Elektronenkonfiguration von Kohlenstoff

	1. Schale	2. Schale		
	s	s	p	p	p
Stickstoff	↑↓	↑↓	↑	↑	↑

Abb. 3-5. Elektronenkonfiguration von Stickstoff

	1. Schale	2. Schale		
	s	s	p	p	p
Sauerstoff	↑↓	↑↓	↑↓	↑	↑

Abb. 3-6. Elektronenkonfiguration von Sauerstoff

	1. Schale	2. Schale		
	s	s	p	p	p
Neon	↑↓	↑↓	↑↓	↑↓	↑↓

Abb. 3-7. Elektronenkonfiguration von Neon

sind (ungepaarte Elektronen), werden in ein von außen angelegtes magnetisches Feld hineingezogen. Dieses Verhalten nennt man „paramagnetisch". Der paramagnetische Effekt ist um so stärker, je mehr ungepaarte Elektronen vorhanden sind. Der bekannte ferromagnetische Effekt („Magnetismus") von Eisen und Nickel ist ein extrem ausgeprägter Paramagnetismus.

Im Gegensatz dazu sind Atome, bei denen *alle* vorhandenen Orbitale paarweise gefüllt sind, „diamagnetisch". Diamagnetische Substanzen werden von einem magnetischen Feld abgestoßen. In unserer Beispielsreihe ist Neon ein diamagnetisches Element. Die Stoffe, die in der Absorptionsspektroskopie untersucht werden, bestehen jedoch gewöhnlich nicht aus Atomen, sondern aus Molekülen einer Verbindung.

Bei einer chemischen Reaktion reagieren ein oder mehrere Atome zu einem Molekül, in dem die an der Reaktion beteiligten Atome verknüpft sind. Die Verknüpfung geschieht in den meisten Fällen durch eine Ionen- oder eine Kovalentbindung.

Wenn z. B. ein Natriumatom durch eine zugeführte Energie ionisiert wird, entfernt sich ein Elektron von der Außenschale des Natriums und ein positiv geladenes Natriumion entsteht. Die Ionisierungsenergie von Natrium beträgt nur 5,1 eV. Da 1 eV einem Energiebetrag von $1,6 \cdot 10^{-19}$ Js entspricht, ist für die Ionisierungsenergie nach Gl. (3-4) und Gl. (3-5) eine Wellenlänge von 244 nm aufzubringen.

$$\lambda = \frac{c \cdot h}{E} \tag{3-4}$$

$$\lambda = \frac{3 \cdot 10^8 \, \text{m} \cdot 6,626 \cdot 10^{-34} \, \text{Js}}{5,1 \cdot 1,6 \cdot 10^{-19} \, \text{Js}} = 2,44 \cdot 10^{-7} \, \text{m} = \underline{244 \, \text{nm}} \tag{3-5}$$

In Gl. (3-4) bedeutet::

c Ausbreitungsgeschwindigkeit des Lichtes in Vakuum

h Plancksches Wirkungsquantum

E Ionisierungsenergie von Natrium

Wird die Mindestenergie aufgebracht, kann sich das sich entfernende Elektron z. B. bei einem Chloratom einbauen. Man erhält auf diesem Weg ein positiv geladenes Natriumatom und ein negativ geladenes Chloratom (Ione), die durch die gegensätzliche Anziehungskraft zusammengehalten werden. Zwischen gleichen Atomen, wie z. B. beim Stickstoffmolekül N_2, kann keine Ionenbildung zustande kommen.

Durch die Zusammenlegung zweier Wasserstoffatome (zwei $1s^1$-Orbitale) wird ein Molekül erhalten, welches zwei Elektronen in einem gemeinsamen Molekül enthält. Eine Bindung, bei der die Elektronen zu zwei an der Bindung beteiligten Atomen gemeinsam gehören, nennt man „kovalent". Kovalente Bindungen können nur dann zustande kommen, wenn einfach besetzte Orbitale vorhanden sind.

	1. Schale	2. Schale		
	s	s	p	p	p
Stickstoff	↑↓	↑↓	↑	↑	↑
Stickstoff	↑↓	↑↓	↓	↓	↓

Abb. 3-8. Stickstoffmolekülorbital $N \equiv N$

Abbildung 3-8 beschreibt die Elektronenkonfiguration in einem Stick-stoffmolekül. Der grau unterlegte Teil charakterisiert die gemeinsame Drei-fachbindung.

Werden ungleiche Atome zu Molekülen verknüpft, liegt keine *reine* kova-lente Bindung vor. Durch die unterschiedlichen Elektronegativitäten der Atome ist das bindende Elektronenpaar zu dem Partner mit der größeren Elektronegativität gezogen. Die entstehende Ladungsverschiebung führt zu einer polaren kovalenten Bindung (Abb. 3-9).

Ein zweiter für die Spektroskopie wichtiger Weg zur Beschreibung eines Moleküls ist die sogenannte MO-Methode. Ein Wasserstoffatom, das in der ersten Gruppe des Periodensystems steht, besitzt nur ein Elektron. Nach der Orbitaltheorie befindet sich das Elektron des Wasserstoffs in einem $1s$-Orbi-tal. Sind zwei Wasserstoffatome durch eine sehr große Entfernung voneinan-der getrennt, tritt zwischen den beiden Elektronen keine Wechselbeziehung auf. Die Energie des ganzen Systems wird mit dem Wert „0" angenommen. Werden die beiden Wasserstoffatome angenähert, beginnen sich die beiden $1s$-Orbitale zu überlappen. Die positiven Kerne der Atome und die zuneh-mende negative Ladung des Elektrons ziehen sich immer stärker an, das führt zu einer abnehmenden Energie des ganzen Systems. Nähern sich die beiden Wasserstoffatome immer mehr, stoßen sich die gleichgeladenen Kerne wieder ab und die Energie des Systems nimmt wieder zu. Es entsteht

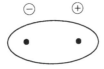

kovalente Bindung

polarisierte Bindung

Abb. 3-9. Kovalente und polar kovalente Verbindung [5]

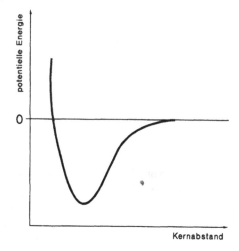

potentielle Energie

0

Kernabstand

Abb. 3-10. Energie und Kernabstand bei der Bildung eines MOs von Wasserstoff

das charakteristische Energie-Kernabstand-Diagramm bei der Bildung eines Molekülorbitals (Abb. 3-10).

Die zwei Wasserstofforbitale haben sich zu einem Molekülorbital (MO) zusammengeschlossen. Dieses umfaßt beide Kerne der Wasserstoffatome. Das MO des Wasserstoffs wird entsprechend dem s-Symbol bei Atomorbitalen als σ-Bindungsorbital benannt, welches sich symmetrisch längs einer Achse erstreckt (Abb. 3-11).

Jedes Wasserstoffatom besitzt ein 1s-Orbital, in dem *maximal* 2 Elektronen Platz hätten. In den 1s-Orbitalen der beiden Wasserstoffatome könnten *maximal* 4 Elektronen unterkommen. Da das Pauliprinzip auch bei der Bildung von MO's gilt, müssen beim Zusammenschluß zweier Wasserstoffatome auch zwei MO's gebildet werden, damit die in den Atomen theoretische Anzahl von Elektronen (hier 4) Platz hätten. Dieser Fall kann tatsächlich durch die Quantentheorie belegt werden [4].

Eine sehr wichtige Regel der Quantentheorie besagt daher, daß die Gesamtzahl der Orbitale beim Übergang vom Atom zum Molekül erhalten bleiben muß. Wenn also zwei Wasserstofforbitale sich zu einem Molekülorbital zusammenschließen, muß man auch zwei MO's erwarten. Das erste MO ist das bereits beschriebene, sogenannte „bindende" σ1s MO. Das Atomorbital (hier 1s), aus dem das MO gebildet wurde, wird bei der Kennzeichnung mit aufgeführt. Das zweite entstehende MO nennt man „antibindend" (σ*1s) und ist etwas energiereicher als das bindende MO σ1s. Die Energieverhältnisse sind in Abb. 3-12 aufgezeigt.

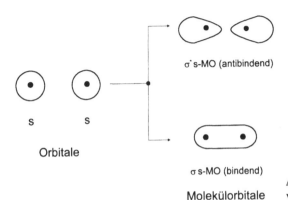

σ⁺ s-MO (antibindend)

s   s

Orbitale

σ s-MO (bindend)

Molekülorbitale

Abb. 3-11. σ-Bindungsorbital von Wasserstoff

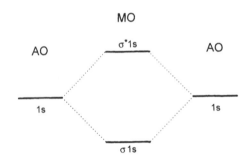

Abb. 3-12. Energieverhältnisse von bindenden und antibindenden MO's

Das Wasserstoffmolekül H_2 besitzt im elektronischen „Grundzustand" *keine* Elektronen im antibindendem MO ($\sigma*1s$), das *antibindende* MO ist leer. Beide Elektronen des Wasserstoffmoleküls H_2 sind im *bindenden* MO [$(\sigma 1s)^2$]. Durch die folgende Schreibweise kann man die Molekularisierung des Wasserstoffs beschreiben (Gl. (3-6)):

$$2H(1s^1) \rightarrow H_2(\sigma 1s)^2 \tag{3-6}$$

Führt man die gleiche Überlegung für das Helium durch, erhält man Gl. (3-7):

$$2He(1s^2) \rightarrow He_2[(\sigma 1s)^2 + (\sigma*1s)^2] \tag{3-7}$$

Im Heliummolekül ist auch der antibindende Zustand besetzt. Nach Gl. (3-8) berechnet sich die Anzahl der Bindungen n_B mit:

$$n_B = \frac{1}{2} \cdot (z_B - z_{AB}) \qquad (3\text{-}8)$$

z_B = Zahl der bindenden Elektronen
z_{AB} = Zahl der antibindenden Elektronen

Für das Heliumatom erhalten wir nach Gl. (3-8):

$$n_B = \frac{1}{2}(2 - 2) = 0 \qquad (3\text{-}9)$$

und für das Wasserstoffmolekül

$$n_B = \frac{1}{2}(2 - 0) = 1 \qquad (3\text{-}10)$$

Bei der Bindung von zwei Wasserstoffatomen wird *eine* Bindung erhalten, zwei Heliumatome können *keine* Bindung ausbilden.

Aus der Kombination von *s*-Orbitalen entstehen σ-Orbitale, die eine rotationssymmetrische Ladungsverteilung besitzen. Die Bildung von MO's durch *p*-Orbitale werden durch ähnliche Betrachtungen verständlich. Die *p*-Orbitale eines Atoms sind jedoch in *x*-, *y*- und *z*-Richtung des Raumes verteilt. Die beiden p_x-Orbitale zweier Atome, die sich zu einem Molekül vereinigen, befinden sich längs der *x*-Achse und überlagern sich zu einem bindenden σ2*p*-MO und einem antibindenden σ*2*p*-MO, welche ein σ1*s*- und σ*1*s*-MO ähnliches Aussehen besitzen (Abb. 3-13).

Bei der Bildung von MO's aus p_y- und p_z-Orbitalen nähern sich die *p*-Orbitale der Atome beim Zusammenschluß von der Seite her und führen zu sogenannten π-MO's. Diese sind im Gegensatz zu den σ-MO's nicht symmetrisch.

Die sechs *p*-Orbitale zweier Atome (je Atom drei *p*-Orbitale) führen zu 6 MO's, von denen drei bindend und drei antibindend sind, vier MO's sind vom π-Typ, zwei MO's sind vom σ-Typ (Abb. 3-14).

Alle drei *p*-Orbitale des ursprünglichen Atoms waren vor der MO-Bildung energiegleich („entartet"). Bei der Bildung von MO's aus den *p*-Orbi-

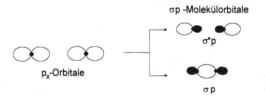

σp -Molekülorbitale

p_x-Orbitale

σ*p

σp

Abb. 3-13. σ2*p*-bindendes und σ*2p antibindendes MO

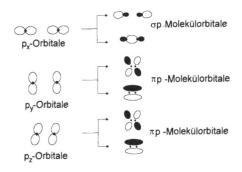

Abb. 3-14. 6 MO's der sechs *p*-Orbitale

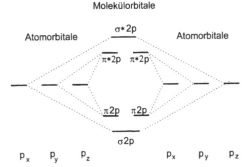

Abb. 3-15. Energiediagramm der 2*p*-Orbitale für die Bildung von MO's

talen kommt es jedoch zur Aufspaltung der Energiegleichheit. Das bindende 2σ-MO, welches aus den beiden p_x-Orbitalen entsteht, hat eine etwas geringere Energie als die zwei 2π-MO's, die aus den p_z und p_y-Orbitalen entstanden sind. Umgekehrt hat das antibindende 2σ*-MO eine höhere Energie als die beiden antibindenden 2π*-MO's (Abb. 3-15).

Neben den σ- und π-MO's gibt es noch *n*-Orbitale (nichtbindende), entsprechend den reinen Atomorbitalen von Heteroatomen. Als *n*-Elektronen bezeichnet man solche Elektronen, die an ein Heteroatom als „einsames Elektronenpaar" gebunden sind. Solche Heteroatome sind z. B. Sauerstoff, Schwefel, Halogene und Stickstoff (Abb. 3-16).

Beim atomaren Sauerstoff liegen z. B. die Atomorbitale 2*s* und 2*p* weit auseinander. Die Bildungsgleichungen der MO's lauten (Gl. (3-11)):

$$2O(2s2s4p) \rightarrow O_2[(\sigma 2s)^2 + (\sigma^* 2s)^2 + (\pi 2s)^2 + (\pi^* 2s)^2 \qquad (3\text{-}11)$$

Die Anzahl der Bindungen beträgt gemäß Gl. (3-8) zwei.

Liegen jedoch die 2*s* und 2*p*-Orbitale der Atome dicht beieinander, wie es z. B. der Kohlenstoff aufweist, kann es zur Überlappung von MO's kom-

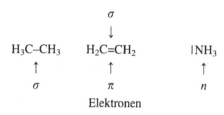

σ
↓

H₃C–CH₃   H₂C=CH₂ |NH₃
↑   ↑   ↑
σ   π   n
    Elektronen

Abb. 3-16. Beispiele für Elektronen
in chemischen Verbindungen

men. In Abb. 3-17 wird die Konfiguration des Kohlenstoff- und Sauerstoff-MO's aufgezeigt [5]. Die bisherigen Überlegungen gelten nur für zweiatomige, einfache Moleküle. Sie können aber auch auf kompliziertere Moleküle übertragen werden. Bei der Absorptionsspektroskopie kommt es zu Übergängen von im Energieniveau niedriger liegenden Elektronen E_1 in höhere Energiezustände E_2. Besonders bei nahe beieinander liegenden π-MO's sind günstige Elektronenübergänge möglich. Prinzipiell lassen sich die Übergänge nach der MO-Theorie berechnen, man erhält jedoch wegen der Kompliziertheit der Materie nur Näherungswerte. Daher werden die Energieübergänge gewöhnlich durch empirisch ermittelte Daten charakterisiert. Im nächsten Abschnitt sollen die Übergangsmöglichkeiten der Elektronen in MO's beschrieben werden [6, 7].

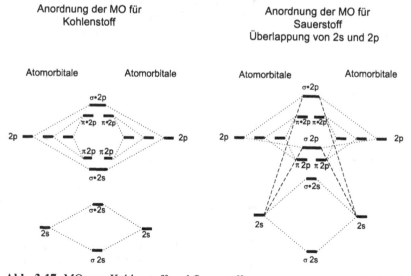

Abb. 3-17. MO von Kohlenstoff und Sauerstoff

3.2   Übergangsmöglichkeiten der Elektronen

Grundsätzlich kann die elektromagnetische Strahlung mit Molekülen einer Verbindung in Wechselbeziehungen treten. Wenn die Energie der Strahlung gleich der Energiedifferenz zwischen einem besetzten und einem unbesetzten Orbital ist, kann diese Energie benutzt werden, um das Elektron von dem besetzten in das unbesetzte Orbital zu heben. Ein Übergang von Elektronen durch Anregung mit elektromagnetischer Strahlung ist in Abb. 3-18 aufgezeigt.

Von den im Molekül vorhandenen MO's sind zwei von besonderer Bedeutung. Das am energiehöchsten *besetzte* Orbital nennt man HOMO (*h*ighest *o*ccupied *MO*) und das am energietiefsten, *unbesetzte* Orbital nennt man LUMO (*l*owest *u*noccupied *MO*). Die Energiedifferenz ist zwischen HOMO und LUMO am geringsten und daher ist der Elektronenübergang hier am wahrscheinlichsten. Die relativ niedrige Energie, die beim HOMO-LUMO-Übergang benötigt wird, kann bereits von der langwelligen UV/VIS-Strahlung zur Verfügung gestellt werden. Daher nennt man diesen Übergang auch „längstwelligen Übergang" [7].

Wie bereits festgestellt wurde, gibt es σ, π und n-Elektronen in Molekülen. Die σ-Elektronen bilden Einfachbindungen (σ-Bindung) zwischen Atomen aus. In Mehrfachbindungen (π-Bindungen) befinden sich π-Elektronen, die sich unterhalb und oberhalb der atomaren Ebene befinden, die von den beteiligten Atomen gebildet werden. Als n-Elektronen bezeichnet man solche Elektronen, die an ein Heteroatom als „einsames Elektronenpaar" ge-

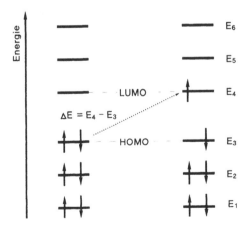

Abb. 3-18. Übergang von Elektronen durch elektromagnetische Strahlung

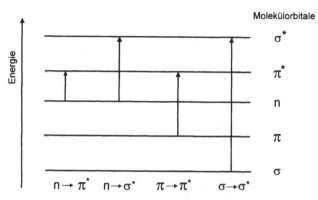

Abb. 3-19. Absorptionsbereich der Übergänge

bunden sind. Die σ-Elektronen sind gewöhnlich sehr fest, die π-Elektronen lockerer und die n-Elektronen relativ locker gebunden. Die Energiewerte der HOMO's sind daher in der Reihenfolge $E_\sigma < E_\pi < E_n$ geordnet.

Je nach Ausgangs- und Endzustandsorbital sind folgende Übergänge für die Spektroskopie von Bedeutung [8]:

- der $\sigma \rightarrow \sigma^*$-Übergang
- der $\pi \rightarrow \pi^*$-Übergang
- der $n \rightarrow \pi^*$-Übergang
- der $n \rightarrow \sigma^*$-Übergang

Wie aus den Absorptionsbereichen der Elektronenübergänge (Abb. 3-19) entnommen werden kann, ist der $\sigma \rightarrow \sigma^*$-Übergang am energieaufwendigsten. Für diesen Übergang muß sehr viel Energie aufgebracht werden, d. h., es werden sehr kleine Wellenlängen der elektromagnetischen Strahlung benötigt. Methan mit einer solchen C-H-σ-Bindung absorbiert z. B. bei $\lambda = 125$ nm. Da eine C-C-σ-Bindung etwas lockerer gebunden ist, wird bereits bei etwas größerer Wellenlänge der Elektronenübergang eintreten. Aber auch für diesen Übergang werden vorwiegend Wellenlängen unter 200 nm benötigt. Daher hat dieser Übergang in der analytischen UV/VIS-Spektroskopie nur eine untergeordnete Bedeutung.

Der $n \rightarrow \sigma^*$-Übergang wird bereits bei deutlich größerer Wellenlänge gegenüber dem $\sigma \rightarrow \sigma^*$-Übergang eintreten. Die dazu benötigte Wellenlänge hängt von der Elektronegativität des Heteroatoms und von den Bindungsverhältnissen ab. Tabelle 3-1 zeigt eine Zusammenstellung von $n \rightarrow \sigma^*$-Übergängen und der dazu notwendigen Mindestwellenlängen.

Tabelle 3-1. $n \rightarrow \sigma^*$-Übergänge und Mindestwellenlänge [1]

Verbindung	Wellenlänge λ
Wasser, H_2O	167 nm
Methylchlorid, CH_3Cl	173 nm
Methanol, CH_3OH	184 nm
Methylamin, CH_3NH_2	215 nm
Trimethylamin, $(CH_3)_3N$	227 nm

Methylamin hat nach Tabelle 3-1 einen Übergang, der von einer Strahlung von $\lambda = 215$ nm initiiert wird. Wird dem Methylamin aber Salzsäure zugesetzt, dann entsteht ein Salz nach Gl. (3-12):

$$CH_3\overline{N}H_2 + HCl \rightarrow CH_3NH_3^+ + Cl^- \qquad (3\text{-}12)$$

Dadurch, daß das angelagerte Proton das freie Elektronenpaar blockiert, ist der $n \rightarrow \sigma^*$-Übergang beim Salz nicht mehr möglich, die Wellenlänge für einen möglichen Übergang wird deutlich kleiner ($\lambda = 154$ nm).

Der $\pi \rightarrow \pi^*$- und der $n \rightarrow \pi^*$-Übergang ist für die UV/VIS-Spektroskopie am wichtigsten. Wie bereits erwähnt, absorbiert Methan über einen $\sigma \rightarrow \sigma^*$-Übergang bei 125 nm. Ethen mit einer π-Bindung absorbiert bereits bei ca. 190 nm über einen $\pi \rightarrow \pi^*$-Übergang. Die beiden Übergänge werden besonders bei ungesättigten Kohlenwasserstoffen und bei Carbonylverbindungen wichtig.

Die Ausbildung von MO's und die Energieübergänge sollen am Ethen als Beispiel aufgezeigt werden. Bekanntlich liegt im Ethen eine sp^2-Hybridisierung vor. Von den ursprünglich vier vorhandenen Orbitalen (drei $2p$-Orbitale und ein $2s$-Orbital) sind zwei $2p$-Orbitale und das eine $2s$-Orbital hybridisiert, zusätzlich existiert noch ein freies $2p$-Orbital (Abb. 3-20). Je zwei der sp^2-Hybride bilden durch Überlappung mit den $1s$-Orbitalen der vier Wasserstoffatome des Ethens eine σ-Bindung (C-H-Bindung, Abb. 3-21).

Die beiden übrig gebliebenen sp^2-Hybride jedes Kohlenstoffatoms überlappen sich und bilden ein bindendes und ein nichtbindendes σ und σ^*-Molekülorbital (C-C-Einfachbindung, Abb. 3-22).

Die beiden noch vorhandenen freien p-Orbitale jedes Kohlenstoffatoms überlappen sich ebenfalls und bilden ein bindendes π und π^*-Molekülorbital (C=C-Bindung, Abb. 3-23). Das MO-Niveau des Ethens ist aus Abb. 3-24 zu entnehmen.

Beträgt z. B. die Energie des $\pi \rightarrow \pi^*$-Übergangs im Ethen $1{,}05 \cdot 10^{-18}$ J, kann daraus mit Hilfe des Planckschen Gesetzes die notwendige Wellenlän-

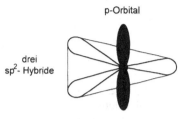

p-Orbital

drei
sp²- Hybride

Kohlenstoffatom des Ethens

Abb. 3-20. sp^2-Hybridisierung und das freie $2p$-Orbital in den Kohlenstoffen des Ethens

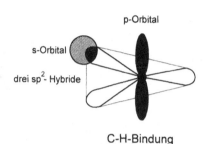

p-Orbital

s-Orbital

drei sp²- Hybride

C-H-Bindung

Abb. 3-21. σ-Bindung (C-H-Bindung) durch Überlappung von sp^2-Hybriden und $1s$-Orbitalen

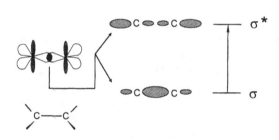

σ^*

σ

Abb. 3-22. σ und σ^*-Molekülorbital (Einfachbindung)

ge der eingestrahlten Lichtenergie berechnet werden. Durch Einsetzen von $h = 6{,}6 \cdot 10^{-34}$ Js und $c = 3 \cdot 10^8$ m/s in Gl. (3-4) erhält man Gl. (3-13):

$$\lambda = \frac{6{,}6 \cdot 3 \cdot 10^{-26}}{1{,}05 \cdot 10^{-18}} \, \mathrm{m} = 1{,}886 \cdot 10^{-7} \mathrm{m} \qquad (3\text{-}13)$$

$$\underline{\lambda = 188{,}6 \, \mathrm{nm}}$$

Zum $\pi \rightarrow \pi^*$-Übergang im Ethen ist eine Wellenlänge von 188,5 nm notwendig. Der Übergang findet also im UV-Bereich statt.

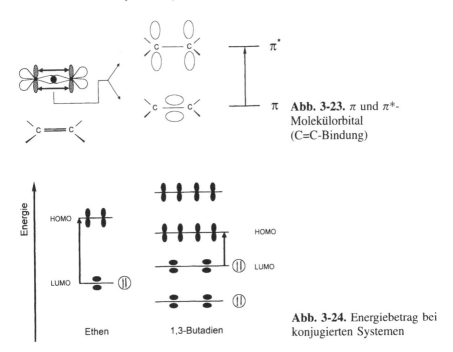

Abb. 3-23. π und π^*-Molekülorbital (C=C-Bindung)

Abb. 3-24. Energiebetrag bei konjugierten Systemen

Sind in einem Molekül zwei Doppelbindungen konjugiert mit einer Einfachbindung dazwischen (z. B. im Butadien), werden die notwendigen Energiewerte für den Übergang kleiner. Zwischen HOMO und LUMO wird der Energiebetrag bei jeder Konjugation verringert (Abb. 3-24). Der Übergang findet bereits bei einer Wellenlänge von 220 nm statt. Sind noch mehr konjugierten Doppelbindungen im Molekül enthalten, findet eine immer größere Verschiebung in den längerwelligen Bereich statt. Die Konjugation ist nicht nur auf eine C=C-Doppelbindung beschränkt, sondern findet mit allen funktionellen Gruppen statt, die Mehrfachbindungen tragen, z. B. N=N, C=O, C=N usw. Daher besitzen Verbindungen, die konjugierte Mehrfachbindungen enthalten, gewöhnlich im Bereich der UV/VIS-Spektroskopie gut ausgeprägte Spektren.

Die Substitution mit einer funktionellen Gruppe mit Mehrfachbindungen, die in Konjugation stehen, führt zu einer Verschiebung der Mindestwellenlänge in den langwelligeren Bereich, der Übergang der Elektronen geht einfacher vonstatten. Eine solche Verschiebung in den langwelligen Bereich nennt man „*bathochrom*" (rotverschiebend), umgekehrt heißt eine Verschiebung in den kurzwelligen Bereich „*hypsochrom*" (blauverschiebend).

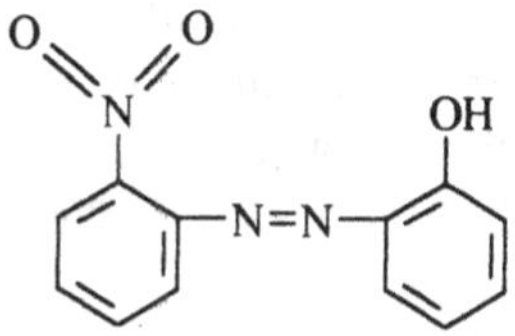

Abb. 3-25. Azofarbstoff

Verursacht wird eine bathochrome Verschiebung in den wellenlängeren Bereich durch die sogenannten *chromophoren Gruppen*, die elektromagnetische Strahlungen sowohl nach dem $\pi \rightarrow \pi^*$-Übergang, als auch nach dem $n \rightarrow \pi^*$-Übergang absorbieren können. Diese Gruppen enthalten einerseits π-Elektronen und andererseits noch freie Elektronen am vorhandenen Stickstoff oder Sauerstoff. Da beim $n \rightarrow \pi^*$-Übergang die geringere Übergangsenergie aufgebracht werden muß, erfolgen diese Übergänge bei langwelligerer Einstrahlung.

Durch Kombination verschiedener Chromophore im Molekül kann die Absorption sogar in den Bereich von 400 bis 800 nm, den sichtbaren Bereich (VIS), geschoben werden. Diese Verschiebung in den VIS-Bereich findet dann statt, wenn mehrere geeignete Chromophore in Konjugation zueinander angeordnet sind. Zum Beispiel sind alle Doppelbindungen des Azofarbstoffes in Abb. 3-25 in Konjugation.

Die in Tabelle 3-2 genannten Werte einiger Chromophore sind jedoch nur Anhaltswerte, weil die praktisch ermittelte Wellenlänge von der Art des Lösemittels, insbesondere von der Polarität, abhängig ist.

Tabelle 3-2. Chromophore mit Angabe der Wellenlänge für die einzelnen Übergänge [1]

Chromophor	Übergang	Wellenlänge um
-C=C-	$\pi \rightarrow \pi^*$	190 nm
-C≡C-	$\pi \rightarrow \pi^*$	173 nm
=C=O	$\pi \rightarrow \pi^*$	180 nm
	$n \rightarrow \pi^*$	280 nm
-O-	$n \rightarrow \sigma^*$	180 nm
-N=N-	$n \rightarrow \pi^*$	350 nm
-N=O	$n \rightarrow \pi^*$	300 nm und 600 nm
-Cl	$n \rightarrow \pi^*$	170 nm
-Br	$n \rightarrow \pi^*$	204 nm
-I	$n \rightarrow \pi^*$	250 nm
-S-	$n \rightarrow \sigma^*$	235 nm
-N=H	$n \rightarrow \sigma^*$	190 nm

Eine zusätzliche Verschiebung in den langwelligeren Bereich wird durch besondere funktionelle Gruppen, den Auxochromen und den Antiauxochromen, verursacht. Auxochrome sind Gruppen, die elektronenabgebend (Donatoren) sind, Antiauxochrome Gruppen nehmen Elektronen auf (Aceptoren) [1].

3.3   Farbigkeit bei anorganischen Verbindungen

Die Wissenschaft hat sich bereits sehr lange mit der Frage beschäftigt, warum manche anorganischen Verbindungen farblos, andere dagegen farbig sind. Es stellte sich sehr schnell heraus, daß farbige anorganische Substanzen bevorzugt aus den Elementen der Nebengruppen des Periodensystems gebildet werden. Diese Erkenntnis allein erklärt jedoch noch nicht den farbigen Charakter einer anorganischen Verbindung.

In einer kationenkomplexen Verbindung sind um ein Metallatom oder Metallion neutrale Moleküle oder geladene Ionen gruppiert, die man als Liganden bezeichnet. Mit dem Einfluß der Liganden variieren die Farben der jeweiligen Komplexverbindung, so daß die Liganden einen maßgeblichen Einfluß auf die Farbigkeit ausüben müssen.

Die Übergangselemente (z.B. Cu, Co, Cr, Ni usw.) der vierten Periode des Periodensystems beziehen neben den s- und p-Orbitalen auch d-Orbitale mit in die chemische Bindung ein. Die Übergangselemente bilden Metallkomplexe, die aus einem Zentralatom und den bereits erwähnten Liganden bestehen. Zum Beispiel bildet im $[CoCl_6]^{3-}$-Komplex das Kobaltion Co^{3+} als Zentralatom mit den sechs negativen Chlorliganden den Komplex. Die Elektronen zu der Komplexbindung liefern nur die Liganden. Beim Kobalthexachlorid ist das Kobaltion also von sechs Cl^--Ionen umgeben, die die Ecken eines Oktaeders belegen (Abb. 3-26).

Das Übergangselement Kobalt hat folgende Elektronenverteilung in den Außenorbitalen:

$3d$ z^2	$3d$ $x^2 - z^2$	$3d$ xy	$3d$ yz	$3d$ zx	$4s$	$4p$	$4p$	$4p$
↑↓	↑↓	↑	↑	↑	↑↓	leer	leer	leer

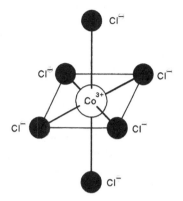

Abb. 3-26. Modell des Kobalthexachlorids

Zwei der fünf d-Orbitale sind längs der x-, y- und z-Achse ausgerichtet und die anderen drei besetzen die Winkelhalbierenden (Abb. 3-2). Alle Elektronen, die sich in den fünf d-Orbitalen befinden, haben den gleichen Energiegehalt, sie sind energetisch gleichwertig. Nähert sich das Zentralatom Kobalt mit seinen fünf $3d$-Orbitalen dem elektrischen Feld von sechs oktaedrisch angeordneten Liganden (siehe Abb. 3-26), so werden die fünf energiegleichen $3d$-Orbitale des Kobalts nicht völlig gleich von den sechs Liganden beeinflußt. Die sechs negativen Chlorliganden des Kobalthexachlorids beeinflussen die fünf $3d$-Orbitale auf Grund ihrer räumlichen Struktur unterschiedlich [7].

Werden die sechs negativ geladenen Chlorliganden in x-, y- und z-Richtung an die fünf $3d$-Orbitale herangeführt, werden die zwei richtungsgleichen $3d$-Orbitale etwas stärker abgestoßen. Da die Hauptwirkung der negativen Ladung in Richtung der drei Hauptkoordinaten verläuft, werden diejenigen Orbitale deformiert, deren Hauptrichtung ebenfalls mit einer Achse zusammenfällt. Es ist das $3d_{z^2}$ und das $3d_{x^2-y^2}$-Orbital. Die Deformation entspricht energetisch einer Erhöhung ihrer Energie.

Die anderen drei Orbitale ($3d_{xy}$, $3d_{xz}$ und $3d_{zx}$), die sich in Richtung der Winkelhalbierenden befinden, ordnen sich unter dem Einfluß der Liganden so ein, daß ihre Achsen in die Räume geringer Ladungsdichte fallen. Dadurch erfahren sie eine Verlängerung, die letztlich eine Energieverminderung bedeutet. Es ergibt sich dadurch eine sogenannte „Kristallaufspaltung" der fünf ursprünglich energiegleichen (entarteten) $3d$-Orbitale (Abb. 3-27).

Die Absorptionsspektren der Übergangskomplexe weisen starke Banden im UV-Bereich auf. Diese entstehen dadurch, daß ein Elektron von einem Ligand zu einem Zentralatom transferiert wird. Meistens erscheinen weitere schwächere Banden auf der langwelligen Seite der kurzwelligen (UV)-Ab-

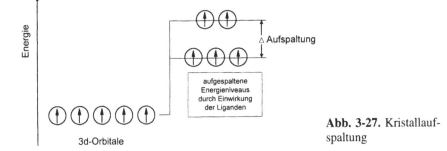

Abb. 3-27. Kristallaufspaltung

sorption, die in den sichtbaren Bereich (VIS) fallen können. Diese Banden sind dann für die Farbigkeit von Komplexverbindungen verantwortlich. Es ist sehr wahrscheinlich, daß die Absorption durch den Übertritt eines Elektrons aus einem der durch die Kristallaufspaltung bedingten unteren 3d-Orbitale in eins der beiden oberen 3d-Orbitale erfolgt. Die Energie, die dazu benötigt wird, wird von dem eingestrahlten Licht zur Verfügung gestellt und sie ist abhängig von der Größe der Aufspaltung. Die Energiedifferenz zwischen dem oberen und dem unteren Energieniveau durch die Wechselwirkung der Liganden nennt man Kristallaufspaltungsenergie Δ. Die resultierende Kristallaufspaltungsenergie Δ ist u. a. von der Art des sich dem Zentralatom nähernden Liganden abhängig. Seine Ladungsdichte und die Polarisierbarkeit beeinflussen die Aufspaltung.

In unserem Beispiel hat das Kobaltion Co^{3+} sechs Elektronen in den fünf Orbitalen. Bei einer kleinen Kristallaufspaltungsenergie Δ (z. B. im Kobalt-Chlorid-Komplex) werden durch die Absorption von Lichtenergie die Elektronen des Kobalts fast regelmäßig auf alle fünf 3d-Orbitale verteilt. Die Verbindung absorbiert demnach im energiearmen sichtbaren Licht: die Verbindung ist farbig. Bei einer großen Kristallaufspaltungsenergie Δ benötigen die Elektronen soviel Energie, daß der Komplex nur im kurzwelligen UV-Bereich absorbiert (z. B. im farblosen Kobalt-Cyano-Komplex).

Je konzentrierter die Ladung des Liganden im Raum ist, um so größer wird die aufzubringende Kristallaufspaltungsenergie Δ. Der Komplex benötigt ein immer kurzwelligeres Licht, um die Kristallaufspaltungsenergie aufzubringen (Abb. 3-28).

Es gilt allgemein die Reihe:

geringes Δ großes Δ

I^- Br^- Cl^- F^- H_2O NH_3 NO_2^- CN^-

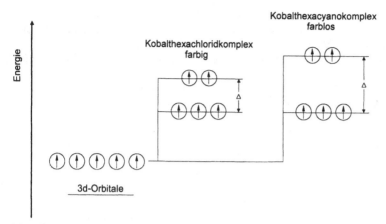

Abb. 3-28. Aufspaltung beim Chlorid- und beim Cyanokomplex des Kobalts

Beispielsweise ergeben sich für Kobaltkomplexe folgende Absorptionen (nm) mit den entsprechenden Absorptionswellenlängen:

$[CoF_6]^{3-}$	700 nm (grün)
$[Co(H_2O)_6]^{3+}$	600 nm (blau)
$[Co(NH_3)_6]^{3+}$	475 nm (orange)
$[Co(CN)_6]^{3-}$	310 nm (farblos)

Molekülorbitale, die am Zentralatom und an den Liganden lokalisiert sind, besitzen elektronische Übergänge, die man „Charge-Transfer-Übergänge" nennt. Diese absorbieren im langwelligen Bereich sehr intensiv und sind die Ursache für Absorptionen im VIS-Bereich.

Weitere Informationen über Kristallfeld- und Ligandenfeldtheorie bei Übergangselementen findet man unter [3] und [4].

3.4 Literatur

[1] M. Otto (1995): Analytische Chemie. VCH, Weinheim
[2] W. Schmidt (1994): Optische Spektroskopie. VCH, Weinheim
[3] L. Pauling (1964): Die Natur der chemischen Bindung. Verlag Chemie, Weinheim
[4] C. E. Mortimer (1976): Chemie. Georg Thieme, Stuttgart

[5] W.G. Felmy, H. Kurtz (1976): Spektroskopie. Ernst Klett-Verlag, Stuttgart
[6] B. Hampel (1962): Absorptionspektroskopie im ultravioletten und sichtbaren Spektralbereich. Vieweg Verlag, Braunschweig
[7] J. M. Hollas (1995): Moderne Methoden in der Spektroskopie. Vieweg Verlag, Braunschweig
[8] M. Hesse, H. Meier, B. Zech (1991): Spektroskopische Methoden in der organischen Chemie, 4. Auflage. Thieme-Verlag, Stuttgart

4 UV-VIS-Spektralfotometer

4.1 Fotometrische Meßeinrichtungen

Die fotometrische Meßtechnik ist eine Disziplin, deren Dienste die Naturwissenschaftler seit Jahren gerne in Anspruch nehmen. Die Erkenntnis, daß Farben in irgendeiner Form meßtechnisch, also auch analytisch erfaßt werden können, ist ein wichtiger Schritt hin zu modernen Analysenmethoden gewesen. Die Erweiterung der fotometrischen Meßtechnik bis in den UV-Bereich beschränkt die Fotometrie und Spektroskopie nicht nur auf die Untersuchung von Farbstofflösungen, sondern liefert auch Informationen über Stoffe, die im kurzwelligeren Teil des optischen Spektrums Energie absorbieren.

4.2 Kolorimetrie

Die Methodik und die Technik zur Konzentrationsbestimmung farbiger Stoffe, die im sichtbaren Bereich (VIS) des Spektrums angewendet wird, nennt man Kolorimetrie (lat. *color*, Farbe, Färbung). Sehr einfache kolorimetrische Meßmethoden sind im Grundsatz jedem bekannt, der schon einmal mit pH-Papier den pH-Wert einer Flüssigkeit untersucht hat. Die Farbänderung eines Stückchens mit Indikator getränktem Papierstreifen ist ein Maß für den pH- Wert einer Lösung. Damit sind nur ganz grobe Aussagen möglich, eine richtige Messung im Sinne dieses Wortes ist nicht möglich.

Die eigentliche kolorimetrische Meßtechnik geht einen Schritt weiter. Die Aufgabe der Kolorimetrie ist es, die Konzentration oder die Masse eines gelösten Stoffes (Analyten) durch Auswertung einer Farbreaktion zu bestimmen. Dazu versetzt man die zu untersuchende Lösung, die den Analyt enthält, mit einer definierten Menge einer spezifischen Reagenzchemikalie. Das zugegebene Reagenz reagiert mit dem Analyten der Probe, bei dieser Reaktion entsteht ein Farbstoff. Die dazu notwendige Reaktionszeit ist unter anderem von den zu untersuchenden Prüfsubstanzen und vom Reagenz abhängig, aber auch von der Konzentration des Analyten. Das bedeutet in der Praxis, daß nur unter genau definierten Bedingungen mit dem Verfahren gearbeitet werden kann. Immer muß die für die Untersuchung spezifische Mindestreaktionszeit abgewartet werden, um zu reproduzierbaren Analysenergebnissen zu kommen.

Da die Konzentration des entstehenden Farbstoffs abhängig ist von der Konzentration des Analyten, muß die Intensität der Färbung meßtechnisch erfaßt werden.

Die reproduzierbare und richtige Erfassung der Farbintensität bedeutet in der modernen Analytik einen hohen apparativen Aufwand. Die Anwendungen der kolorimetrischen und fotometrischen Aufgaben der Spektralfotometrie wird in den Kapiteln 5–7 und 10 genauer beschrieben. Dieses Kapitel hingegen soll die Prinzipien der Gerätetechnik genauer beschreiben.

Die Grundlage einer fotometrischen Untersuchung besteht immer aus der Messung der Lichtabsorption einer Flüssigkeit. Zunächst wird das Meßgerät die Gesamtabsorption der Flüssigkeit erfassen. Die Gesamtabsorption wird im wesentlichen durch die Absorption des Analyten bestimmt. Darüberhinaus wird die Gesamtabsorption aus der Absorption durch das Küvettenmaterial und der Absorption durch das Lösungsmittel, sowie aus der Absorption der Reagenzlösung erhöht. Letztere müssen zuverlässig ermittelt werden können, denn nur die Absorption des Analyten ist als Maß für die Konzentration wichtig.

$$A_{ges} = A_{Analyt} + A_{Küvette} + A_{Lösemittel} + A_{Reagenz} \tag{4-1}$$

In Gl. (4-1) bedeutet:

A_{ges} gesamte Absorption in der Probenküvette
A_{Analyt} Absorption des Analyten (innere Absorption)
$A_{Küvette}$ Absorption der Küvette
$A_{Lösemittel}$ Absorption des Lösemittels
$A_{Reagenz}$ Absorption des Reagenzes

Die Bauweise des Spektralfotometers muß daher so ausgelegt sein, daß die Absorption durch den Analyten genau bestimmbar ist. In den weiteren Abschnitten wird daher auf die verschiedenen Absorptionsgrundlagen verwiesen.

Zum Messen der Lichtabsorption müssen in einem Spektralfotometer folgende Einrichtungen vorhanden sein, um mit hinreichender Präzision und Reproduzierbarkeit die Extinktion zu ermitteln:

- ein lichtdichtes Fotometergehäuse, um Beeinflussung durch Fremdlicht von außen zu verhindern,
- eine Halterung für die Küvette mit der Probenflüssigkeit,
- eine Strahlungsquelle mit zeitstabiler Strahlungsleistung im gesamten interessierenden Bereich des optischen Spektrums, d. h. gleichmäßige Energieabgabe von Strahlung während der Lebensdauer der Lampe,
- die Aufteilung des Lichtes in den interessierenden Spektralbereich (Filter, Prisma, optisches Gitter),
- ein Empfänger für die Lichtstrahlung mit definierter Empfindlichkeit im ausgewählten Spektralbereich,
- die Anzeige des Meßwertes des Empfängers.

In modernen Spektralfotometern sind noch mehr Bauteile vorhanden, um eine sichere und trotzdem einfache und problemlose Messung sicherzustellen. Es reicht heute nicht mehr aus, einen Meßwert richtig und präzise zu ermitteln und anzuzeigen, sondern die Auswertung und Interpretation der Meßergebnisse sollten ebenfalls weitgehend vom Meßgerät selbst vorgenommen werden. Dazu benötigt man eine Schnittstelle zu einem PC, damit hier eine weitere Verarbeitung der aufgenommenen Daten folgen kann. Die Daten können dann als optisch ansprechende Dokumentation auf dem Bildschirm eines Monitors dargestellt und ausgedruckt werden.

In den folgenden Abschnitten werden nun die Einzelteile eines Spektralfotometers für den ultravioletten und sichtbaren Bereich (UV/VIS) beschrieben.

4.3 Strahlungsquellen

Als Strahlungsquellen kommen in modernen Spektralfotometern fast ausschließlich zwei Lampentypen zum Einsatz. Für den sichtbaren Bereich (VIS) setzt man Halogenlampen ein, für den UV-Bereich eine spezielle Gasentladungslampe, die sogenannte Deuteriumlampe.

4.3.1 Halogenlampen für den VIS-Bereich

Der Glühdraht einer auch im Haushalt verwendeten Lampe besteht aus Wolfram. Während des Glühlampenbetriebs verdampft aus dem glühenden

Draht nach und nach etwas Wolfram und schlägt sich als dünne Schicht an dem kühleren Lampenkolben nieder. Der Glaskolben schwärzt sich dadurch mit zunehmender Betriebsdauer. Gleichzeitig führt das Verdampfen des Wolframs zu einer Verengung des Drahtquerschnittes des Glühdrahtes. An dieser verengten Stelle wird der Glühdraht durch den daraus resultierenden höheren elektrischen Widerstand etwas heißer, dadurch verdampft noch mehr Metall. Deshalb wird an der bereits verengten Stelle der Glühfaden der Glühlampe immer dünner und brennt eines Tages durch. Die Hersteller versuchen diesen Effekt herauszuzögern, indem die Temperatur des Drahtes reduziert wird. Das führt dazu, daß das Glühlampenlicht einen relativ hohen Rotanteil hat. Es ergeben sich dabei Eigenschaften, die bei einer Lichtquelle für die VIS-Spektroskopie unerwünscht sind. Wenn die Temperatur des Drahtes durch einen höheren Strom steigt, sinkt der Rotanteil des Lichtes und die Lampe sendet durch den erweiterten Blauanteil als Mischfarbe „weißes Licht" aus. Das geht aber nur auf Kosten der Lebensdauer. Eine Betriebsdauer von rund 1000 Stunden ist bei handelsüblichen Glühlampen die Regel.

Halogenlampen enthalten Halogendampf unter niedrigem Druck. Man nimmt zur Füllung häufig Iod oder Brom. Der Glühdraht in Halogenlampen wird mit höheren Temperaturen betrieben als bei den üblichen Glühlampen. Das bedeutet, daß wesentlich mehr Wolfram verdampft als bei Lampen mit niedrigerer Glühfadentemperatur. Das Wolfram verbindet sich jedoch bei Temperaturen zwischen 250°C und 1450°C mit dem in dem Glaskolben enthaltenen Iod zu Wolframiodid. Das Wolframiodid kondensiert nicht am kühleren Glaskolben, sondern bleibt in der Gasphase, solange die Temperatur des Glaskolbens über 250°C beträgt. Durch Wärmekonvektion gelangt das Wolframiodid wieder zu dem heißen Glühfaden und wird bei Temperaturen über 1450°C wieder in Wolfram und Iod zerlegt. Weil am Kolben kein Wolfram kondensiert, wird die Schwärzung des Lampenglases während der Lebensdauer der Lampe weitgehend vermieden und der von der Lampe ausgesandte Lichtstrom bleibt während der Lebensdauer der Lampe konstant.

Der Glaskolben der Halogenlampen besteht aus Quarzglas, das wesentlich stärker erhitzt werden kann als das übliche Lampenglas, so daß die Abmessungen des Glases viel kleiner gehalten werden können. Der Gasdruck kann deshalb auch erhöht werden. Ein Nachteil der Halogenlampen gegenüber den normalen Glühlampen soll nicht verschwiegen werden: der Glühfaden ist sehr heiß und damit gegen Erschütterungen im eingeschalteten Zustand deutlich empfindlicher.

Durch die große Hitze brennen Verunreinigungen auf der Kolbenoberfläche sehr leicht ein. Deshalb dürfen Halogenlampen niemals mit bloßen Fingern angefaßt werden, Fettspuren von Fingerabdrücken dürfen nicht auf das

Glas gelangen. Hat man eine Halogenlampe versehentlich mit den bloßen Fingern angefaßt, so muß das Glas im kalten Zustand sorgfältig mit Ethanol gereinigt werden. Um Berührungen zu vermeiden, verwendet man beim Umgang mit den Halogenlampen am besten ein fusselfreies Zellstofftuch. Die heiße Lampe darf nicht mit Ethanol abgewischt werden, wegen der hohen Temperaturen droht Brandgefahr!

Der Wellenlängenbereich der Halogenlampen geht von 900 nm im tiefroten Spektralbereich bis ca. 290 nm im niedrigen UV-Spektralbereich. Gewöhnlich wird nicht der gesamte Bereich genutzt, sondern nur der Bereich von 800 nm bis 360 nm. Der spektrale Bereich unterhalb von 320 nm wird von speziellen UV-Lampen abgedeckt.

Um die Lampen nicht zu stark thermisch zu belasten, sollten sie nicht ständig aus- und eingeschaltet werden. Normalerweise schaltet man das Spektralfotometer morgens ein und abends wieder aus.

4.3.2 Deuteriumlampen für den UV-Bereich

Deuteriumlampen für den UV-Bereich sind sogenannte Gasentladungslampen. Beim Stromdurchgang durch Gase, die unter einem geringen Druck stehen, treten Gasentladungen auf, die sich durch spezifische Leuchterscheinungen bemerkbar machen. Als Füllgas in Gasentladungslampen werden meistens Edelgase oder Metalldämpfe verwendet (z. B. Na-Dampflampen). Das Spektrum der ausgesandten Strahlung ist vom Füllgas abhängig.

Ströme in Gasentladungslampen können nur fließen, wenn die angelegte Spannung hoch genug ist. Ab ungefähr 80 V bis 100 V angelegter Spannung beginnen Ströme in Gasen zu fließen (Abb. 4-1).

Eine Gasentladungslampe besteht aus einem Glaskolben, der mit verdünntem Gas gefüllt ist. Das Gas steht unter einem Druck von ca. 10 mbar. In den Glaskolben sind zwei Elektroden, Anode und Kathode, eingeschmolzen. Beim Anlegen einer Spannung an die Elektroden wandern die im Gas

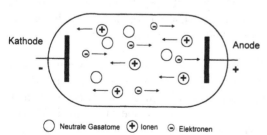

Abb. 4-1. Prinzip einer Gasentladungslampe

enthaltenen freien negativen Elektronen zur positiven Anode. Durch die angelegte Spannung von fast 100 V werden die Elektronen beschleunigt und stoßen dabei mit den Atomen des Füllgases zusammen. Die Bewegungsenergie ist dabei so groß, daß einzelne Elektronen aus den Atomhüllen herausgeschlagen werden und als freie Elektronen zur Anode fliegen. Das Atom wird durch das Fehlen negativer Ladung positiv aufgeladen und fliegt als Kation zur Kathode. In Abb. 4-1 ist der Vorgang schematisch gezeigt. Die positiven Ionen fliegen zur Kathode auf der linken Seite, die Elektronen dagegen zur Anode nach rechts. Dazwischen befinden sich immer noch die als weiße Kreise dargestellten neutralen Atome des Gases. Die aus den Atomen herausgeschlagenen Elektronen erhöhen die Leitfähigkeit des Gases, wodurch der Strom plötzlich innerhalb von μs sehr stark ansteigt. Dieser schnell ansteigende Strom kann u.U. die Gasentladungslampe zerstören, wenn man keine Maßnahmen zur Strombegrenzung vorsieht. Der ansteigende Ionisationsvorgang wird als *Stoßionisation* bezeichnet. Wenn die Bewegungsenergie des Elektrons nicht ausreicht, um das Elektron aus dem Atomverband herauszuschlagen, kann das Elektron im Atomverband auf ein höheres Energieniveau („Schale" im Bohrschen Atommodell) angehoben werden. Bei Zurückfallen auf das alte oder ein niedrigeres Energieniveau wird die aufgenommene Energie wieder frei, und zwar in Form einer elektromagnetischen Strahlung (siehe Gl. (3-1)):

$$E = h \cdot v \tag{3-1}$$

Außer sichtbarem Licht entsteht bei dem Vorgang vor allem auch ultraviolette Strahlung. Um die zur Einleitung der Stoßionisation (Zündung) notwendige Spannung möglichst gering zu halten, bringt man in die Nähe der Kathode eine zusätzliche Zündelektrode. Zum Zünden wird kurzzeitig ein hoher Spannungsimpuls angelegt, um den Ionisierungsvorgang einzuleiten. Eine weitere Möglichkeit ist, vor dem Zünden die Lampe elektrisch mit einem Glühdraht vorzuheizen. Dadurch erhalten die Elektronen ebenfalls schon eine höhere kinetische Energie. Diese Art der Zündung wird üblicherweise bei den in Spektralfotometern eingesetzten Spektrallampen verwendet. Nach 30 bis 60 Sekunden Vorheizzeit legt man an Anode und Kathode eine höhere Spannung an, um die Gasentladung einzuleiten. Die Steuerung der Spannungen läuft automatisch ab.

In Spektralfotometern werden meistens Gasentladungslampen mit einer Füllung aus Deuterium, D_2, verwendet. Diese Lampen zeichnen sich durch eine Konstanz der Energieabgabe im ultravioletten Bereich aus. Nach dem Zünden dauert es noch einige Minuten, bis die Lampe die volle Helligkeit erreicht hat. Deshalb muß das Spektralfotometer vor Beginn der Messung mindestens 15 bis 30 Minuten eingeschaltet sein. Auch hier gilt ähnliches wie bei der Halogenlampe, daß die UV-Lampe dauernd eingeschaltet sein muß, damit eine gleichmäßige Energieabgabe gewährleistet ist. Darüber hinaus darf man aber eine Gasentladungslampe nicht ausschalten und sofort wieder danach einschalten. Die Lampe muß zuerst abkühlen, damit die ionisierten Atome durch Elektronenaufnahme wieder elektrisch neutral werden können. Die Lampe und das Netzteil könnten bei sofortigem Einschalten Schaden nehmen, weil der Einschaltstromstoß bei sofortigem Einschalten zu hoch sein könnte.

Der Bereich der Strahlungsabgabe einer Deuteriumlampe liegt zwischen 180 nm und 370 nm. Der UV-Bereich überlappt sich etwas mit der Strahlung der Halogenlampe. Das ist sinnvoll, damit im Grenzbereich der Wellenlängen von UV- und VIS-Spektroskopie immer nur mit einer Lampe gemessen werden kann. Man kann also mit einer Kombination aus beiden Lampentypen den gesamten Analysenwellenbereich abdecken.

4.4 Optik und Spektralapparat

Eine optische Einrichtung mit Linsen, die die Strahlen bündeln, kann im Spektralfotometer nicht verwendet werden. Die Linsen müssen nämlich in der Lage sein, in dem gesamten Spektralbereich gleichmäßig alle Wellenlängen im sichtbaren Bereich und im UV-Bereich ohne Dispersion (siehe Kapitel 2) zu brechen. Das ist physikalisch nicht möglich.

Man verwendet deshalb zur Lichtbündelung stets Hohlspiegel. Diese optischen Spiegel sind hochwertige Oberflächenspiegel. Die Spiegel dürfen keinesfalls auf der Oberfläche mit der Hand berührt werden. Es enstehen sonst Fingerabdrücke, die sehr störend wirken. Im Inneren eines Spektralfotometers sind ohnehin keine Teile, die der Wartung durch den Anwender bedürfen, und schon gar nicht dürfen irgendwelche Spiegel verstellt werden. Wenn im Handbuch ausdrücklich auf eine Justierung der Optik hingewiesen wird, beispielsweise nach einem Lampenwechsel, muß ein sachkundiger Anwender die Lampen und Spiegel justieren.

Eine Staubschicht auf den Spiegeln kann vorsichtig durch Blasen entfernt werden, es ist jedoch sinnvoller, die meistens sehr dünne Staubschicht auf dem Spiegel zu belassen. Auch Putzen mit Zellstofftüchern kann dazu führen, daß die Staubkörnchen wie Schmirgelpapier die polierte Oberfläche nachhaltig beschädigen.

4.5   Strahlengang in einem Spektralfotometer

In Spektralfotometern kommen je nach Bereich zwei Lampentypen zur Anwendung. Wenn während des Betriebs des Spektralfotometers in dem *gesamten* Spektralbereich gemessen werden soll, sind beide Lampen ständig eingeschaltet. Die Umschaltung von der einen zur anderen Lampe geschieht mit einem Spiegel, der mit einem Elektromagnet oder mit einem kleinen Motor in den Strahlengang eingeschwenkt werden muß. Abb. 4-2 zeigt den grundsätzlichen Strahlengang in einem Fotometer.

Der Spiegel zur Lampenselektion wird nach links geklappt, um den Weg für das sichtbare Halogenlicht freizugeben. In der rechten Stellung reflektiert der Spiegel das von der Deuteriumlampe eintreffende UV-Licht. Die Justierung der Halogenlampe und der Deuteriumlampe müssen perfekt aufeinander abgestimmt sein. Bei einem Wechsel einer der beiden Lampen muß der Anwender gegebenenfalls die Lampe vorsichtig nachjustieren. Da die Lampen sehr hell sind, sollte man nicht direkt in das Licht der Halogenlampe sehen und eine geeignete Schutzbrille verwenden. Darüberhinaus strahlt die Deuteriumlampe UV-Licht aus. Das UV-Licht führt in kurzer Zeit zu einer Schädigung des Auges.

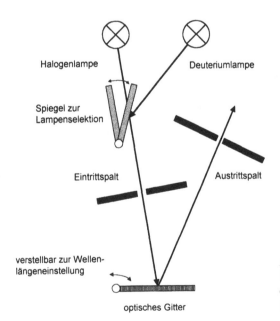

Abb. 4-2. Strahlengang im Spektralfotometer, Aufteilung des Lichtes durch ein optisches Gitter

Hinter dem Umlenkspiegel fällt das Licht durch einen „Eintrittsspalt". Dieser begrenzt den Anteil des Lichtes, der auf das nachfolgende optische Gitter fällt. Es ist besonders wichtig, daß der Lichtstrahl genau justiert ist. Der von der Lampe kommende Strahl fällt zuerst auf einen Hohlspiegel, der in Abb. 4-2 der Übersicht wegen weggelassen wurde. Die dadurch hervorgerufene Lichtbündelung führt zu einer optimalen Ausleuchtung eines engen Bereiches auf dem optischen Gitter. Das *optische Gitter* (Monochromator) zerlegt nun die ankommende Strahlung in die Spektralbereiche, sowohl im sichtbaren, als auch im UV-Bereich, wie bereits in Kapitel 2 beschrieben. Je nach Stellung des Gitters kann aber nur eine ganz bestimmte Wellenlänge des Lichtes auf den *Austrittsspalt* fallen.

Das Gitter ist beweglich angeordnet und wird mit einem Motor, der über ein Feingewinde die Lage des Gitters relativ zum eintreffenden Lichtstrahl ändert, verstellt. Dadurch erreicht man, daß je nach Stellung des Gitters nur eine genau definierte Wellenlänge des Lichtes den Austrittsspalt passiert. Es werden in den Spektralfotometern vornehmlich optische Gitter verwendet, weil der Drehwinkel des Gitters in einem linearen Zusammenhang zur Wellenlänge steht. Ein Prisma zeigt diese Abhängigkeit nicht, obendrein könnte mit einem Prisma der UV-Bereich nur sehr schwierig dargestellt werden.

Das Ziel der *Strahlungszerlegung* ist immer, mit möglichst großer Auflösung so reproduzierbar wie möglich den gesamten interessierenden Wellenbereich aufzuteilen.

Auflösungen sind heute mit einer Genauigkeit von ±5 nm in einem Wellenbereich zwischen 190 nm und 900 nm normal. Die erzielte Auflösung hängt einerseits vom Gitter selbst ab, hier ist die Anzahl der Linien maßgebend (z. Zt. ca. 1500 Linien pro mm), und andererseits von der Verstellungsgenauigkeit des Gitterwinkels. Die Reproduzierbarkeit der Einstellung sollte um eine Zehnerpotenz besser sein (±0,02 nm) als die Verstellungsgenauigkeit.

Ein weiterer wichtiger Parameter für die Auflösung des Gitters ist die Größe des *Eintrittsspalts*. Je schmaler der Spalt ist, desto besser wird die Auflösung, allerdings sinkt mit geringer werdender Spaltbreite die Lichtstärke an der Meßstelle. Es ist einzusehen, daß die Einstellungsmöglichkeiten bei der Strahlenzerlegung nur an einem mechanisch stabilen Gerät möglich sind.

Es gibt neben den Spektralfotometern einfach gestaltete Fotometertypen, die allerdings nur bei genau definierten, durch Filter vorgegebenen Wellenlängen messen können. Man benötigt dazu nur eine einzige Lampe, entweder im UV- oder im sichtbaren VIS-Bereich. Das Licht fällt durch einen Eintrittsspalt und durch einen optischen Filter, der nur *eine* Wellenlänge durchläßt (Abb. 4-3). Der Eintrittsspalt ist zur Funktion dieses Fotometer-

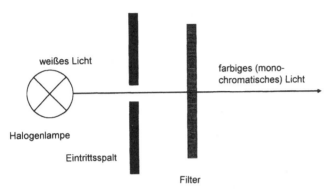

weißes Licht

farbiges (mono-
chromatisches) Licht

Halogenlampe

Eintrittsspalt

Filter

Abb. 4-3. Strahlengang im einfachen Fotometer, Absorption des Lichtes durch optisches Filter

typs nicht zwingend erforderlich und fehlt oft völlig. Auch können Filter und Spalt durchaus die Plätze tauschen. Durch Wahl eines anderen Filters kann der Wellenlängenbereich geändert werden. Diese Fotometertypen sind weit verbreitet und dienen speziellen Zwecken, beispielsweise zur Wasseranalytik und dem Einsatz bei der klinischen Diagnostik. Diese Fotometer können aber wegen ihres einfachen Aufbaus nicht universell eingesetzt werden.

4.5.1   Einstrahlfotometer

Beim Einstrahlfotometer verzichtet man auf größeren Bedienungskomfort. Eine Lampe für den Spektralbereich und ein Filter für die Auswahl der Wellenlänge reichen aus. Eine Halterung für die Meßküvette und als Empfänger ein lichtempfindliches elektronisches Bauteil, welches proportional zur Energie der eintreffenden Photonen eine elektrische Spannung erzeugt, ergänzen das Gerät (Abb. 4-4). Bei sehr einfachen Fotometern wird der Meßwert direkt angezeigt. Es kann durchaus so sein, daß als Meßgröße nicht die Lichtabsorption angezeigt wird, sondern nach Umrechnung mit einem Proportionalitätsfaktor die Anzeige direkt in einer gewünschten Größe angezeigt wird. So kann z. B. auf dem Display der Phosphatgehalt direkt in mg/L angezeigt werden.

Ein Problem bei der Messung der Lichtabsorption mit einem Einstrahlfotometer ist die zusätzliche Absorption des Lichtes im Küvettenmaterial. Zusätzlich weist das Lösungsmittel der Probe eine Eigenabsorption auf.

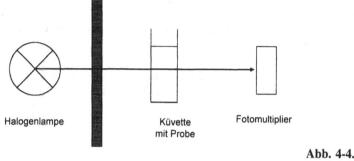

Halogenlampe   Küvette   Fotomultiplier
mit Probe

Filter

Abb. 4-4. Strahlengang
im Einstrahlfotometer

Diese Werte sind für den Anwender völlig uninteressant, denn es soll die Konzentration des Analyten ermittelt werden. Um den Einfluß der Küvetten- und Lösemittelabsorption zu berücksichtigen, wird eine Küvette mit dem Lösungsmittel in den Halter des Spektralfotometers gestellt. Wird die Probe bei der späteren Analyse zusätzlich mit einem Reagenz versetzt, so muß das Reagenz in der gleichen Konzentration wie in der späteren Probe im Lösemittel enthalten sein. Diese Lösung, die kein Analyt enthält, wird *Blindlösung* genannt. Das Fotometer zeigt nun einen Wert für die Lichtabsorption der Blindlösung an, dieser Wert muß notiert werden (Blindwert, Leerwert). Manche Fotometer bieten auch die Möglichkeit, den Blindwert automatisch zu speichern. Nach dieser Blindwertmessung spült man die Küvette mit der zu messenden Probenlösung aus. Nun stellt man die Küvette mit analythaltiger und ggf. reagenzhaltiger Probenlösung in den Halter und notiert den angezeigten Meßwert. Vom angezeigten Meßwert wird der vorher ermittelte Blindwert subtrahiert. Die erhaltene Differenz ist der Wert für die Absorption der gemessenen Analysenlösung.

Zwischen den Messungen kann jedoch die Strahlungsenergie der Lampe schwanken. Diese Schwankungen machen sich als systematische Meßfehler bemerkbar und können rechnerisch nicht kompensiert werden, da sie meßtechnisch nicht erkennbar sind. Allerdings sind durch den Einsatz moderner Spektrallampen die Energieschwankungen gering. Durch elektronische Regelung des Lampenstromes mit gleichzeitiger Messung der Strahlungsintensität als Führungsgröße können die Energieschwankungen der Strahlung ausgeglichen werden. Ein Einstrahlfotometer kann dann besonders sinnvoll angewendet werden, wenn routinemäßig immer wieder nur die gleichen Messungen durchgeführt werden. Im medizinischen Bereich findet man diese Verwendung häufig. Die Bedienung ist sehr einfach:

- Probe in eine Küvette mit Reagenzlösung füllen,
- gut schütteln und Reaktionszeit abwarten,
- Küvette in das Spektralfotometer stellen und den gewünschten Meßwert direkt ablesen.

Die Küvetten werden von verschiedenen Herstellern bereits mit den für die Analyten spezifischen Reagenzien gefüllt (Merck, Dr. Bruno Lange, usw.).

4.5.2 Zweistrahlfotometer

Um der Problematik zu entgehen, daß vor der eigentlichen Messung immer zuerst eine Blindlösung gemessen werden muß, wurden Zweistrahlfotometer entwickelt. Beim Zweistrahlfotometer wird der von dem Monochromator (Gitter) kommende Lichtstrahl einer Wellenlänge durch ein Spiegelsystem in zwei Strahlen aufgeteilt.

Der Lichtstrahl trifft auf eine rotierende „Schmetterlingsblende". Die Bezeichnung der Blende leitet sich von der schmetterlingsflügelartigen Form ab. Die Oberfläche der Blende ist auf der einen Seite verspiegelt. Abbildung 4-5 zeigt die Funktion der zweiflügeligen, symmetrisch aufgebauten Schmetterlingsblende. Die Blende wird durch einen kleinen Motor mit konstanter Geschwindigkeit angetrieben und „zerhackt" praktisch den Lichtstrahl in gleiche Teile. Dieser Teil des Spektralfotometers wird deshalb auch als *Chopper* bezeichnet.

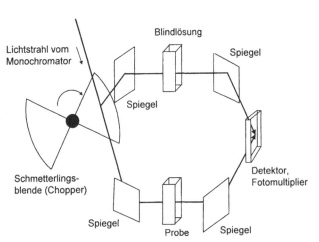

Abb. 4-5. Strahlenteilung im Zweistrahlfotometer

In Abb. 4-5 wird nur ein Teil des Strahlengangs schematisch dargestellt. Von links oben kommt ein Lichtstrahl vom Monochromator (Gitter) und trifft auf den verspiegelten Teil des Choppers, der hier durchsichtig dargestellt ist. Der Strahl wird reflektiert und gelangt über einen Spiegel als Vergleichsstrahl durch die Küvette mit Blindlösung und über einen weiteren Spiegel auf den Detektor. In einer anderen Stellung der Schmetterlingsblende wird der vordere Weg durch die Meßküvette freigegeben. Der Meßstrahl trifft ebenfalls auf den Detektor, aber durch die Stellung des Choppers bedingt, zu einem anderen Zeitpunkt.

Die Drehzahl des Chopperspiegels wird elektronisch gesteuert. Die Stellung des Chopperspiegels wird durch eine separat an der Achse des antreibenden Motors angebrachte Lichtschranke überwacht. Somit ist es jederzeit möglich, das am Detektor ankommende Licht als Meßsignal oder als Vergleichssignal zu interpretieren. Die Differenz der beiden Meßgrößen wird automatisch mit einem Operationsverstärker berechnet und als Meßwert angezeigt.

Ein Teil des Chopperspiegels wird nicht verspiegelt. Dadurch gibt es zwei Stellungen des Spiegels, bei denen weder durch die Meßküvette noch durch die Vergleichsküvette Licht fällt. Diese Stellung wird in der Auswerteelektronik des Spektralfotometers zur Nullpunktsüberprüfung und zur Meßwertkorrektur verwendet.

Alle verwendeten Spiegel sind Oberflächenspiegel. Eine Dispersion durch das Spiegelglas kann nicht stattfinden, denn die Reflektion ist unabhängig von der Wellenlänge, also auch im UV-Bereich.

In einem Zweistrahlfotometer findet man sehr viele einzelne Komponenten. Eine übersichtliche Darstellung der Einzelkomponenten ist deshalb etwas schwierig. In Abb. 4-6 wird der Aufbau des Zweistrahlfotometers, in einzelne Funktionsblöcke zerlegt, dargestellt.

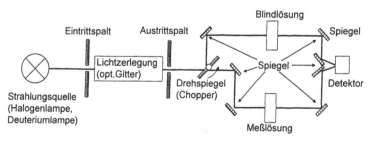

Abb. 4-6. Funktionsblöcke des Zweistrahlfotometers

4.6   Aufbau von Detektoren: Fotomultiplier, Diodenarraydetektor

Der dem Chopper und den Küvetten nachgeschaltete Detektor hat die Aufgabe, die eintreffende Lichtstrahlung möglichst gleichmäßig über den gesamten Wellenlängenbereich in ein auswertbares elektrisches Meßsignal umzuwandeln. Jedes eintreffende Photon soll registriert werden.

Das Prinzip eines sehr wirkungsvollen, jedoch veralteten Detektors ist in Abb. 4-7 dargestellt. Das elektronische Bauteil nennt man Fotomultiplier (Fotovervielfacher). Die Kathode ist an negative Spannung angeschlossen, die Anode liegt an positiver Spannung. Die Hilfsanoden liegen an Spannungen, die ein positiveres Potential als die Kathode, aber geringeres Potential als die Anode haben. Wenn ein Photon durch das Eintrittsfenster auf die Kathode gelangt, wird von der Kathode ein Elektron herausgeschlagen. Dieses Elektron wird zur Hilfsanode 1 hin beschleunigt. Die hohe kinetische Energie des Elektrons bewirkt das Herausschlagen eines weiteren Elektrons aus der nächsten Anode. Schon bei wenigen Anoden steigt die Zahl der freien Elektronen sehr stark an. Das Ansteigen der Elektronenzahl erhöht erheblich die Leitfähigkeit. Diese Erhöhung der Leitfähigkeit macht sich durch eine starke Erhöhung des Stromes bemerkbar. Diese Stromstärke ist ein Maß für die Anzahl der ankommenden Photonen, und damit ein Maß für die Lichtdurchlässigkeit des Analyten.

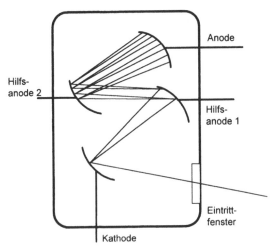

Abb. 4-7. Funktionsprinzip des Fotomultipliers

Schon früh versuchte man, die von einer Lichtquelle emittierten Elektronen direkt in Strom umzuwandeln. Bereits 1931 wurde von Dr. Bruno Lange in Berlin das Selen-Fotoelement erfunden. Das Selen-Fotoelement ist der Ursprung der modernen Fotovoltaik mit den Siliziumfotoelementen, aber auch der fotoelektrischen Meßtechnik. Die konsequente Weiterentwicklung der Halbleiterfotoelemente in den letzten Jahrzehnten bringt es mit sich, daß in der modernen Fotometertechnik auf ältere Techniken wie Fotomultiplier ganz verzichtet werden kann.

Als Detektor kommt heutzutage eine Fotodiode in Frage. Eine Fotodiode ist ein Halbleiterbauteil mit zwei Schichten unterschiedlicher Leitfähigkeit (Dotierung). Legt man an diese beiden Schichten eine Spannung an, die so gepolt ist, daß die Ladungsträger aus der Grenzschicht herausgezogen werden, entsteht eine isolierende Zone (Raumladungszone). Wenn nun Photonen auf diese Raumladungszone treffen, erhöht sich dort die Zahl der Ladungsträger. Diese zusätzlichen Ladungsträger werden durch das anliegende elektrische Feld abgesaugt. Es entsteht ein zusätzlicher Strom, der Fotostrom genannt wird. Dieser Fotostrom ist proportional zu der Anzahl der eintreffenden Photonen.

Die Fotodioden können sehr klein gebaut werden und sind als Kombination mit Transistoren in integrierten Schaltungen lieferbar. Eine Anordnung der Fotodioden in einer Matrix (Array) einer integrierten Schaltung kann z. B. auch als Empfänger in digitalen Kameras verwendet werden. Aber auch im Fotometer leisten ähnliche Fotodiodenarrays wertvolle Dienste.

Es ist durch die Verwendung eines Fotodiodenarrays möglich, bei allen Wellenlängen *gleichzeitig* zu messen. Den grundsätzlichen Aufbau eines solchen Spektralfotometers zeigt Abb. 4-8. Der Einsatz eines Arrays aus Fotodioden erlaubt einen wesentlich einfacheren Aufbau als ein herkömmliches Zweistrahlfotometer. Bewegliche Teile wie Chopperspiegel und bewegliche Anordnung des optischen Gitters entfallen. Der einfache mechanische Auf-

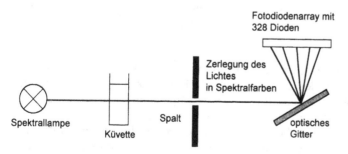

Abb. 4-8. Prinzipaufbau eines Spektralfotometers mit Fotodiodenarray

bau muß jedoch durch einen höheren apparativen Aufwand und durch den Einsatz elektronischer Steuerung und Auswertung ersetzt werden. Mit Hilfe der Computertechnik ist das heute kein Problem mehr.

Eine Spektrallampe erzeugt das Licht für die Messung. Für den UV-Bereich und den sichtbaren VIS-Bereich ist jeweils eine Lampe notwendig. Ein Umschaltspiegel wie beim Zweistrahlfotometer bewirkt den Einsatz der richtigen Lampe. Es werden seit einiger Zeit auch sogenannte *Durchlichtlampen* hergestellt. Eine Halogenlampe steht genau hinter einer Deuteriumlampe und sendet ihr Licht durch ein Fenster in der Deuteriumlampe direkt durch die UV-Lampe hindurch. Auf der Vorderseite der Deuteriumlampe erscheint somit sowohl UV-Licht als auch sichtbares Licht. Der Justieraufwand ist bei Durchlichtlampen wesentlich größer, sie werden bereits in Fassungen vorjustiert geliefert. Die Vorjustierung beim Hersteller macht sich durch einen höheren Preis bemerkbar. Das erzeugte Licht wird gebündelt (in der Abb. 4-8 nicht dargestellt) und fällt durch die Küvette sowie einen schmalen Austrittsspalt auf ein fest eingebautes optisches Gitter. Das Gitter zerlegt das Licht in seine Spektralfarben, das entstehende Spektrum fällt direkt auf ein Diodenarray, das beispielsweise bei einem Spektralfotometer von Hewlett-Packard (HP-8452) aus 328 Einzeldioden besteht. Andere Spektralfotometer arbeiten mit bis zu 1024 Dioden. Jede Diode nimmt einen eigenen Spektralbereich auf. Je kleiner der Spalt vor dem Monochromator und je größer die Zahl der Einzeldioden ist, um so größer ist das Auflösungsvermögen bei der Messung. Der Meßvorgang ist ähnlich wie bei einem Einstrahlfotometer. Zuerst wird eine Küvette mit Blindlösung gemessen. Der erhaltene Meßwert wird elektronisch gespeichert. Anders als beim Einstrahlfotometer wird aber hier bei einem Diodenarray der gesamte Spektralbereich gespeichert, weil jede der einzelnen Fotodioden gleichzeitig eine andere Wellenlänge ausmißt. Eine elektronische Regelung des Lampenstromes gleicht Helligkeitsschwankungen der Lichtquelle während der Meßpausen aus.

Der Vorteil des einfachen Aufbaus und die leichte computergesteuerte Bedienbarkeit der Diodenarrayfotometer bringt eine Reihe zusätzlicher Vorteile.

- Die Registratur des gesamten Spektrums ist nur durch die Zeit des Informationsauslesens der Dioden limitiert. Ein Spektrum im Bereich von 200 nm bis 800 nm kann in etwa 0,05 s aufgenommen werden.
- Die Geräteüberprüfung kann automatisch ablaufen.
- Besondere Küvettenhalter können verschiedene Lösungen aufnehmen. Auf diese Weise ist es möglich, ohne Zutun des Anwenders einen automatischen Küvettenwechsel vorzunehmen.

- Die Dokumentation und Archivierung der Daten kann direkt über PC erfolgen.
- Nicht nur Dokumentation und Archivierung werden erleichtert, es kann anschließend an die Messung sofort eine Interpretation und Auswertung der Meßdaten erfolgen.

Die Forderung der Anwender, die Bedienung auf das unbedingt Notwendige zu beschränken, wird durch die neuen Spektralfotometergenerationen erfüllt. Über diese genannten Vorteile hinaus sind diese Spektralfotometer üblicherweise nach ISO 9001 zertifiziert. Eine Einbindung in vorhandene EDV-Netzwerke ist möglich. In Kombination mit automatischen Probengebern (z. B. bis zu 114 Proben bei einem Probenvolumen von 2 mL) kann ein modernes Gerät rund um die Uhr arbeiten. Kleinere Probenvolumina werden unter Verwendung von Durchflußküvetten gemessen (z. B. 15 μL). Hilfestellung zu den Analysenproblemen gibt es dazu u. a. weltweit im Internet unter den Adressen der Hersteller.

4.7 Instrumentelles Geräterauschen

Unter dem Geräterauschen (engl. Noise) versteht man die ständige, hochfrequentige Schwankung des Untergrundmeßsignales. Diese Signalschwankungen werden nur von der Optik und der Elektronik verursacht und nicht von der Probe. Ist eine Probe im Strahlengang, wird sich das Geräterauschen auch auf die Reproduzierbarkeit des Meßergebnisses auswirken. Bei Untersuchungen über die gerätespezifische, kleinste detektierbare Menge wird das „Signal/Rauschverhältnis" als Maßstab benutzt. Hat das betreffende Signal z. B. ein Signal/Rauschverhältnis von 3 erreicht, wird die Konzentration, die dieses Verhältnis verursacht, als „kleinste detektierbare Menge" definiert. Ist jedoch das Grundrauschen bereits sehr hoch, wird die kleinste zu detektierende Konzentration relativ hoch sein, die Empfindlichkeit der Methode sinkt.

Das instrumentelle Rauschen eines Fotometers ist bei den verschiedenen Fotometertypen unterschiedlich und herstellerabhängig. Zur Verbesserung des Signal/Rausch-Verhältnisses wird bei der Verwendung von Diodenarray-Detektoren mehrmals gemessen und die Messungen gemittelt.

Der relative Fehler einer Quantifizierung mit UV/VIS-Spektralfotometern kann ausgedrückt werden durch den Variationskoeffizient V (siehe Kapi-

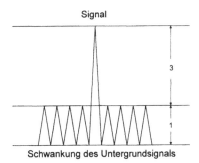

Schwankung des Untergrundsignals   **Abb. 4-9.** Signal/Rauschverhältnis 3

tel 8), der durch Division der Standardabweichung s durch die Konzentration c erhalten wird (Gl. 4-2). Der Variationskoeffizient V ist als Maß für die Streuung der Meßwerte anzusehen.

$$V = \frac{s}{c} = \frac{0{,}434 \cdot s_T}{T \cdot \log T} \tag{4-2}$$

In Gl. (4-2) bedeutet:

  s Standardabweichung der Konzentration
  c Konzentration
  s_T Standardabweichung der gemessenen Transmission
  T gemessene Transmission
  V Variationskoeffizient

Der relative Fehler hängt zum einen von der Größe der Transmission ab und wird zusätzlich von der Streuung der Transmissionswerte verändert. In Abb. 4-10 sind zwei Kennlinien von typischen Fotometern aufgezeichnet. Die Kennlinie von Gerät A stammt aus einem einfachen Fotometer mit einer sehr begrenzten Auflösung oder von einem Gerät mit hohem Rauschanteil. Die Kennlinie von Gerät B stammt von einem Gerät, bei dem die Meßzelle ungenau positioniert ist.

4.8   Reflexionsmessung

Betrachtet man eine klare Flüssigkeit, durch die ein Lichtstrahl geschickt wird, kann man den Lichtstrahl in der Flüssigkeit *nicht* sehen. Schweben je-

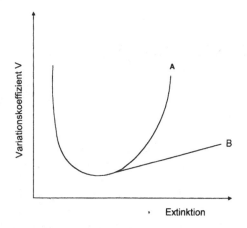

Abb. 4-10. Kennlinien von Fotometern

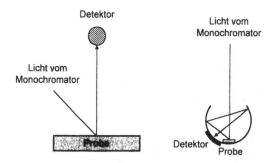

Abb. 4-11. Reflexionsspektroskopie

doch in der Flüssigkeit Teilchen, wird an ihnen der Lichtstrahl gestreut und man sieht die Streuung als „Trübung". Die Trübung kann man grundsätzlich messen, in dem einmal wie gewohnt die direkte Schwächung des Lichtes gemessen wird und zum anderen, in dem eine Streulichtmessung vorgenommen wird. Letztere Methode wird auch bei der Messung von völlig undurchlässigen, aber reflektierenden Stoffen vorgenommen. Bei der modernen spektroskopischen Auswertung von Teststäbchen (z.B. Reflextoquant® von Merck) wird diese Art der Untersuchung immer häufiger genutzt.

Bei der Messung von lichtundurchlässigen Stoffen wird die lichtdurchlässige Probenküvette eines normalen Fotometers durch eine Reflexionsmeßanordnung ersetzt. Entweder wird der Meßstrahl durch eine diffuse Reflexion von der Probe auf den Detektor gelenkt oder es wird eine Fotometerkugel benutzt, die den Lichtstrahl zum Detektor leitet. In Abb. 4-11 sind beide Meßmethoden aufgezeigt.

5 Quantitative UV/VIS-Spektroskopie

Um die Gesetzmäßigkeiten der quantitativen Fotometrie zu verstehen, ist es notwendig, die Definition und die Berechnung optischer physikalischer Größen zu kennen.

Wie bereits in Kapitel 2 beschrieben wurde, wird von einer Lichtquelle Energie ausgesandt. Theoretisch ist diese abgestrahlte Energie nach allen Seiten hin gleich groß. Der Energiebetrag eines einzelnen Photons berechnet sich wie in Gl. (3-1) gezeigt, mit

$$E = h \cdot v \tag{3-1}$$

Um die Energie der von einer Lichtquelle ausgehenden Strahlung zu bestimmen, muß die Anzahl der ausgesandten Photonen bekannt sein. Von jeder Lichtquelle geht ein kontinuierlicher Strom von Photonen aus. Die dabei auftretende Strahlungs*energie* wird in J = Ws gemessen, die von der Lichtquelle ausgehende Strahlungs*leistung* jedoch in W.

Das menschliche Auge kann die *gesamte* von einer Strahlunqsquelle ausgehende Strahlung nicht als Licht wahrnehmen, denn das Auge ist für den roten und den energiereicheren blauen Teil des Spektrums relativ unempfindlich, während im mittleren grünen Bereich die Augenempfindlichkeit besonders gut ist. Man kann das an einem einfachen praktischen Versuch erkennen. Eine Einmalküvette wird mit einem Stückchen weißen Papiers beklebt und in den Strahlengang eines Fotometers gestellt. Eine mittlere Wellenlänge von 555 nm wird am Fotometer eingestellt und schon ist auf dem Papier ein sehr schmaler, schwach sichtbarer, grüner Streifen erkennbar. Die maximale Empfindlichkeit des Auges liegt bei etwa 555 nm im gelbgrünen Farbenbereich.

Abb. 5-1 zeigt die Empfindlichkeitskurve des menschlichen Auges im „sichtbaren" Bereich. Auf der Abszisse ist die Wellenlänge des Lichtes aufgetragen, auf der Ordinate die relative Augenempfindlichkeit, bezogen auf die Maximalempfindlichkeit bei 555 nm. Dieser Kurvenverlauf ist nicht bei allen Menschen gleich, sondern das Wellenlängenmaximum kann unter Umständen leicht verschoben sein.

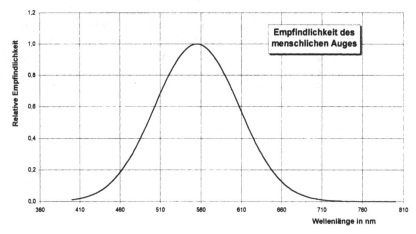

Abb. 5-1. Empfindlichkeit des menschlichen Auges in Abhängigkeit von der Wellenlänge der Strahlung

Die fotometrischen Größen der Physik berücksichtigen die Lichtempfindung des menschlichen Auges. Die Grundeinheit (SI-Einheit) der Fotometrie ist die Lichtstärke. Dabei ist die Definition der *Lichtstärke I*:

1 Candela (cd) ist diejenige Lichtstärke, mit der ein schwarzer Strahler mit einer Fläche von 1/600 000 m² bei der Temperatur schmelzenden Platins (Schmelztemperatur 2042,5 K) bei einem Druck von 1013 hPa (1013 mbar) senkrecht zu seiner Oberfläche strahlt.

Diese Lichtstärke bezieht sich grundsätzlich auf die vom menschlichen Auge wahrgenommene „Intensität" des Lichtstrahles. Von einer Lichtquelle geht jedoch ein Licht*strom* aus. Der Lichtstrom ist die vom Auge bewertete Strahlungs*leistung*, im Gegensatz zu der von der Lichtquelle ausgesandten Strahlungsmenge Q. Der Lichtstrom geht gleichmäßig in alle Richtungen des Raumes. Man kann sich das so vorstellen, daß sich im Raum eine Kugeloberfläche mit Photonen ausbreitet. Die Ausbreitung geschieht mit Lichtgeschwindigkeit. Mit zunehmender Entfernung von der Strahlungsquelle wird die Oberfläche der Kugel immer größer, sie nimmt mit dem Quadrat der Entfernung von der Lichtquelle immer mehr zu. Die Anzahl der Photonen pro Flächeneinheit nimmt daher mit dem Quadrat der Entfernung ab. Die wahrgenommene Strahlungsenergie nimmt ebenfalls mit dem Quadrat der Entfernung von der Lichtquelle ab, genau so die gemessene Lichtstärke.

Ein Maß für die *abgestrahlte Energie* der Lichtquelle ist der *Lichtstrom Φ*. Der Lichtstrom ist ein Energiestrom, also ein Maß für die Anzahl der von der Lichtquelle ausgehenden Photonen. Dabei wird die Empfindlichkeitsverteilung des Auges berücksichtigt. Der Lichtstrom ist definiert als das Produkt aus Lichtstärke *I* und Raumwinkel ω (Gl. 5-1), wobei der Raumwinkel ω wiederum definiert ist als das Verhältnis einer Kugelfläche zum Quadrat des Kugelradius (Gl. 5-2). Die Definitionen gelten nur unter der Voraussetzung, daß die Lichtstärke innerhalb des betrachteten Raumwinkels konstant ist. In der Praxis ist dies nur selten der Fall, deshalb werden meistens nur sehr kleine Raumwinkel betrachtet.

$$\Phi = I \cdot \omega \tag{5-1}$$

$$\omega = \frac{A}{r^2} \tag{5-2}$$

In Gl. (5-1) und Gl. (5-2) bedeutet:

Φ Lichtstrom in Lumen (lm)
I Lichtstärke in Candela (cd)
ω Raumwinkel in Steradiant (sr)
A Kugeloberfläche in m^2
r Radius der Kugel in m

Aus Gl. (5-2) für den Raumwinkel ω erkennt man, daß der Raumwinkel eine dimensionslose Größe ist. Trotzdem benennt man aus praktischen Gründen in der physikalischen Meßtechnik manchmal auch dimensionslose Größen mit Einheiten. Die Einheit des Raumwinkels ist der *Steradiant* (sr). Die Bezeichnung Radiant stammt aus dem lateinischen (*radius* = Strahl), die Zusatzangabe leitet sich aus dem griechischen „stereo" ab.

In der Literatur zur Fotometrie wird häufig von der „Lichtintensität" gesprochen und sogar ein Formelzeichen *I* verwendet. Es handelt sich dabei immer um die Lichtstärke *I*.

Die Beleuchtungsstärke *E* berechnet sich nach Gl. (5-3)

$$E = \frac{\Phi}{A} \tag{5-3}$$

In Gl. (5-3) wird die Berechnung von Φ aus Gl. (5-1) eingesetzt, man erhält Gl. (5-4):

$$E = \frac{I \cdot \omega}{A} \tag{5-4}$$

Das Verhältnis Raumwinkel zur Fläche bleibt aber bei gleichen Verhältnissen konstant. Dadurch ist die Beleuchtungsstärke E proportional zu der Lichtstärke I. Wird ein stets gleicher Raumwinkel und eine daraus zwangsläufig folgende gleiche Fläche betrachtet, können alle Aufgaben der Fotometrie auf das Messen der Lichtstärken I reduziert werden. Der Abstand der Lichtquelle vom Meßort ist dabei völlig gleichgültig, solange er nur konstant ist. Die betrachteten Gleichungen sind immer dann gültig, wenn der Raumwinkel sehr klein ist. Einen kleinen Raumwinkel erreicht man gerätetechnisch durch einen Spalt, durch den das Licht fällt.

Durch Einsetzen von Gl. (5-2) in Gl. (5-4) erhält man nach dem Kürzen der Fläche A für die Beleuchtungsstärke Gl. (5-5).

$$E = \frac{I}{r^2} \qquad (5\text{-}5)$$

Die Beleuchtungsstärke E einer Fläche ist proportional zur Lichtstärke I einer Lichtquelle und umgekehrt proportional zum Quadrat des Abstandes (r^2) der Lichtquelle von der beleuchteten Fläche.

Die Leuchtdichte einer Lichtquelle ist eine Aussage über die vom Auge bewertete Dichte einer Strahlung. Die Leuchtdichte L ist definiert als das Verhältnis der Lichtstärke zu Leuchtfläche und wird angegeben in $\frac{cd}{m^2}$ (Gl. 5-6).

$$L = \frac{I}{A} \qquad (5\text{-}6)$$

In Gl. (5-6) bedeutet:

L Leuchtdichte einer Fläche in $\frac{cd}{m^2}$
I Lichtstärke einer Fläche in cd
A leuchtende Fläche in m^2

Die Leuchtdichte wird manchmal auch in der Einheit Stilb (sb) angegeben:

$$1 \, sb = 1 \, \frac{cd}{cm^2} = 10^4 \, \frac{cd}{cm^2}$$

Wenn die Leuchtdichte zu groß ist, wird das Auge geblendet. Die Leuchtdichte gilt nicht nur für selbstleuchtende, sondern auch für beleuchtete Flächen. Wenn die Flächen gekrümmt sind, dann muß die Projektion der gekrümmten Fläche auf eine senkrecht zur Betrachtungsebene stehenden Fläche angegeben werden. Tabelle 5-1 zeigt einen Vergleich verschiedener

Tabelle 5-1. Lichtquelle und durchschnittliche Leuchtdichte

Lichtquelle	Leuchtdichte (sb)
Nachthimmel	10^{-7}
Blauer Tageshimmel	1
Vollmond	0,25
Mittagssonne	bis 150000
Kerzenflamme	bis 1
mattierte Glühlampe	20–40
Glühlampe mit Klarglaskolben	ca. 1000

Leuchtdichten. Bei Leuchtdichten knapp unter 1 sb wird das Auge bereits geblendet.

Die *Beleuchtungsstärke E* ist das Verhältnis des senkrecht auf eine Fläche auftreffenden Lichtstroms zur getroffenen Fläche (Gl. (5-7)).

$$E = \frac{\Phi}{A} \qquad (5\text{-}7)$$

In Gl. (5-7) bedeutet:

E Beleuchtungsstärke in Lux (lx)
Φ Lichtstrom in lm
A leuchtende Fläche in m^2

In Arbeitsräumen werden für bestimmte Tätigkeiten Mindestbeleuchtungs-stärken vorgeschrieben. Zum Vergleich drei Angaben:

• Im Sommer zeigt das Sonnenlicht in unseren Breiten Beleuchtungsstärken bis zu 100000 lx,
• im Winter werden dagegen nur 10000 lx gemessen.
• Ein Arbeitsplatz sollte bei hohen Ansprüchen eine Beleuchtungsstärke von 1000 lx bis 5000 lx haben.

Die Lichtstärke *I* nimmt mit dem Quadrat des Abstandes von der Lichtquelle ab. Hier liegen die Schwierigkeiten, die bei der Messung innerhalb von fotometri-schen Prozessen auftreten. Wenn die Entfernung von der Lichtquelle zur Pro-benküvette unbekannt ist, kann nur indirekt die Strahlungsleistung der Licht-quelle ermittelt werden. Damit reproduzierbare Ergebnisse erzielt werden, müs-sen die Lichtstärken *I* immer bei der gleichen Wellenlänge λ gemessen werden.

Wenn zwei Lichtquellen an einem Punkt die gleiche Beleuchtungsstärke erzeugen, so können die Beleuchtungsstärken E beider Lichtquellen gleichgesetzt werden, siehe auch Gl. (5-5).

$$E = \frac{I_1}{r_1^2} = \frac{I_2}{I_2^2} \tag{5-8}$$

Durch Umformen der Gl. (5-8) nach der Lichtstärke I_2 erhält man Gl. (5-9)

$$I_2 = I_1 \cdot \frac{r_2^2}{r_1^2} \tag{5-9}$$

In Gl. (5-9) bedeutet:

I_1 Lichtstärke der ersten Lichtquelle
I_2 Lichtstärke der zweiten Lichtquelle
r_1 Abstand der ersten Lichtquelle vom Meßpunkt
r_2 Abstand der zweiten Lichtquelle vom Meßpunkt

Vor der Erfindung des Fotoelements mußten Lichtstärken auf der Grundlage von Gl. (5-9) ermittelt werden. Die Lichtstärke I einer bekannten Lichtquelle wurde mit der Lichtstärke I_2 einer unbekannten Lichtstärke verglichen, indem der Abstand einer Lichtquelle so lange verändert wurde, bis die beiden Beleuchtungsstärken gleich waren. Aus den Abständen berechnete man die unbekannte Lichtstärke I_2. Es wurde eine Vielzahl teilweise recht aufwendiger optischer Geräte erdacht, um Lichtabsorptionen zu messen (z. B. Fettfleckfotometer nach Bunsen, Fotometerwürfel nach Lummer-Brodhun). Erst als es gelungen war, optische Größen reproduzierbar in elektrische umzuwandeln, wurde die fotometrische Meßtechnik effizienter.

5.1 Transmission und Absorption

Wenn Licht durch ein optisch dichteres Medium fällt, wird nicht nur seine Geschwindigkeit geringer, sondern ein Teil der Strahlungsenergie wird absorbiert. Einige Photonen übertragen ihre Energie auf äußere Elektronen des Analyten. Die Elektronen können dann auf höhere Energieniveaus angehoben werden. Die Absorptionsenergie kann mit Gl. (3-1) beschrieben werden. In Abb. 5-2 wird als Beispiel für die Lichtabsorption der Strahlungsgang durch eine Küvette mit einer Flüssigkeit gezeigt, deren Moleküle das Licht absorbieren.

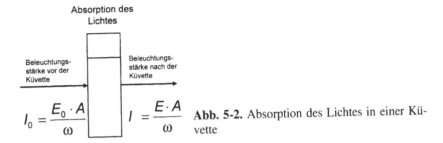

Abb. 5-2. Absorption des Lichtes in einer Küvette

Auf der linken Seite der Küvette kommt ein Photonenstrom (Lichtstrom) an und erzeugt eine bestimmte Beleuchtungsstärke. Die daraus resultierende Lichtstärke sei I_0. Nach dem Durchgang des Lichtstrahles durch die Küvette ist nur noch die Lichtstärke I vorhanden.

Das Verhältnis der beiden Lichtstärken nennt man in der Optik *Transmissionsgrad* τ, er wird in der Kurzform gewöhnlich als Transmission bezeichnet. In der Fotometrie wird die Transmission gewöhnlich auch mit dem Buchstaben T bezeichnet. In diesem Buch werden die in der Fotometrie üblichen Formelzeichen verwendet.

$$T = \frac{I}{I_0} \tag{5-10}$$

In Gl. (5-10) bedeutet:

T Transmission (dimensionslos, keine Einheit)
I_0 Lichtstärke vor dem Durchgang durch die Küvette (cd)
I Lichtstärke nach dem Durchgang durch die Küvette (cd)

Ein Teil des Lichtes, das auf die Küvette auftrifft, wird jedoch reflektiert. Das reflektierte Licht wird mit dem Formelzeichen I_r bezeichnet. Der *Reflexionsgrad* ist der Quotient aus reflektierter Strahlung zu ankommender Strahlung (Gl. 5-11):

$$R = \frac{I_r}{I_0} \tag{5-11}$$

In Gl. (5-11) bedeutet:

R Reflexionsgrad (dimensionslos, keine Einheit)
I_0 Lichtstärke vor der Küvette (cd)
I_r Lichtstärke des reflektierten Lichtes (cd)

Es bleibt nur noch der Anteil des absorbierten Lichtes A, der mit Gl. (5-12) berechnet wird:

$$A = \frac{I_a}{I_0} \qquad (5\text{-}12)$$

In Gl. (5-12) bedeutet:

A Absorptionsgrad (dimensionslos, keine Einheit)
I_0 Lichtstärke vor dem Durchgang durch die Küvette (cd)
I_a Lichtstärke des absorbierten Lichtes (cd)

Die Summe aus Transmission T, Reflexionsgrad R und Absorptionsgrad A muß stets 1 sein (Gl. 5-13).

$$1 = T + R + A \qquad (5\text{-}13)$$

Durch Umformung von Gl. (5-13) erhält man Gl. (5-14) bis Gl. (5-16).

$$1 = \frac{I}{I_0} + \frac{I_r}{I_0} + \frac{I_a}{I_0} \qquad (5\text{-}14)$$

$$1 = \frac{I + I_r + I_a}{I_0} \qquad (5\text{-}15)$$

$$I_0 = I + I_r + I_a \qquad (5\text{-}16)$$

In der Fotometrie ist die Lichtstärke I_0 vor dem Durchgang des Lichtstrahles durch die Küvette zwar nicht meßbar, aber durch eine vergleichende Messung einer Blindlösung ist ein Nullwert grundsätzlich zu ermitteln. Dieser Meßwert der Blindlösung ergibt die Lichtstärke I_0.

Die Lichtstärke I ist der fotometrisch wichtigste Wert für die Ermittlung der Konzentration an Analyten in der zu messenden Probenlösung. Die einzige Größe, welche problematisch bei der fotometrischen Messung ist, ist der Reflexionsgrad R. Durch eine seitlich angebrachte Fotodiode im Fotometer wird eine Erfassung ermöglicht.

Während der fotometrischen Messung soll kein Licht an der Küvette reflektiert werden und für die eigentliche Messung verloren gehen. Wenn weiterhin dafür gesorgt wird, daß das Licht senkrecht auf die Meßküvette trifft, ist eine Reflexion vernachlässigbar.

Benutzt man zu den Messungen immer die gleiche Küvette, und sorgt ebenfalls dafür, daß die Küvette jedesmal mit der gleichen Seite zur Lichtquelle zeigt, so bleibt der Anteil des Reflexionsgrades bei jeder Messung gleich und kann rechnerisch eliminiert werden.

Bei allen fotometrischen Meßaufgaben wird zuerst eine Küvette in den Meßstrahl gehalten, die nur Blindlösung enthält. Es wird die Lichtstärke hinter der Küvette gemessen (Blindwert), man erhält den Meßwert I_B. Anschließend mißt man die Lichtstärke hinter einer mit Analytlösung gefüllten Küvette und erhält den Meßwert I_M.

Die Absorption des Lichtes in der Küvette ist die Summe der Absorptionen der Einzelkomponenten, wie Abb. 5-3 zeigt. Die Küvette mit der Blindlösung wird von einem von links kommenden Lichtstrom erreicht. Ein geringer Teil des Lichtes wird reflektiert, ausgedrückt durch den Reflexionsgrad R. Das Küvettenmaterial absorbiert Licht am Strahlungseingang und am Strahlungsausgang (A_K). Die Blindlösung absorbiert den Anteil A_L. Am Küvettenende wird vom Fotometer die Lichtstärke I_B gemessen, die Transmission in dieser Anordnung ist T_B. Bei der Messung der Probe ändert sich an der Anordnung nichts, nur befindet sich jetzt zusätzlich in der Küvette

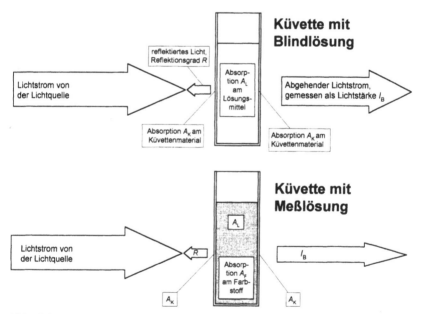

Abb. 5-3 Absorption der Einzelkomponenten in der Küvette bei Blindlösung und Meßlösung

ein Analyt, dessen Absorptionsgrad A_F ist. Es wird an dieser Stelle die Lichtstärke I_M gemessen.

Der Transmissiongrad der Blindprobe T_B berechnet sich mit Gl. (5-17):

$$T_B = 1 - (R + 2 \cdot A_K + A_L) \tag{5-17}$$

In Gl. (5-17) bedeutet:

T_B Transmissionsgrad der Blindprobe
R Reflektionsgrad der Blindprobe
A_K Absorptionsgrad der Küvette
A_L Absorptionsgrad des Lösungsmittels der Blindprobe
     und Absorptionsgrad der Reagenzlösung

Der Transmissionsgrad der Meßlösung T_M berechnet sich aus Gl. (5-18)

$$T_M = 1 - (R + 2 \cdot A_K + A_L + A_F) \tag{5-18}$$

In Gl. (5-18) bedeutet:

T_M Transmissionsgrad der Meßlösung
R Reflektionsgrad der Meßlösung
A_K Absorptionsgrad der Küvette
A_L Absorptionsgrad des Lösungsmittels der Probenlösung
     und Absorptionsgrad der Reagenzlösung in der Probenlösung
A_F Absorptionsgrad des Analyten

Der Reflektionsgrad R, der Absorptionsgrad der Küvette, der Absorptionsgrad des Lösungsmittels und der Reagenzlösung sind sowohl bei der Blindlösung als auch bei der Probenlösung identisch. Die Differenz zwischen Transmission T der Blindlösung in Gl. (5-17) und Transmission T der Meßlösung in Gl. (5-18) ergibt nach Gl. (5-19) den Absorptionsgrad A_F des Analyten.

$$T_B - T_M = A_F \tag{5-19}$$

Der Absorptionsgrad A_F des Analyten ist die Größe, die der Stoffkonzentration proportional ist. Wegen der bereits bei der Blindwertmessung berücksichtigten Absorptionen und Reflexionen der Umgebung kann man ohne weiteres eine Transmission T_F des Analyten berechnen.

$$T_F = 1 - A_F \tag{5-20}$$

Die Transmission der Blindprobe berechnet sich auch aus dem Quotienten aus der Lichtstärke I_B zur eingestrahlten Lichtstärke I_0. Der Transmissionsgrad der Meßküvette berechnet sich aus dem Quotienten aus Lichtstärke I_M zur eingestrahlten Lichtstärke I_0. Die Differenz dieser beiden Größen ist der Transmissionsgrad der Farbstofflösung, der mit den Gl. (5-21) bis Gl. (5-23) abgeleitet wird.

$$T_B - T_M = \frac{I_B}{I_0} - \frac{I_M}{I_0} \tag{5-21}$$

$$T_B - T_M = \frac{I_B - I_M}{I_0} \tag{5-22}$$

$$T_B - T_M = T_F \tag{5-23}$$

In Gl. (5-21) bis Gl. (5-23) bedeutet:

T_B Transmissionsgrad der Blindprobe
T_M Transmissionsgrad der Meßlösung
T_F Transmissionsgrad der Probenlösung

Nach Gl. (5-22) und (5-23) muß nur die Differenz der Lichtstärken von Blindlösung und Meßlösung gebildet werden, und dann kann die Transmission T und die Absorption A des Analyten berechnet werden. Die Transmission T wird gewöhnlich vom Anwender nicht manuell berechnet, das Fotometer kann direkt die Transmission T oder, wenn gewünscht, den Absorptionsgrad A berechnen und auf dem Display anzeigen.

5.2   Extinktion und Lambert-Beersches Gesetz

Wenn der Weg des Lichtes durch den absorbierenden Stoff groß ist, steigt der Absorptionsgrad A ebenfalls an, beide Größen sind direkt proportional. Der Absorptionsgrad A und damit auch die Transmission T ist von der Schichtdicke des absorbierenden Stoffes abhängig.

Die Reaktion des Auges auf Lichtreize ruft Empfindungen hervor, die in logarithmischem Zusammenhang mit dem Lichtreiz stehen. Die subjektive Empfindung E_s gehorcht dem psychophysischen Grundgesetz (W. Weber 1825, Fechner 1856):

$$E_s = \text{const} \cdot [\ln(RZ - RZ_0)] \tag{5-24}$$

In Gl. 5-24 bedeutet:

E_s subjektive Empfindung
RZ zusätzlicher Reiz
RZ_0 ursprünglicher Reiz

Das Gesetz besagt, wenn zu einem schwachen optischen Reiz ein weiterer schwacher optischer Reiz dazukommt, ist das subjektive Empfinden weitaus stärker, als wenn zu einem ohnehin schon starken Reiz ein weiterer stärkerer Reiz dazu kommt.

Die logarithmische Abhängigkeit wird bei vielen subjektiven Empfindungen aus der Natur beobachtet. Weil nun die subjektive Empfindung eines Reizes in logarithmischer Abhängigkeit zu dem auslösenden Reiz ist, so ist es auch in der Fotometrie sinnvoll, Kenngrößen zu finden, die in logarithmischem Zusammenhang zur eingestrahlten Energie stehen. Johann Heinrich Lambert (1728–1777), ein Mathematiker, Physiker und Astronom stellte das nach ihm benannte Lambertsche Gesetz (Gl. (5-25)) auf.

Die in eine Schicht eindringende und dort absorbierte Strahlungsleistung ist proportional zu der Dicke der absorbierenden Schicht.

$$\Delta E = k \cdot E_0 \cdot \Delta x \tag{5-25}$$

In Gl. (5-25) bedeutet:

ΔE absorbierte Energiedifferenz
E_0 eingestrahlte Energie am Anfang der absorbierenden Schicht
Δx Schichtdickendifferenz zweier absorbierender Schichten
k Proportionalitätskonstante

Wenn man im Grenzfall sehr kleine Schichtdicken und kleine Energiedifferenzen betrachtet, ändert sich die Gleichung (5-25) zu Gl. (5-26).

$$\int_{W_1}^{W_2} \frac{dW}{W} = \int_0^d dx \tag{5-26}$$

Nach der Integration der Gl. (5-26) und Umformen entsteht Gl. (5-28).

$$\ln W_1 - \ln W_2 = k \cdot d \tag{5-27}$$

$$\frac{W_2}{W_1} = e^{-k \cdot d} \tag{5-28}$$

Weil die eingestrahlte Energie W der meßbaren Lichtstärke I proportional ist, kann Gl. (5-28) zu Gl. (5-29) verändert werden. Die Gl. (5-29) ist der formelmäßige Zusammenhang zwischen Schichtdicke d und Lichtstärke I.

$$\frac{I_2}{I_1} = e^{-k \cdot d} \tag{5-29}$$

Durch Umstellung der Gl. (5-29) und Umrechnen in dekadische Logarithmen entsteht die gewöhnlich benutzte Berechnungsformel des Lambertschen Gesetzes (Gl. 5-32):

$$\ln I_2 - \ln I_1 = -k \cdot d \tag{5-30}$$

$$-\ln \frac{I_2}{I_1} = k \cdot d \tag{5-31}$$

$$-\lg \frac{I_2}{I_1} = k \cdot 2{,}30259 \cdot d \tag{5-32}$$

Der Faktor 2,30259 ist der Faktor (Modul) zur Umrechnung vom natürlichen in den dekadischen Logarithmus. Die Konstante k wird Absorptionskonstante genannt und ist von der Art des absorbierenden Stoffes abhängig, ausgedrückt durch seine spezifische Extinktionskonstante. Aber auch die Konzentration der absorbierenden Lösung verändert die Absorptionskonstante. Die Berechnung der Absorptionskonstante k führt zum Beerschen Gesetz (August Beer, 1825–1863, dt. Physiker).

$$k = \varepsilon \cdot c \tag{5-33}$$

In Gl. (5-33) bedeutet:

ε molarer Extinktionskoeffizient in $\frac{L \cdot cm}{mol}$
c Konzentration der Lösung in (mol/L)

Durch Einsetzen von Gl. (5-33) in Gl. (5-32) unter Einbeziehung des Umrechnungsfaktors von natürlichen in dekadische Logarithmen wird daraus das *Lambert-Beersche Gesetz*, das in der Fotometrie die Grundlage der Quantifizierung ist (Gl. 5-34).

$$-\lg \frac{I}{I_0} = \varepsilon \cdot c \cdot d \qquad (5\text{-}34)$$

Der negative dekadische Logarithmus des Transmissionsgrades wird als Extinktion E bezeichnet (lat. extingere, auslöschen). Damit vereinfacht sich das Gesetz zu Gl. (5-35):

$$E = \varepsilon \cdot c \cdot d \qquad (5\text{-}35)$$

In Gl. (5-35) bedeutet:

ε molarer Extinktionskoeffizient $\left(\frac{L \cdot cm}{mol}\right)$
c Konzentration der Lösung (mol/L)
d Schichtdicke (cm)
E Extinktion

Der molare Extinktionskoeffizient ε ist vom Molekülaufbau des Analyten und von der Wellenlänge der Strahlung abhängig (siehe dazu Kapitel 6).

Bei Fotometern wird gewöhnlich die Extinktion als Meßwert am Display angezeigt. Im englischsprachigen Raum wird die Extinktion als *absorbance* bezeichnet, die Abkürzung wird mit „Abs" vorgenommen. Es wird die „absorbance" als Einheit der Extinktion angegeben (Abs), obwohl die Extinktion mathematisch gesehen definitionsgemäß dimensionslos ist. Die Angabe von „Abs" hat historische Gründe und wird auch in diesem Buch verwendet.

Die Extinktionswerte sollten in der Praxis unter 2 Abs liegen, deshalb erfolgt die Angabe der Extinktion meistens in Milliabsorbance (mAbs). Realistische Werte für die Extinktion, die bei der Quantifizierung von Analyten am Fotometer abgelesen werden, liegen im Bereich zwischen 100 mAbs und 1500 mAbs. Nur in diesem Bereich ist ein hinreichend linearer Zusammenhang zwischen Extinktion und Konzentration gegeben.

Ist die Extinktion zu niedrig, sind die auftretenden Meßfehler zu groß, die Werte streuen sehr stark. Es macht sich wie bei allen physikalischen Messungen in niedrigen Meßbereichen das „Grundrauschen" des Fotometers bemerkbar. Ist dagegen die Konzentration der Lösung zu groß, hat ein in die Lösung eintreffendes Photon nicht die statistische Chance, *alle* Analytmoleküle zu treffen und anzuregen, denn alle eintreffenden Photonen werden bereits in den *ersten Schichten* der Analytlösung absorbiert. Sie gelangen wegen der hohen Moleküldichte nicht in tiefere Schichten.

Die Absorption der meisten Analyten zeigt bei einer Wellenlänge oder innerhalb eines engen Wellenlängenbereichs deutliche Absorptionsmaxima.

Die Wellenlängen, bei denen diese Maxima auftreten, müssen vor der eigentlichen fotometrischen Messung bestimmt werden. Nur bei hinreichend großen Extinktionswerten ist das Verhältnis von Meßsignal zum Grundrauschen groß genug, um reproduzierbare Ergebnisse zu erhalten. Die Konzentration des Analyten sollte idealerweise so groß sein, daß ein Extinktionsmaximum bei 900 mAbs bis 1000 mAbs auftritt. Zum Ermitteln des Maximums wird über den gesamten Bereich des Spektrums die Extinktion in Abhängigkeit von der Wellenlänge gemessen („gescannt"). Moderne Fotometer sind in der Lage, diesen Wellenlängenscan automatisch durchzuführen und das erhaltene Spektrum als Diagramm darzustellen. Bei dem Scannen des Spektrums ist darauf zu achten, daß der vorhandene Einfluß des Lösungsmittels berücksichtigt wird. Eine Reihe von Lösungsmitteln absorbieren besonders Strahlungen im UV-Bereich. Die Verschiebung der Absorptionsbanden z. B. durch den bathochromen Effekt muß ebenfalls beachtet werden. Deshalb muß das Extinktionsmaximum durch einen Vorversuch ermittelt werden.

5.3 Fotometrische Bestimmungen mit dem Spektralfotometer

Bei der Quantifizierung ist die Konzentration von Analyten in der Probelösung zu bestimmen. Ist der molare Extinktionskoeffizient ε einer Lösung bekannt, kann aus der gemessenen Extinktion mit Hilfe des Lambert-Beerschen Gesetzes direkt die Konzentration des Analyten berechnet werden. Leider ist in den wenigsten Fällen der molare Extinktionskoeffizient bekannt, der dazu noch von der Wellenlänge abhängig ist. Diese Schwierigkeiten werden umgangen, indem eine Vergleichslösung desselben Analyten, dessen Konzentration bekannt ist, vermessen wird. Danach wird die Extinktion der Probenlösung bestimmt. Nach dem Lambert Beerschen-Gesetz gilt für die Extinktionen der beiden Lösungen die Gl. (5-35). Das Verhältnis der beiden Extinktionswerte E_1 und E_2 ergibt eine einfache Beziehung (Gl. 5-36).

$$\frac{E_1}{E_2} = \frac{\varepsilon \cdot c_1 \cdot d}{\varepsilon \cdot c_2 \cdot d} \qquad (5-36)$$

Bei gleichen Stoffen muß der molare Extinktionskoeffizient E identisch sein und bei der Verwendung gleicher Küvetten bleibt auch die Schichtdicke d konstant. Diese beiden Größen kürzen sich aus der Formel heraus und ergeben den Zusammenhang, daß die Extinktionswerte einer Lösung sich proportional zu der Lösungskonzentration verhalten (Gl. 5-37). Allerdings gilt Gl. (5-37) nur im Gültigkeitsbereich des Lambert-Beerschen Gesetzes.

$$\frac{E_1}{E_2} = \frac{c_1}{c_2} \tag{5-37}$$

Wenn die Konzentration c_1 einer Vergleichslösung bekannt ist, kann nach Gl. (5-38) aus der Extinktion der Vergleichslösung und der Extinktion der Probenlösung die Konzentration des Analyten in der unbekannten Lösung c_2 berechnet werden.

$$c_2 = c_1 \frac{E_2}{E_1} \tag{5-38}$$

Die modernen Spektralfotometer können diese Möglichkeit der Quantifizierung bereits berücksichtigen, die Konzentration der unbekannten Lösung kann nach einer internen Berechnung direkt angezeigt werden. Diese Methode ist zwar sehr rasch durchgeführt, sie kann jedoch wegen der unvermeidlichen Fehler bei der Messung zu Ungenauigkeiten bei der Bestimmung führen.

Eine bessere Quantifizierungsmethode mit größerer Genauigkeit ist die Konzentrationsbestimmung mit Hilfe einer Kalibriergeraden. Man stellt mindestens sechs, besser 10, in der Konzentration definierte Kalibrierlösungen des Analyten mit steigender Konzentration her. Die Konzentrationsintervalle sollen gleich sein (equidistant) und bei der Extinktionsmessung Werte von 100 mAbs bis 1000 mAbs ergeben. Zum Ansetzen der richtigen Analytkonzentration aus Stammlösungen sind Vorversuche notwendig. Bei diesen Vorversuchen wird im gleichen Arbeitsgang die Wellenlänge des Extinktionsmaximums bestimmt und die Messung der Extinktion der Kalibrierlösung bei dieser Wellenlänge durchgeführt. Die erhaltenen Extinktionswerte trägt man in ein Diagramm in Abhängigkeit von der Konzentration des Analyten ein. Alle Meßwerte sollten auf einer Geraden liegen, diese gerade Kennlinie wird auch als Kalibriergerade bezeichnet. Anschließend wird die Probenlösung unter gleichen Bedingungen gemessen und deren Extinktion in das Diagramm eingetragen. Die Konzentration der Probenlösung sollte so sein, daß der Extinktionswert der Probe ungefähr in der Mitte der Kalibriergerade liegt. Hier ist mit einer hohen Genauigkeit zu rechnen, weil das Prognoseintervall am kleinsten ist (siehe dazu Kapitel 8). Aus der Extinktion der Probe kann aus der Kalibriergeraden die Probenkonzentration ermittelt werden (Abb. 5-4).

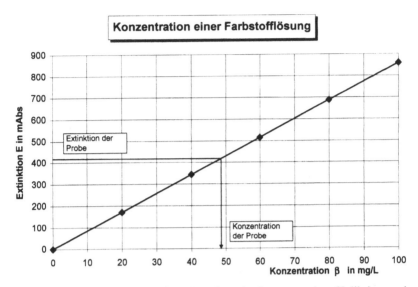

Abb. 5-4. Ermitteln der Konzentration eines Analyten aus einer Kalibriergeraden

Bei der Verwendung eines Tabellenkalkulationsprogrammes wird sinnvollerweise eine lineare Regression durchgeführt und die statistischen Parameter ermittelt. Mit Hilfe der mit der linearen Regression ermittelten Gleichungsparameter „Steigung m" und „Ordinatenabschnitt b" kann nach Gl. (5-39) die Konzentration des Analyten berechnet werden.

$$c = \frac{E - b}{m} \qquad\qquad (5\text{-}39)$$

In Gl. (5-39) bedeutet:

c Konzentration des Analyten
E Extinktion
b Ordinatenabschnitt (nach der linearen Regression)
m Steigung der Kennlinie (nach der linearen Regression)

Der gefundene Konzentrationswert c wird mit dem aliquoten Verdünnungsfaktor multipliziert, um die Konzentration der gesamten Probe zu ermitteln. Weitere statistische Größen zur Ermittlung und Bewertung der Kalibriergeraden können dem Kapitel 8 entnommen werden.

5.4 Quantifizierung durch Anfärbung

Während konzentrierte, farbige Analytlösungen bereits eine so große Absorption aufweisen, daß die Extinktion ausreichend ist, müssen andere farblose Analyten erst durch spezielle Färbereagenzien angefärbt werden, damit eine hinreichende Extinktion gewährleistet ist.

Durch Zugabe einer solchen Reagenzlösung wird ein intensiver Farbstoff gebildet. Die Reaktion tritt meistens nicht sofort ein, sondern es muß eine Zeitlang gewartet werden. Danach darf auch nicht beliebig lange Zeit vergehen, da sich gewöhnlich ein Reaktionsgleichgewicht einstellt. Die optimalen Wartezeiten müssen der Literatur entnommen oder experimentell ermittelt werden. Zu der immer als Vergleich verwendeten Blindlösung muß das Anfärbereagenz und das verwendete Lösungsmittel unbedingt in den gleichen Volumenanteilen zugegeben werden.

Die Vorgehensweise bei fotometrischen Messungen mit Färbereagenzien ist wie folgt:

- Vorbereitung der Probe: Probenlösung auf ein konstantes Volumen auffüllen.
- Meßlösungen: Von dieser Probenlösung wird zweimal das gleiche Volumen in separate Meßkolben pipettiert.
- Kalibrierlösungen: Aus einer Stammlösung bekannter Konzentration des Analyten werden nacheinander verschiedene Volumina in separate Meßkolben pipettiert, um nach dem Auffüllen steigende Konzentrationen zu erreichen (mindestens sechs, besser 10 Lösungen).
- Reagenzzugabe: Alle Lösungen mit dem gleichen Volumen der spezifischen Anfärbereagenzlösung auffüllen. Der Analyt bestimmt die Art des Reagenzes (Tabelle 5-2).
- Blindlösung: In einen weiteren Kolben wird nur Reagenzlösung gefüllt (gleiches Volumen wie bei den anderen Kolben).
- Alle Kolben werden mit einem geeigneten Lösungsmittel bis zur Marke aufgefüllt und der Inhalt gut gemischt.
- Die spezifische Reaktionszeit wird abgewartet.
- Das Extinktionsmaximum der Probenlösung wird bestimmt, die anderen Extinktionsmessungen werden bei dieser gefundenen Wellenlänge durchgeführt.
- In der Reihenfolge des Ansetzens werden von allen Lösungen nacheinander die Extinktionen bestimmt.

Tabelle 5-2. Spezifische Anfärbereagenzien

Analyt	Anfärbereagenz
Aldehyde	2-Thiobarbitursäure
Alkohole	3,5-Dinitrobenzoylchlorid
Aluminium	Alizarin S
Aminosäuren	Ninhydrin
Ammoniumsalze	Thymol
Antimon	Rhodamin B
Aromatische Kohlenwasserstoffe	Formaldehyd/Schwefelsäure
Blei	Dithizon
Bor	Chinalizarin
Bromide	Phenolrot
Cadmium	Glyoxal-bis-(2-hydroxyanil)
Calcium	Pikrolonsäure
Chloride	o-Toluidin
Chrom	1,5-Diphenylamid
Eisen	2,2'-Diphenylbipyridin
Fettsäuren	Kupfersalze
Harnstoff	4-Dimethylaminobenzaldehyd
Jodide	o-Toluidin
Ketone	Vanillin
Kobalt	1-Nitroso-2-napthol
Kupfer	BCO
Magnesium	Titangelb
Mangan	Formaldioxim
Nickel	Diacetyldioxim
Nitrate	Phenoldisulfonsäure
Nitrite	Diazotierung mit Aminen
Nitroverbindungen	Methylketone/Alkalien
Phenole	Eisen(III)salze
Phosphate	Molybdat und Vanadat
Phosphorverbindungen	Molybdat/Mineralisierung
Proteine	Biuret-Reaktion
Quecksilber	Dithizon
Saccharide	Anthron
Silber	Dithizon
Sulfide	Methylenblau
Vanadium	8-Oxichinolin
Wismut	Thioharnstoff
Wolfram	Toluol-3,4-dithiol
Zink	Dithizon
Zinn	Dithiol

Aus den gefundenen Werten wird eine Kalibriergerade gezeichnet, entweder auf Millimeterpapier oder mit Hilfe eines Tabellenkalkulationsprogramms, z. B. Excel® oder Lotus 1-2-3®. Die Berechnung der Konzentration nach einer linearen Regression wird so vorgenommen, wie es im Kapitel 8 beschrieben wird.

In Tabelle 5-2 sind die Reagenzien aufgeführt, mit denen die betreffenden Analyten angefärbt werden können.

5.5 Quantifizierende UV-Spektroskopie

Wie bereits in Kapitel 3 beschrieben wurde, eignet sich die UV-Spektroskopie für die Quantifizierung von Analyten, die im UV-Bereich ausreichend gut absorbieren. Das sind vor allem Substanzen, die konjugierte Mehrfachbindungen enthalten.

Grundsätzlich sind spektroskopische Messungen im UV-Bereich ähnlich durchzuführen wie im sichtbaren Teil des Spektrums. Eine Anfärbung mit speziellen Reagenzien entfällt, da bereits eine genügend hohe Absorption der Lichtenergie im UV-Bereich gegeben ist. Es kann daher direkt im UV-Bereich gemessen werden. Einige Besonderheiten des UV-Spektrums sind jedoch bei der Messung zu beachten.

Die in der VIS-Spektroskopie oft verwendeten Küvetten aus Polystyrol oder Glas absorbieren UV-Licht leider sehr stark, so daß nur Küvetten aus Quarzglas in Frage kommen. Als Lichtquelle wird die Deuteriumlampe verwendet, die 10 bis 15 Minuten vor der Messung eingeschaltet wird.

Viele Lösemittel absorbieren im UV-Bereich. Es muß daher zur Herstellung von Lösungen des Analyten ein Lösemittel gefunden werden, welches genügend Energie durchläßt, um eine ausreichende Absorption durch den Analyten zu erhalten. Diese Eigenabsorption des Lösemittels ist wellenlängenabhängig. In Tabelle 5-3 wird der „Cut-off" aufgeführt, unterhalb dieses Cut-offs sollte nicht mehr gemessen werden. Besonders bei der Verwendung von Ethanol muß darauf geachtet werden, daß Ethanol oft Denaturierungsmittel enthält (z. B. MEK, Phthalsäureester), die ebenfalls im UV-Bereich absorbieren können.

Wie bei der VIS-Spektroskopie muß in der UV-Spektroskopie möglichst bei der Extinktionsmaximumwellenlänge gemessen werden. Das Absorptionsmaximum und der optimale Konzentrationsbereich des Analyten müssen durch Vorversuche bestimmt werden.

Tabelle 5-3. Cut-off von verschiedenen Lösemitteln

Lösemittel	kleinste Meßwellenlänge λ in nm (der Cut-off)
Acetonitril	190
Wasser	190
n-Hexan	200
Methanol	205
Ethanol (ohne Denaturierungsmittel)	210
Chloroform	240
Aceton	360

Die Vorgehensweise bei fotometrischen Messungen im UV-Bereich ist:

- Die Deuteriumlampe wird eingeschaltet.
- Es werden nur Quarzküvetten verwendet.
- Vorbereitung der Probe: Die Probenlösung wird auf ein konstantes Volumen aufgefüllt.
- Meßlösungen: Von dieser Probenlösung wird zweimal das gleiche Volumen in separate Meßkolben pipettiert.
- Kalibrierlösungen: Aus einer Stammlösung bekannter Konzentration werden nacheinander verschiedene Volumina in Meßkolben pipettiert, um nach dem Auffüllen steigende Konzentrationen zu erreichen (sechs, besser 10 Lösungen).
- Alle Kolben werden mit einem geeigneten Lösungsmittel bis zur Marke aufgefüllt und der Inhalt gut gemischt.
- Das Extinktionsmaximum der Probenlösung wird durch einen Scan bestimmt, die anderen Extinktionsmessungen werden bei dieser gefundenen Wellenlänge durchgeführt.
- Von allen Lösungen werden nacheinander die Extinktionen bestimmt.

Aus den gefundenen Werten wird eine Kalibriergerade gezeichnet, entweder auf Millimeterpapier oder mit Hilfe eines Tabellenkalkulationsprogramms, z. B. Excel® oder Lotus 1-2-3®. Bei der Verwendung eines Tabellenkalkulationsprogrammes wird eine lineare Regression durchgeführt und die statistischen Parameter werden ermittelt (siehe Kapitel 8). Die Auswertung erfolgt analog zu der im VIS-Bereich.

5.6 Mehrkomponentenanalyse

Bei fotometrischen Quantifizierungen soll manchmal nicht nur ein Analyt, sondern eventuell zwei oder mehrere Komponenten in einer Probe ohne separaten Trennaufwand bestimmt werden. Dies ist unter bestimmten Voraussetzungen möglich.

Abb. 5-5 zeigt die Extinktionskurven zweier farbiger Analyten. Die eine Kurve zeigt den Extinktionsverlauf einer roten Farbstofflösung in Abhängigkeit von der Wellenlänge, das Extinktionsmaximum liegt im grünen Komplementärbereich bei 530 nm. Bei 650 nm im roten Bereich absorbiert der andere Analyt, eine blaue Farbstofflösung. Werden nun beide Farbstofflösungen gemischt, so gibt es bei gleicher Farbstoffkonzentration zwei Extinktionsmaxima bei 530 nm und bei 650 nm. Die zugehörige Gesamtkurve ist die Addition der Einzelextinktionen der Einzelkomponenten. Die Extinktionskurven der einzelnen Komponenten überlappen sich. Im Überlappungsbereich ist die Addition der Extinktionswerte gut erkennbar. Als Faustregel für die Überlappung von Absorptionsbanden gilt, daß eine Überlappung von 10% von benachbarten Banden der Analyten gerade noch tolerierbar ist. Bei den meisten Quantifizierungen können die Banden deutlich schmaler werden. In Kapitel 10 wird eine Zweikomponentenbestimmung eines roten und gelben Farbstoffes beschrieben. Die Absorptionsmaxima der beiden Farbstoffe sind wesentlich deutlicher ausgeprägt und überlappen sich nicht. Das Spektrum der beiden Farbstoffe zeigt Abb. 5-6.

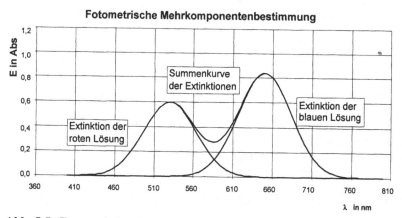

Abb. 5-5. Fotometrische Zweikomponentenbestimmung. Summenkurve einer roten und blauen Vergleichslösung

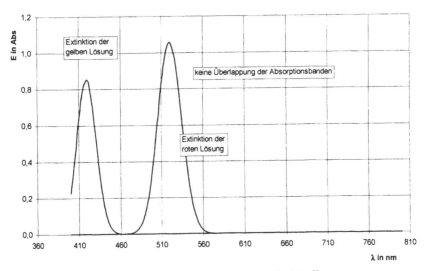

Abb. 5-6. Extinktionsverlauf eines roten und gelben Farbstoffs

Zur Konzentrationsbestimmung der Einzelkomponenten, z. B. in der Mischung eines roten und eines gelben Farbstoffes sind sechs Extinktionsmessungen notwendig. Dazu stellt man jeweils eine im Gehalt bekannte Lösung (β_{Gelb}) des gelben Farbstoffes und eine Lösung des roten Farbstoffes (β_{Rot}) her. Die ursprüngliche Probenlösung aus beiden Farbstoffen wird ebenso zur Messung benötigt.

Man bestimmt mit Hilfe der reinen gelben und roten Lösung das jeweilige Extinktionsmaximum und mißt dann die folgenden sechs Extinktionen:

- die Extinktion reiner Gelblösung am Gelbmaximum ($E_{\text{G}}g$)
- die Extinktion reiner Rotlösung am Gelbmaximum ($E_{R}g$)
- die Extinktion reiner Gelblösung am Rotmaximum ($E_{\text{G}}r$)
- die Extinktion reiner Rotlösung am Rotmaximum ($E_{R}r$)
- die Extinktion der Probenlösung am Rotmaximum ($E_{P}r$)
- die Extinktion der Probenlösung am Gelbmaximum ($E_{P}g$)

Die Berechnung der beiden Konzentrationen erfolgt über Gl. (5-40) und (5-41):

$$\frac{E_{\text{G}}g}{\beta_{\text{Gelb}}} \cdot \beta_{\text{P}}g + \frac{E_{\text{R}}g}{\beta_{\text{Rot}}} \cdot \beta_{\text{P}}r = E_{\text{P}}g \qquad (5\text{-}40)$$

$$\frac{E_G r}{\beta_{Gelb}} \cdot \beta_P g + \frac{E_R r}{\beta_{Rot}} \cdot \beta_P r = E_P r \qquad (5\text{-}41)$$

In Gl. (5-40) und Gl. (5-41) bedeutet:

$\beta_P r$ Konzentration der roten Komponente in der Probe
$\beta_P g$ Konzentration der gelben Komponente in der Probe

Das Gleichungssystem aus den Gleichungen Gl. (5-40) und Gl. (5-41) wird nach den Variablen $\beta_P r$ und $\beta_P g$ aufgelöst, die die gesuchten Konzentrationen der gelben und roten Komponente in der Probe sind.

Bei einer Zweikomponentenbestimmung sollte darauf geachtet werden, daß die Massenkonzentration der Probe und die Massenkonzentration der Vergleichslösung in der gleichen Größenordnung liegt. Die Masse einer Probe und die Massenkonzentration sind einander proportional, das bedeutet für die Praxis, daß ohne weiteres in die Bestimmungsgleichung nicht nur die Massenkonzentrationen, sondern auch die Massen der Farbstoffe eingesetzt werden können. Allerdings müssen immer die Meßkolben auf das gleiche Volumen aufgefüllt werden. Bei der Multikomponentenbestimmung muß man besonders darauf achten, daß die genauen Extinktionsmaxima der Analyten ermittelt werden. Gerade im UV-Bereich ist eine Fehlinterpretation des Spektrums durch ähnliche Lösungsmittelmaxima möglich.

5.7 Reflexions- und Trübungsspektroskopie

Nicht alle Proben sind lichtdurchlässig. Lichtundurchlässige Proben können mit Hilfe der Reflexionsspektroskopie bestimmt werden. In der UV/VIS-Spektroskopie wird das Reflexionsverfahren relativ häufig ausgenutzt. So wird zum Beispiel der Reifegrad von Bananen (gelb oder grün?) mit Hilfe der Reflexionsspektroskopie gemessen. Oder die bei den halbquantitativen Meßmethoden eingesetzten, lichtundurchlässigen Reflektoquant®-Meßstreifen (Merck) werden in einem Reflektometer ausgemessen (siehe dazu Kapitel 4).

Grundsätzlich muß bei der Reflexometrie zwischen der *regulären-* und der *diffusen* Reflexion unterschieden werden. Bei der gerichteten, regulären Reflexion, die von größeren Teilchen der Probe verursacht wird, gilt für den auswertbaren reflektierenden Anteil R bei gleichzeitiger Absorption A die Gl. (5-42) [1].

$$R = \frac{(n-1) + \left(\frac{\varepsilon \cdot \lambda}{4 \cdot \pi}\right)^2}{(n+1) + \left(\frac{\varepsilon \cdot \lambda}{4 \cdot \pi}\right)^2} \qquad (5\text{-}42)$$

In Gl. (5-42) bedeutet:

n Brechzahl der festen Probe
ε molarer Extinktionskoeffizient
λ Wellenlänge (nm)

Im Falle der Strahlungsabsorption wird die Reflexion um so mehr verstärkt, wenn der Extinktionskoeffizient einen bestimmten Wert überschreitet. Im Falle der VIS-Spektroskopie müssen z. B. die molaren Extinktionskoeffizienten größer als $\varepsilon = 10^4 \text{ cm}^{-1}$ werden, damit eine meßtechnisch auswertbare Reflexion erfolgen kann.

Wird der Durchmesser der Teilchen kleiner als die Wellenlänge des Lichtes, ergibt die optische Vermessung der Probe eine gleichzeitige Reflexion, Brechung und Beugung. Alle drei Phänomene addieren sich zu einer „Gesamtstreuung". Diese Streuung ist nicht mehr gerichtet und wird im ganzen Raum verteilt. Bei sehr feinkristallinen Pulvern liegen viele Streuzentren nebeneinander. Dabei entsteht die bereits erwähnte diffuse Reflexion. Das diffuse Reflexionsvermögen hängt von der Konzentration c, dem molaren Extinktionskoeffizienten ε und einem „Streulichtanteil" ab, der in der Gl. (5-43) durch den Streukoeffizient S beschrieben wird.

$$R = \frac{\varepsilon \cdot c}{S} \qquad (5\text{-}43)$$

Die Messung der diffusen Reflexion ergibt ein Reflexionsspektrum (Remissionsspektrum). Die Spektren werden zur Bewertung der Farben von festen Proben, Pigmenten und Lacken herangezogen.

In Abb. 5-7 werden die Reflexionspektren zweier Bananen mit unterschiedlichem Reifegrad gezeigt [1].

5.8   Schnelle Betriebsanalytik durch Küvettentests

Die Zahl der quantitativ ermittelten Analysenergebnisse sind normalerweise in zwei große Hauptanwendungsbereiche zu unterteilen:

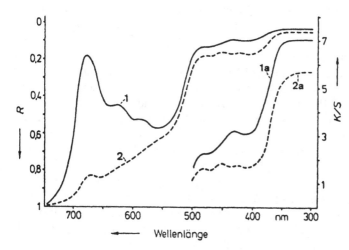

Abb. 5-7. Remissionsspektroskopie, Reifegrad von Bananen [1]. 1 – grün, 2 – gelb in *R*-Maßstab; 1a – grün, 2a – gelb im *K/S*-Maßstab

- die Einhaltung gesetzlicher Mindestanforderungen von Produktmerkmalen und
- die Information über genaue Betriebszustände eines Verfahrens.

In vielen Fällen hat der Gesetzgeber in Verordnungen die Art und die Häufigkeit dieser Tests geregelt. Zum Beispiel sind in der Abwasserbehandlung besonders häufig Wasseranalysen durchzuführen. In den meisten Bundesländern sind für die Wasser- und Abwasserproben, die der Anwender überprüft, sogenannte Betriebsanalytikmethoden ausdrücklich zugelassen. Dabei handelt es sich um sogenannte Küvettentests.

Die Küvettentests wurden von einzelnen Firmen (z.B. Merck mit dem Spectroquant®-System oder Dr. Bruno Lange mit dem CADAS-System) entwickelt und bestehen aus speziellen Fotometern und Rundküvetten, die bereits vom Hersteller mit Reagenzien auf den Nachweisprozeß gefüllt wurden. Der Anwender füllt nur die Probenflüssigkeit in die Rundküvette, schüttelt intensiv durch und wartet die vorgeschriebene Reaktionszeit ab. Danach wird die Rundküvette im herstellerspezifischen Fotometer ausgemessen. Der Filterfotometer SQ 200 von Merck, der mit Filtern von 340, 445, 520, 585 sowie 590 nm und mit einer Referenztechnik ausgestattet ist, erkennt automatisch die entsprechende Küvette (16 mm Durchmesser) und kann die Daten (Extinktion oder Konzentration) über eine Schnittstelle auf einem PC archivieren [2].

Das CADAS-System von Dr. Lange ist ein ähnliches System. Ein Barcode, der auf jeder Testküvette abgebildet ist, enthält alle Informationen, die für eine Messung notwendig sind. Während sich die Küvette im Schacht des Fotometers dreht, werden die Daten gelesen und gespeichert. Gemessen wird im Fotometer, der mit einem Meß- und einem Referenzstrahl ausgestattet ist. Störungen, die während der Messung auftreten, werden erkannt und ausgeglichen. Die Blindwerte der Küvettentests sind bereits im System abgespeichert und werden bei jeder Messung automatisch abgeglichen. Die Präzision der Messung wird erhalten, indem im Verlauf einer Küvettendrehung zehn Einzelmessungen vorgenommen werden. Fehlmessungen, die oft durch Verschmutzungen der Küvetten erhalten werden, sind dadurch zu umgehen. Die CADAS-Fotometer arbeiten im Wellenlängenbereich von 340 bis 900 nm mit einer spektralen Halbwertsbreite von 5 bis 8 nm. Die wichtigsten Küvettentests sind bereits vorprogrammiert, aber auch eigene Programmierungen sind möglich [3]. Durch diese modernen Schnellverfahren ist eine schnelle und sichere Routineanalytik gewährleistet.

Im Anwendungsbericht CH. No. 40 von Dr. Lange [4] werden die wichtigsten Küvettentests von wasseranalytischen Bestimmungen mit den jeweiligen Referenzverfahren verglichen. Die Erhebung wurde mit 3966 Daten durchgeführt. Die bei Ringversuchen ermittelten Streugrenzen von Referenzverfahren wurden verwendet, um die Küvettentests „Ammonium-N", „Phosphat-P" und „CSB" mit den Referenzverfahren zu vergleichen. Wenn die Küvettentests mit den Referenzanalysen im gleichen Zeitpunkt in einem Labor durchgeführt wurden, ergeben sich folgende Übereinstimmungen:

- Ammonium   98%
- Phosphat   86%
- CSB   93%

Die mit den Küvettentests in der Praxis ermittelten Analysenergebnisse sind in hohem Maß richtig und mit dem Referenzverfahren zu vergleichen.

Nachfolgend ein Listenauszug der Küvettentests, die lieferbar sind. Es wird empfohlen, den Kontakt mit den diversen Herstellern aufzunehmen.

Alkohol	Ammonium	Blei
Chlorid	Chromat	CSB
Cyanid	Eisen	Formaldehyd
Gesamthärte	Harnstoff	Kalium
Kupfer	Magnesium	Nickel
Nitrat	Nitrit	Phenol
Phosphat	Sauerstoff	Stickstoff

Sulfat	Sulfit	Tenside
Wasserhärte	Zink	Zinn

5.9 Kalibrierung des Gerätes (Gerätequalifizierung)

Fotometer müssen, wie alle analytischen Geräte, regelmäßig gewartet, überprüft und kalibriert werden. Diese Arbeiten werden größtenteils vom Anwender selbst durchgeführt. Eine lückenlose Dokumentation dieser Arbeiten ist sehr wichtig. Das Prinzip der GLP, „nur was dokumentiert ist, wurde gemacht", ist hier besonders angebracht. Selbst mit einfachen Mitteln kann eine Gerätekontrolle durchgeführt werden, ohne daß teure Filtersätze angeschafft werden müssen.

Welche Kalibrierungen sollten regelmäßig durchgeführt werden? Hauptsächlich sind es die Überprüfung der Wellenlängeneinstellung und die Bestimmung der Linearität.

Es gibt dazu spezielle Filtersätze zum Preis von rund 1000 DM vom Hersteller zu kaufen. Wer regelmäßig quantitative Fotometrie betreibt, dem sei ein solcher Filtersatz empfohlen. Zur Anwendung kommen meistens *Holmiumfilter.* Diese Filter, hergestellt durch Bedampfen mit Holmium (ein zu den seltenen Erden gehörendes Metall), liefern richtige und reproduzierbare Extinktionswerte auf 0,1 mAbs genau. Von der Firma HELMA gibt es z.B. einen Filtersatz mit vier Filtern, die zur Kalibrierung des Fotometers dienen können. Bei diesem Filtersatz ist es notwendig, daß er regelmäßig vom Lieferanten überprüft und gegebenenfalls neu kalibriert wird. Als Überprüfungszyklus wird ein Jahr empfohlen. Nur eine regelmäßige Überprüfung der Standards mit Kalibrierstandards, die mindestens eine Zehnerpotenz genauer sind, sorgt für eine richtige und genaue Kalibrierung! Mit dem Holmium-Filter lassen sich auch die Wellenlängen überprüfen. Die Absorptionsmaxima des Holmiumfilters ist auf 0,01 nm genau angegeben. Der gleiche Filtersatz enthält drei weitere Filter aus Neutralglas, um die Linearität des Fotometers bei verschiedenen Wellenlängen zu überprüfen. Die Vorgehensweise bei dem Fotometertest mit einem Filtersatz wird in Kapitel 10 beschrieben.

Bei Fotometern mit größerem Bedienungskomfort, z.B. Geräte, die mit Fotodiodenarrays ausgerüstet sind, kann der Test automatisiert werden. Es ist sogar möglich, nicht nur die Tests zu automatisieren, sondern auch die dazu gehörige Protokollierung. Bei manchen Fotometern gehört die Wellenlängenkontrolle bereits zum Lieferumfang. Bei der Wellenlängenüberprüfung kann nicht nur ein Holmiumfilter eingesetzt werden. Auch Erbiumverbindungen zeigen einige markante Maxima. Man kann z. B. eine Lösung aus Erbiumperchlorat verwenden, um die Wellenlängen zu überprüfen. Mit den ebenfalls im käuflichen Filtersatz enthaltenen Graufiltern kann die Linearität der Anzeige des Spektralfotometers überprüft werden. In Kapitel 10 ist dazu ein Beispiel angegeben.

Beim Überprüfen der Fotometer wird nicht nur die Abweichung von der Wellenlängeneinstellung und die Linearität kontrolliert, sondern auch die Basislinie. Die Basislinie, also praktisch der Nullpunkt des Meßgerätes, ist nicht unbedingt über den gesamten Wellenlängenbereich gleich. Die Werte können um mehr als ±10 mAbs schwanken. Das ist verhältnismäßig unbedeutend, da man meistens ohnehin nur bei ausgewählten Wellenlängen arbeitet und hier einen Nullabgleich mit einer Blindlösung durchführt. Die meisten Fotometer bieten aber eine Basislinienkorrektur über den gesamten Wellenlängenbereich. Das Geräterauschen, also das Schwanken der Fotometeranzeige, sollte so klein wie möglich sein, die letzte Ziffer darf um weniger als 1 mAbs schwanken. Das Rauschen muß ohne Küvetten im VIS- und im UV-Bereich geprüft werden.

Das Streulicht kann vom Anwender gewöhnlich nicht direkt geprüft werden, da meistens die Meßeinrichtungen dazu fehlen. Einige Hersteller bieten jedoch die Meßeinrichtungen als Zubehör an.

Wurde das Fotometer vom Kundendienst richtig eingestellt, reicht für den „täglichen Gebrauch" nur ein Routinetest mit stabilen Farbstofflösungen aus. Eine Anforderung an die Farbstofflösungen muß sein, daß sie deutliche Absorptionsmaxima zeigen. Zum Beispiel zeigt Rhodamin B ein sehr ausgeprägtes Maximum bei rund 554 nm im sichtbaren Bereich (das rötliche Rhodamin absorbiert die Komplementärfarbe grün). Im UV-Bereich weist beispielsweise Acetanilid ein deutliches Extinktionsmaximum bei 239 nm auf.

5.10   Genauigkeit der quantitativen Fotometrie

Bei der Fotometrie können die Messungen durch eine Reihe von Fehlern verfälscht werden. Es ist daher sinnvoll, die in Frage kommenden Fehlerquellen näher zu untersuchen. In Kapitel 9 wird auf dieses Thema näher eingegangen. An dieser Stelle soll die Genauigkeit der Messung diskutiert werden.

Um die Genauigkeit der erzielten Meßergebnisse zu beurteilen, hilft das Handbuch des Fotometers weiter. Ein Auszug aus den Daten eines modernen Fotometers (UVIKON® 933) [5]:

- Monochromator: Holografisches Konkavgitter 1500 L/mm
- Lichtquellen: Quarz-Halogenlampe, λ-Bereich 290 bis 900 nm, Deuteriumlampe, λ-Bereich 195 bis 370 nm
- Wellenlängengenauigkeit: ±0,3 nm
- Wellenlängenreproduzierbarkeit: besser als + 0,01 nm
- spektrale Bandbreite: 2 nm (Option 0,5; 1 oder 4 nm)
- fotometrischer Meßbereich: −0,3 Abs bis 4 Abs
- fotometrische Genauigkeit: ±0,003 Abs bei 1 Abs gemessen
- fotometrische Reproduzierbarkeit: ±0,002 Abs bei 1 Abs
- Linearität der Extinktion: ±0,000001 Abs
- Auflösung der Signalverarbeitung: ±0,000001 Abs
- Detektor Fotomultiplier R446, hochempfindlich
- Streulicht (bei $\lambda = 220$ nm) <0,03% der Transmission
- Rauschen <0,0001 Abs
- Stabilität der Nullinie <0,0004 Abs pro h

Die Angaben der Anzahl der Linien pro Millimeter im Gitter (1500 L/mm) ist eine Grundlage für die Auflösung des Monochromators. Konkavgitter bedeutet, daß das Gitter konkav gekrümmt ist, also die Form eines Hohlspiegels hat. Die Hohlspiegelform gestattet es, in Zusammenspiel mit weiteren Spiegeln im System, die Strahlen an der Stelle der Küvette zu konzentrieren. Wenn ein Gitter mit zu wenig Linien verwendet wird, ist die Wellenlängengenauigkeit eingeschränkt. Als Lichtquellen werden zwei Lampen verwendet, eine Halogenlampe und eine Deuteriumlampe. Die Wellenlängenbereiche überlappen sich, bei einer Wellenlänge von 340 nm wird von der einen auf die andere Lampe umgeschaltet, indem ein Spiegel in den Strahlengang geschwenkt wirkt. Durch den Einsatz beider Lampen ist es möglich, den gesamten Wellenlängenbereich von 180 bis 900 nm in einem Zug durchzuscannen. Im Beispiel wird allerdings unterhalb von 195 nm keine Anzeige erfolgen, denn die verwendete Lampe ist nicht für 180 nm ausgelegt.

Aus der Angabe der Wellenlängengenauigkeit kann ermittelt werden, wie genau die eingestellte Wellenlänge mit der realen Wellenlänge übereinstimmt. Hier wird die Genauigkeit beeinflußt von der Gitterkonstante (1500 Linien pro Millimeter). Die Genauigkeit wird aber auch beeinflußt von der Breite des Spalts, sowie der Präzision der mechanischen Einstellung des Gitters durch einen Schrittmotor mit Getriebe.

Die angegebene Wellenlängenreproduzierbarkeit sagt aus, wie genau eine einmal eingestellte Wellenlänge ein zweites Mal eingestellt werden kann.

Der fotometrische Meßbereich liegt bei dem angegeben Fotometer im Intervall zwischen –0,3 Abs und 4 Abs. Diese Angabe wird überraschen, denn das Lambert-Beersche Gesetz gilt in einem solch weitem Bereich nicht mehr. In Kapitel 2 wurde erwähnt, daß bei Zweistrahlfotometern immer eine Differenzmessung zwischen Blindlösung und Meßlösung gemacht wird. Die Absolutmessung der Extinktion darf daher durchaus bis zu 4 Abs betragen. Bei der Gerätekunde und Fehlersuche in Kapitel 9 wird auf dieses Thema noch näher eingegangen. Die Genauigkeit der angezeigten Meßwerte ist im Handbuch mit 4 mAbs angegeben, die Reproduzierbarkeit auf 2 mAbs beschränkt. Das bedeutet für die Praxis, daß es unerläßlich ist, in einem möglichst großen Extinktionsbereich messen zu können, so lange das Lambert-Beersche Gesetz gültig ist. Die Abweichung von der Linearität der Meßwerte liegt weit unterhalb der Genauigkeit der Extinktionsmessungen. Man muß sich also bei den Überlegungen zur Genauigkeit hauptsächlich um die fotometrische Genauigkeit und um die Reproduzierbarkeit der Meßwerte kümmern, welche die größten Meßabweichungen bewirken.

Die meisten und schwerwiegendsten Fehler werden in der Regel beim Ansetzen der Kalibrierlösungen für die Erstellung der Kalibriergerade und bei der Probenvorbereitung gemacht.

Erfahrungsgemäß kann man insgesamt mit einer relativen Meßabweichung in der Größenordnung von weniger als 2,5% rechnen. Diese Abweichung ergibt sich hauptsächlich aus der Betrachtung der Kalibriergeraden mit Hilfe einfacher statistischer Regeln, die in Kapitel 8 aufgeführt werden.

5.11 Literatur

[1] M. Otto (1995): Analytische Chemie. VCH, Weinheim
[2] Fotometer (1997): Zubehör und Testsätze für die Wasser- und Abwasseranalytik. Merck AG, Darmstadt
[3] CADAS-Wasseranalytik (1997): Dr. Bruno Lange GmbH, Düsseldorf
[4] T.J. Oberdörster: Dr. Lange (1995): Anwendungsbericht Ch. No 40, Betriebsanalytik in der Praxis. Dr. Bruno Lange GmbH, Düsseldorf
[5] UVIKON®-Datenblatt der Firma Kontron-Instruments, München (1997)

6 Qualitative UV/VIS-Spektroskopie

Obwohl das Schwergewicht der UV/VIS-Spektroskopie im quantitativen Bereich liegt, kann sie auch im qualitativen Bereich zur Identifizierung von Substanzen benutzt werden [1]. Aus den UV/VIS-Spektren sind mit Hilfe von Korrelationstabellen Informationen über das vorliegende Probenmolekül zu erhalten [2]. Dazu gehören z. B.:

- die Unterscheidung von gesättigtem und ungesättigtem Charakter,
- die Untersuchung auf isolierte und konjugierte Mehrfachbindungen,
- die Identifizierung des aromatischen Grundkörpers und
- die Erklärung von Substitutionseinflüssen.

Andere, überwiegend qualitativ genutzte Methoden, wie z. B. die Massenspektroskopie, die IR- und die NMR-Spektroskopie, liefern umfassendere Informationen vom Molekül.

Betrachtet man ein aufgenommenes UV/VIS-Spektrum, stellt man in den meisten Fällen eine breite, weitgehend strukturlose Bande fest. Neben den in Kapitel 3 beschriebenen Elektronenübergängen werden zusätzlich noch Rotations- und Molekülschwingungsvorgänge ausgelöst, die allerdings durch die Wechselwirkung zwischen Lösemittelmolekülen und gelöstem Stoff nicht richtig aufgelöst werden und zur allgemeinen Bandenverbreiterung führen. Es fehlt eine Feinstruktur zur sicheren Identifikation einer Substanz, wie das z. B. in einem IR-Spektrum zu beobachten ist. Nur bei Aromaten stellt man manchmal eine gewisse interpretierbare Feinstruktur im UV-Spektrum fest.

Ein UV/VIS-Spektrum ist daher eher weniger typisch für den gesamten Aufbau eines Moleküls. Ähnliche Stoffe unterscheiden sich leider nur relativ wenig im Spektrum.

Das Schwergewicht der UV/VIS-Spektreninterpretation liegt in der leichten Erkennung, ob ein konjugiertes System von Mehrfachbindungen im Untersuchungsmolekül vorliegt. Ein Spektrum, in dem sich die Banden bis in den sichtbaren Bereich ausdehnen, zeigt die Anwesenheit von sehr vielen konjugierten Mehrfachbindungen oder das Vorliegen eines polycyclischen

Charakters. Befindet sich das Extinktionsmaximum unterhalb von 300 nm und liegt nur ein Maximum vor, enthält die Verbindung höchstwahrscheinlich nur bis zu drei konjugierte Mehrfachbindungen. Welches konjugierte System vorliegt, ist aus dem Spektrum nicht zu entnehmen. Aber manchmal reicht es bereits aus, zu wissen, ob ein konjugiertes System vorliegt oder nicht. Reagieren z. B. zwei Mole Acetaldehyd zu Crotonaldehyd (Aldolreaktion), ist das nun entstandene konjugierte System im Spektrum durch die deutliche UV-Absorption bei ca. $\lambda = 280$ nm zu erkennen (Gl. (6-1) bis (6-3)):

$$B = \text{Base} \quad H_3C\text{–}\overset{\displaystyle O}{\underset{\displaystyle H}{C}} + B \longrightarrow H_2C^{\ominus}\text{–}\overset{\displaystyle O}{\underset{\displaystyle H}{C}} + HB \tag{6-1}$$

$$H_3C\text{–}\overset{\displaystyle O}{\underset{\displaystyle H}{C}} + H_2C^{\ominus}\text{–}\overset{\displaystyle O}{\underset{\displaystyle H}{C}} \longrightarrow H_3C\text{–}\overset{\displaystyle O^-H}{\underset{\displaystyle H\ H}{C\text{–}C}}\text{–}\overset{\displaystyle O}{\underset{\displaystyle H}{C}} \tag{6-2}$$

$$H_3C\text{–}\overset{\displaystyle O\ H}{\underset{\displaystyle H\ H}{C\text{–}C}}\text{–}\overset{\displaystyle O}{\underset{\displaystyle H}{C}} + HB \longrightarrow H_3C\text{–}\overset{\displaystyle}{\underset{\displaystyle H\ H}{C=C}}\text{–}\overset{\displaystyle O}{\underset{\displaystyle H}{C}} + H\text{–}O\text{–}H + B \tag{6-3}$$

Ein weiterer zu beachtender Hinweis im UV-Spektrum ist die Absorptionsstärke des Moleküls, die über den Faktor ε (molarer Extinktionskoeffizient) charakterisiert werden kann. Der Faktor ε kann mit Hilfe des Lambert-Beerschen-Gesetzes aus der Schichtdicke d, der Konzentration c und der Extinktion E berechnet werden (Gl. (6-4)).

$$\varepsilon = \frac{E}{d \cdot c} \tag{6-4}$$

Die Einheit für ε ist $\left[\frac{L}{\text{mol}\cdot\text{cm}}\right]$.

In einfach konjugierten Systemen, wie z. B. ungesättigten Carbonylverbindungen (Crotonaldehyd), nehmen die ε-Werte einen Betrag von 10 000 bis 25 000 ein. Verbindungen, die mehr als zwei konjugierte Systeme besitzen, haben ε-Werte über 25 000. Gesättigte Aldehyde und Ketone haben ε-Werte zwischen 10 und 100 und besitzen Maxima im Bereich von 260 bis 350 nm.

Verbindungen, die im Bereich zwischen $\lambda=200$ und 400 nm eine Absorption mit einem Betrag zwischen $\varepsilon=1000$ bis 10000 ergeben, sind meistens von aromatischer Struktur. Ist der Aromat mit funktionellen Gruppen substituiert, die eine bathochrome Wirkung (siehe Kapitel 3) zeigen, erscheinen im Spektrum Banden, die einen Extinktionskoeffizient von weit über $\varepsilon=10000$ aufweisen [1].

Zeigt sich zwischen $\lambda=800$ bis 200 nm keine merkliche Absorption im Spektrum, dann handelt es sich vermutlich um eine aliphatische Verbindung, wie z. B. Ether, Alkohole, Ester oder Carbonsäuren.

Zeigt sich bei ca. $\lambda=280$ nm eine relativ schwache Bande, kann ein Aldehyd oder ein Keton vorliegen. Starke Banden im Bereich von $\lambda=220$ bis 300 nm weisen meistens auf konjugierte Systeme hin [1].

Nachfolgend sollen einige Beispiele aufgeführt werden, bei denen mit Hilfe der UV/VIS-Spektroskopie eine Substanzidentifizierung oder Strukturaufklärung leicht möglich ist. Für weitergehende Informationen empfiehlt sich das Studium der angegebenen Literatur.

Wie bereits in Kapitel 3 erwähnt wurde, haben konjugierte Doppelbindungen den stärksten Einfluß auf ein UV/VIS-Spektrum. Es gilt allgemein die Faustregel: Je mehr konjugierte Systeme im Molekül enthalten sind, um so intensiver und um so langwelliger wird der energieärmste $\pi \rightarrow \pi^*$-Übergang [2]. Der bereits in Kapitel 3 berechnete Übergang im Ethen bei 190 nm soll auf das 1,3-Butadien übertragen werden. Betrachtet man nur die π-Orbitale, erhält man für Ethen das in Abb. 6-1 dargestellte Bild.

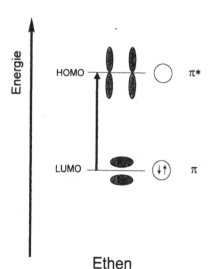

Ethen   **Abb. 6-1.** π-Orbitalschema für Ethen

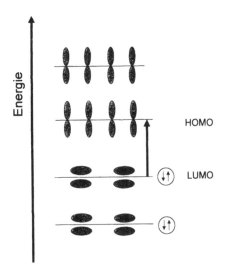

1,3-Butadien

Abb. 6-2. π-Orbitalschema von 1,3-Butadien

Im Falle des 1,3-Butadiens wird das energetische Niveau der vier Elektronen in den π-Orbitalen in Abb. 6-2 dargestellt.

Stellt man die Energieniveaus von Ethen (Abb. 6-1) und 1,3-Butadien (Abb. 6-2) nebeneinander, fällt auf, daß die Energiedifferenz bei 1,3-Butadien zwischen dem π- und dem π^*-Niveau kleiner ist [1]. Daraus folgt, daß mit zunehmender Kettenlänge und konjugiertem System eine Verschiebung ins Längerwellige erfolgt. 1,3-Butadien hat ein Wellenlängenmaximum von $\lambda = 217$ nm. Bei dem noch längerkettigen und konjugierten System 1,3,5-Hexatrien erfolgt das Maximum bereits bei $\lambda = 258$ nm.

Für Diene wurde von Hesse et. al. [3] ein empirisch ermitteltes Inkrement-System aufgestellt. Damit ist man in der Lage, das Wellenlängenmaximum annähernd zu berechnen. Dazu wurde der Grundkörper –C=C–C=C– mit einem Basiswert von $\lambda = 217$ nm belegt. Dazu kommen noch Inkrementwerte, die bei Anwesenheit bestimmter Gruppen zum Basiswert addiert werden. In Tabelle 6-1 sind einige Inkrementwerte aufgeführt.

Das bereits oben erwähnte 1,3,5-Hexatrien hat gegenüber dem 1,3-Butadien (als Basiswert $\lambda = 217$ nm) ein konjugiertes System (+30 nm) und 2 Kohlenstoffatome (2×5 nm) mehr. Es ergibt sich der berechnete Gesamtwert von $\lambda = 257$ nm, der gemessene Wert beträgt $\lambda = 258$ nm.

Tabelle 6-1. Inkrementwerte für Berechnung von Dienen [3]

Bindung oder Gruppe	Inkrementwert
pro weitere konjugierte Doppelbindung	+30 nm
pro C-Rest	+5 nm
pro auxochrome Gruppe:	
–O-Alkyl	+6 nm
–O-Aryl	+0 nm
–Cl	+5 nm
–N(Alkyl)	+60 nm

Für die Verbindung 2,4-Hexadien berechnet sich ein Maximum von $\lambda = 217$ nm $+ 2,5$ nm $= 227$ nm. Der gemessene Wert beträgt ebenfalls $\lambda = 227$ nm.

Die Inkrementmethode verliert dann ihre Gültigkeit, wenn sehr starke sterische Nebeneffekte im Molekül vorliegen.

Wurden bisher nur Diene und Triene betrachtet, die neben Alkylgruppen keine weitere Chromophore enthalten, soll jetzt der Einfluß von auxochromen Substituenten untersucht werden. Es kann in diesem Fall immer eine bathochrome Verschiebung beobachtet werden, weil das freie Elektronenpaar einer auxochromen Gruppe in Wechselwirkung mit der π-Bindung tritt.

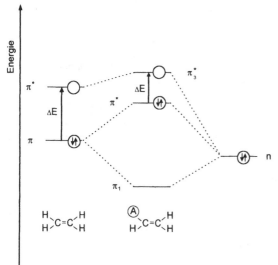

Abb. 6-3. Übergänge im Ethen und im mit A substituierten Ethen [1]

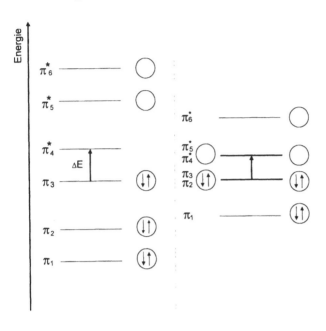

1,3,5 Hexatrien   1,3,5 Cyclohexatrien
                                          Benzol

Abb. 6-4. π-Orbitalschema beim 1,3,5-Hexatrien und beim Benzol

Tabelle 6-2. Wellenlänge für die UV-Absorption bei monosubstituierten Benzolen [1]

Substituent	Wellenlänge λ für Übergang A (nm)	Wellenlänge λ für Übergang B (nm)
C_6H_5–H (Benzol)	203	256
C_6H_5–CH_3	207	266
C_6H_5–Cl	210	264
C_6H_5–Br	210	261
C_6H_5–OH	211	270
C_6H_5–NH_2	230	280
C_6H_5–C$\equiv$N	224	271
C_6H_5–COOH	230	273
C_6H_5–SO_3H	213	263

Man erhält durch die Wechselwirkung drei neue π-Orbitale, die man mit π_1 bis π_3 bezeichnet. Die Übergangsenergie ΔE im mit A substituierten Ethen ist deutlich gegenüber dem nichtsubstituierten Ethen verringert (Abb. 6-3). Das ergibt die bereits erwähnte Verschiebung in den langwelligeren Bereich.

Betrachtet man das π-Orbitalschema von 1,3,5-Hexatrien, so ergeben sich die in Abb. 6-4 gezeigten sechs π-Orbitale. Alle sechs π-Orbitale sind auf verschiedenen Energieniveaus. Bei Benzol, formal das 1,3,5-Cyclohexatrien, bilden sich zwei energiegleiche (entartete) π-Orbitale heraus (Abb. 6-4).

Betrachtet man den entarteten, antibindenden Zustand $\pi_{4/5}^*$ im Benzol, so ist zwar die Energie der π^*-Orbitale gleich, beim Übergang von vier Elektronen von dem Grundzustand A nach $\pi_{4/5}^*$ werden jedoch drei verschiedene energetisch unterschiedliche Schemen eingehalten. Die dieser Energieunterscheidung zugrundeliegende Elektronenkorrelation ist nicht Bestandteil dieses Buches, bei näherem Interesse wird auf Spezialliteratur über den Molekülbau verwiesen. Die drei energetisch verschiedenen Übergänge A, B und C im Benzolring finden bei 256 nm, 203 nm und 184 nm statt [4].

Durch die Einführung eines Substituenten in das Benzol-Molekül wird die Symmetrie des Ringes erniedrigt und durch Einführung von Chromophoren die Absorptionswellenlänge verändert. In Tabelle 6-2 sind einige Beispiele aufgeführt.

6.1 Verwendete Literatur

[1] Otto M. (1995): Analytische Chemie. VCH, Weinheim
[2] UV-Atlas organischer Verbindungen (1982) Verlag Chemie, Weinheim [Sadtler Standard Spectra (Ultraviolet), Heyden, London]
[3] Hesse M., Meier H., Zech B. (1991): Spektroskopische Methoden in der organischen Chemie, 4. Auflage. Thieme-Verlag, Stuttgart,
[4] Schmidt W. (1994): Optische Spektroskopie. VCH-Verlag, Weinheim
[5] Perkampus H.H. (1986): UV/VIS-Spektroskopie und ihre Anwendung. Springer-Verlag, Berlin

7 Halbquantitative spektrometrische Analysen

Analysenmethoden werden immer zuverlässiger, empfindlicher und genauer. Leider geht diese Entwicklung Hand in Hand mit einer Zunahme der Kosten und der Aufwendigkeit der Analysen. Wenn dann die Laboratorien noch mit Analysen überhäuft werden, ist die Funktionalitätsgrenze bald erreicht. Besonders in empfindlichen Bereichen, wie z. B. im Umweltschutz oder bei Untersuchungen aus dem Arbeitssicherheitsbereich, ist die Arbeitsüberhäufung bei der gleichzeitig geforderten hohen Präzision und Genauigkeit ein sehr großes Problem.

Daher gehen heute sehr viele Laboratorien einen anderen Weg. Bei diesem neuen Weg werden die Proben durch einen Vortest („Screening") in „kritische" und „unkritische" Proben selektiert. Als Selektierungsmaß wird eine bestimmte, vorher festgelegte Konzentration des Analyten (Grenzkonzentration) benutzt. Übersteigt die Probe die vorher definierte Grenzkonzentration, wird eine aufwendige und genaue Quantifizierung durchgeführt.

Unkritische Proben werden nicht mehr analysiert und so unnötige Messungen mit teuren Analysengeräten vermieden. Dabei werden erhebliche Kosten und Arbeitszeit gespart.

Zur Untersuchung, ob die kritische Grenzkonzentration deutlich unterschritten, erreicht oder überschritten wurde, wird sehr häufig eine „halbquantitative Quantifizierung" mit sogenannten Fertigtests eingesetzt.

In der mobilen Analytik, z. B. bei der direkten Probeentnahme bei Untersuchungen von Gewässern, werden Analysenfertigsets immer mehr genutzt. Sie lassen sich universell einsetzen, bedürfen kaum eines apparativen Aufwands und lassen eine erste Beurteilung des Gewässers zu. Das ungefähre, aber relativ gut reproduzierbare Analysenergebnis liegt in relativ kurzer Zeit vor und die Tests können in Ausnahmefällen auch von Ungeübten durchgeführt werden.

Die stoffspezifischen Fertigsets, die von verschiedenen Firmen wie z. B. Merck (Aquamerck®, Aquaquant® und Microquant®) [1] oder Riedel-de Haen (Aquanal®) [2] vertrieben werden, können bei verschiedenen Probenmaterialien eingesetzt werden:

- Trink- und Oberflächenwasser,
- Abwasser,
- Nahrungs- und Futtermittel,
- Böden und Düngemittel und
- biologische Proben.

Eine geeignete Probenaufarbeitung ist, außer bei der direkten Wasseranalytik, fast immer notwendig.

Die halbquantitativen Analysensets sind im Rahmen ihrer Einsatzgrenzen zuverlässig, da die Hersteller ihre Komponenten an die offiziellen „Deutschen Einheitsverfahren" der Wasseranalytik angepaßt haben.

Bei den Fertiganalysentests können als Ergebnis der Quantifizierung keine kontinuierlichen Werte erhalten werden, sondern nur Werte in den vom Hersteller vorgesehenen Abstufungen. Der Meßbereich wird ebenfalls vom Hersteller des Sets festgelegt.

Für die Zinkbestimmung legt z.B. Riedel-de Haen (Art. Nr. 37413) einen Meßbereich von 0,1 bis 5,0 mg/L mit den folgenden Abstufungen fest:

$$0 - 0,1 - 0,2 - 0,3 - 0,4 - 0,5 - 0,7 - 1,0 - 2,0 - 5,0 \text{ mg/L.}$$

Zwischenwerte können allenfalls geschätzt werden.

Neben den Fertigsets kommen auch häufig Teststäbchen (z.B. Merckoquant®) zur Anwendung, die aber nur zur Ermittlung einer groben Übersicht dienen.

Grundsätzlich unterscheidet man Fertigtests, die auf kolorimetrischen und auf titrimetrischen Methoden beruhen. Bei den letzteren beruht das Verfahren auf einem Umschlag eines Indikators bei der Zugabe von Reagenzlösung. Die Anzahl der dazu notwendigen Tropfen oder die Angabe des benötigten Volumens an Reagenzlösung gibt einen Überblick über die Konzentration des Analyten in der Probe. Auf diese Verfahrensart soll in diesem Buch nicht weiter eingegangen werden.

Bei der *kolorimetrischen* Methode werden der entfärbten Probe ein oder mehrere Reagenzien in vom Hersteller vorgeschriebener Menge zugesetzt. Die Reagenzien reagieren mit dem zu bestimmenden Analyt, wobei ein lösliches und gefärbtes Produkt entsteht. Je nach Konzentration des gesuchten Stoffes färbt sich die Probe mehr oder weniger intensiv.

Die Konzentration wird durch einen Farbvergleich mit einem Standard vorgenommen. Für den Farbvergleich werden immer mehr sogenannte Schiebekomparatoren eingesetzt, bei denen die gefärbte Probenlösung auf einer mitgelieferten Farbkarte solange hin- und hergeschoben wird, bis der passende Farbwert gefunden wird. Dann wird am Komparator die dazugehörige Konzentration des Analyten abgelesen. Durch Verwendung eines Blindwertes auf den Farbkarten kann in gewissen Graden eine Eigenfärbung der Probe kompensiert werden.

In Gebrauch sind noch Drehkomparatoren, bei denen das Probenglas und ein Blindwert in einen Halter gesteckt und gegen das Licht betrachtet werden. Durch Drehen einer Farbscheibe werden Blindwert und gefärbte Probenlösung abgeglichen. Am Drehkomparator kann der Konzentrationswert direkt abgelesen werden.

Für den Farbvergleich werden weiterhin noch planare Farbkarten mit kreisförmigen weißen Flächen in den Handel gebracht, auf denen das Probenglas gestellt wird. Durch die Zuordnung der Farbe von oben durch das Probenglas mit einer farbgleichen Umgebung kann die Konzentrationszuordnung herbeigeführt werden.

Relativ neu ist die Verwendung sogenannter Reflektometer (z. B. RQflex von Merck) unter Verwendung von Reflectoquant®-Testsätzen (Merck). Es sind batteriebetriebene Remissionsfotometer mit Doppeloptik, bei denen über einen Barcode, der vom Hersteller jedem Testsatz beigelegt wird, die gewünschte Methode direkt eingelesen wird. Der Barcode überträgt alle notwendigen Informationen, z. B. chargenspezifische Kalibrierdaten, Reaktionszeiten, Faktoren zur Wellenlängenkorrektur usw.

In die Testlösung wird vom Anwender ein Testpolyesterstreifen („Teststäbchen") eingetaucht und anschließend in das Gerät eingelegt. Nach wenigen Sekunden erscheint der ermittelte Wert auf der Anzeige. Die auf dem Teststreifen befindlichen Chemikalien reagieren in typischer, artspezifischer Weise mit dem Analyten, was zur Farbveränderung auf dem Teststreifen führt. Diese Farbveränderung wird durch eine Reflexionsmessung erfaßt und ausgewertet.

Alle Tests sind auf bestimmte, vom Hersteller angegebene Konzentrationsbereiche ausgelegt. Sollte das Testergebnis über dem vorgesehenen Meßbereich liegen, empfiehlt es sich, die Probe mit analytfreiem Wasser im Verhältnis 1:1 zu verdünnen. Nach der Durchführung des Tests muß dann der Analysenwert mit dem Faktor 2 multipliziert werden. Selbstverständlich sind nach Bedarf auch andere Verdünnungsverhältnisse einzustellen. Oft legen die Hersteller eine „Checklösung" bei. In der Probe können andere Substanzen vorhanden sein, die den zu untersuchenden Analyten „maskieren". Zur Überprüfung des Tests wird die Probe zuerst ohne weitere Zugabe analysiert. Dann wird zur Probe eine definierte Menge mit Checklösung aufgestockt und wiederum analysiert. Die Differenz der beiden Analysenergebnisse muß die Konzentration der Checklösung ergeben.

Ein weiteres Problem sind die Störungen und „Querempfindlichkeiten", die sich dadurch ergeben, daß dieses Analysenverfahren ohne vorheriges Abtrennen von Begleitstoffen durchgeführt wird. Dabei können andere Stoffe entweder den eigentlichen Test hemmen (man findet dann zu niedrige Werte) oder durch Vortäuschen höherer Konzentrationen verfälschen. Die Hersteller haben in ihren Begleitschriften zu den Tests umfangreiche Listen veröffentlicht, aus denen der Einfluß von Fremddionen zu entnehmen ist.

Nachfolgend ist auszugsweise das Begleitblatt der Bestimmung von Sulfat mit dem Aquanal®-Plus-System von Riedel-de Haen AG, D-30918 Seelze, aufgeführt. Der Meßbereich beträgt 50 bis 330 mg/L Sulfat (Abb. 7.1).

Nachfolgend ist eine Zusammenstellung von halbquantitativen Analysenmethoden mit Hilfe von Fertigsets aufgeführt.

Aluminium

Aluminiumionen bilden mit Chromazurol-S in schwach saurer, acetatgepufferter Lösung einen rotvioletten Farbstoff. Der pH-Wert von 5,5 bis 6,0 muß eingehalten werden. Der Test ist für Meerwasser nicht geeignet. Bereits geringe Spuren von Beryllium-, Silber-, Barium- und Wismutionen können den Nachweis stören. Die Störungen können u. U. beseitigt werden, in dem man die Probenlösung durch eine Säule mit stark basischem Ionenaustauscher (z. B. Amberlite® IRA-400) laufen läßt. Das Eluat wird mit NaOH-Plätzchen versetzt und dann durch eine Ionenaustauschersäule mit stark saurem Ionenaustauscher (Amberlite® IR-200) getropft.

Typische Anwendungen:
Aluminiumbestimmung in der Wasseraufbereitung, für Betriebsabwässer, in der Papierindustrie und in Nahrungsmitteln (Wein und Bier).

Beispiele für Test-Sets:
Merck: 1.14822.0001 Microquant® 0,1–6,0 mg/L Al^{3+}
(Chromazurol S)
1.14413.0001 Aquaquant® 0,07–0,8 mg/L Al^{3+}
(Chromazurol S)
1.16994.0001 Reflektoquant® 5,0–50,0 mg/L Al^{3+}
Riedel-de Haen: 37425 Aquanal-plus® 0,02–0,2 mg/L Al^{3+} (Chromazurol S)

Ammonium

Ammoniumionen bilden im alkalischen Medium mit Hypochlorid und Thymol einen grüngefärbten Komplex (Indophenolreaktion, Abb. 7-2). Geringe Mengen von Barium-, Kupfer-, Magnesium-, Mangan-, Iodid- und Thiocyanationen können den Nachweis stören. Der Test ist für Meerwasser nicht geeignet.

Eine andere Bestimmungsmethode nutzt die Bildung eines gelbgefärbten Salzes der Millonschen Base durch die Reaktion von Ammoniumionen mit Neßlers-Reagenz (Dikaliumtetraiodomerkurat) aus (Reaktion siehe Gl. (7-1)):

$$2[HgI_4]^{2-} + NH_4^+ + 4OH^- \rightarrow OHg_2NH_2I + 3H_2O + 7I^- \tag{7-1}$$

Riedel-de Haën

AQUANAL®-plus

Eisen (Fe)
0,02–0,2 mg/l

Ausreichend für 100 Tests.

Meßbereich: 0,02–0,2 mg/l $Fe^{2+/3+}$

Abstufung: 0 - 0,02 - 0,04 - 0,06 - 0,08 - 0,10 -
0,13 - 0,16 - 0,20 mg/l $Fe^{2+/3+}$

Art.-Nr.

37421	**Testset mit Farbkomparator, Checklösung und Verdünnungswasser**	
	Inhalt:	
	Reagenz 1	1 x 2 g
	Reagenz 2	1 x 30 ml
	Reagenz 3	2 x 25 ml
	Checklösung Eisen (Fe)	1 x 15 ml
	0,02 mg/ml	
	Verdünnungswasser	1 x 90 ml
	Komparatorkarte	1 St.
	Komparator A	1 St.
	Probeglas, 20 ml	2 St.
	Spritze mit Spitze, 1 ml	1 St.

Nachfüllreagenzien und Hilfsmittel:

Art.-Nr.

37461	**Nachfüllpackung für Art. 37421**	
	Inhalt:	
	Reagenz 1	1 x 2 g
	Reagenz 2	1 x 30 ml
	Reagenz 3	2 x 25 ml
37501	**Checklösung Eisen (Fe)**	1 x 15 ml
	0,02 mg/ml	
37439	**Verdünnungswasser**	1 x 90 ml
37438	**Zubehörset**	
	Inhalt:	
	verschiedene Komparatoren	3 St.
	Probeglas, 10 ml	2 St.
	Probeglas, 20 ml	2 St.
	Spritze mit Spitze, 1 ml	1 St.
	Spritze mit Spitze, 5 ml	1 St.
	Kunststoffmeßbecher, 18 und 125 ml	je 1 St.
	Spatel	1 St.

Lagertemperatur < 25 ° C

Abb. 7-1. Ausschnitte aus dem Begleitzettel zur Aquanal®-plus Bestimmung von Ammonium, Art. Nr. 37400 (Riedel-de Haen, Seelze). Wir danken der Firma für die Abdruckgenehmigung des Faltblattes

Methode

Fe (III)-Ionen werden zu Fe (II)-Ionen reduziert. Diese bilden mit 2,4,6-Tri-2-pyridyl-1,3,5-triazin in acetatgepufferter Lösung einen blauen Komplex. Die Intensität der Blaufärbung ist ein Maß für die Konzentration an Fe (II)-/Fe (III)-Ionen im Wasser. Das Absorptionsmaximum liegt bei 590 nm.

Durchführung
Eisen (Fe) 0,02-0,2 mg/l

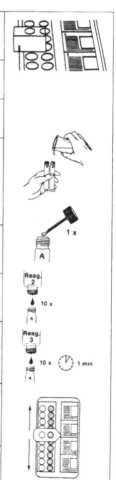

1. Gehäusedeckel abnehmen und umgekehrt auf ebener Fläche plazieren.

2. Komparatorblock an der Seite der Farbskala aufsetzen.

3. Probegläser mit Wasserprobe spülen.

4. Beide Probegläser bis zur oberen Markierung mit Wasserprobe füllen und so in den Komparatorblock einsetzen, daß Glas B auf der blauen Farbreihe plaziert ist.

5. 1 grauen Meßlöffel Reagenz 1 in Probeglas A geben, verschließen und lösen.

6. Probeglas A öffnen, 10 Tropfen Reagenz 2 zugeben, verschließen und mischen.

7. Probeglas A öffnen, 10 Tropfen Reagenz 3 zugeben, verschließen, mischen und genau 1 min. stehenlassen.

8. Probeglas öffnen und in den Komparator stellen. Komparator verschieben bis Farbgleichheit erreicht ist (Draufsicht).

9. Meßwert rechts neben der Farbskala ablesen.

Einfluß von Fremdionen

Die aufgeführten Konzentrationen der Fremdionen (in mg/l),
bzw. der Salze (in %), rufen keine Störung des Tests hervor.

Störionen (mg/l)	< 0,02 mg/l Fe	0,1 mg/l Fe	Störionen (mg/l)	< 0,02 mg/l Fe	0,1 mg/l Fe
Aluminium Al^{3+}	1000	1000	Acetat CH_3COO^-	1000	1000
Barium Ba^{2+}	1000	100	Ammonium NH_4^+	1000	100
Blei Pb^{2+}	1000	10	Borat BO_3^{3-}	1000	1000
Calcium Ca^{2+}	1000	100	Bromid Br^-	1000	1000
Chrom Cr (VI)	1	1	Carbonat CO_3^{2-}	1000	100
Kalium K^+	1000	100	Chlorat ClO_3^-	1000	100
Kobalt Co^{2+}	1	1	Chlorid Cl^-	1000	1000
Kupfer Cu^{2+}	1	1	Citrat	1000	100
Magnesium Mg^{2+}	1000	100	Fluorid F^-	1000	1000
Mangan Mn^{2+}	1000	100	Iodid I^-	1000	1000
Natrium Na^+	1000	100	Nitrat NO_3^-	1000	1000
Nickel Ni^{2+}	10	1	Oxalat	1000	1000
Zink Zn^{2+}	1000	1	Perchlorat ClO_4^-	1000	100
			Peroxodisulfat $S_2O_8^{2-}$	1000	1000
			Phosphat PO_4^{3-}	100	100
			Silicat SiO_3^{2-}	1000	1000
			Sulfat SO_4^{2-}	1000	1000
			Sulfit SO_3^{2-}	1000	1000
			Tartrat	1000	1000
			Thiocyanat SCN^-	1000	1000

Salze (%)	< 0,02 mg/l Fe	0,1 mg/l Fe	
Natriumchlorid	20	20	
Natriumnitrat	20	20	Der Test ist für Meerwasser
Natriumsulfat	20	20	geeignet.
Natriumacetat	20	0	
Natriumtetraborat	5	0	
Komplexbildner (EDTA)	1	0	

$$R\text{-}Cl + NaOH \longrightarrow NaOCl + R\text{-}H$$

$$NH_3 + NaOCl \longrightarrow NH_2Cl + NaOH$$

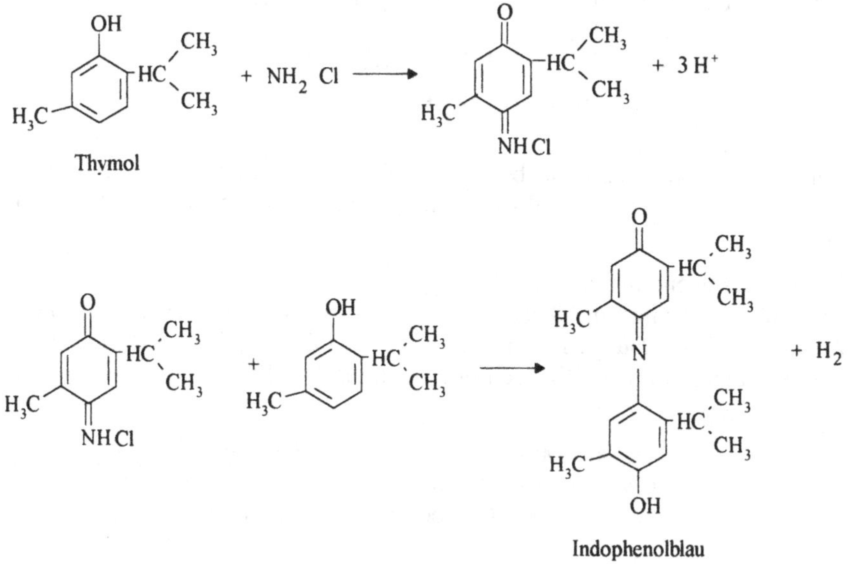

Abb. 7-2. Reaktion zu Indophenolblau

Geringe Mengen von Antimon- und Thiocyanationen können den Nachweis stören. Die Bestimmung ist für Meerwasser nicht geeignet.

Typische Anwendungen:
Ammoniumbestimmung in Trink- und Aquarienwässern, in Fleischwaren und für Bestimmung von Wässern, die mit Beton in Berührung kommen. Weiterhin wird die Ammoniumbestimmung für Proteine, Düngemittel und für Bodenproben verwendet.

Beispiele für Test-Sets:

Merck: 1.08024.0001 Aquamerck® 0,2–5,0 mg/L NH_4^+ (Indophenol)
            1.14750.0001 Microquant® 0,2–8,0 mg/L NH_4^+ (Indophenol)
            1.14400.0001 Aquaquant® 0,05–0,8 mg/L NH_4^+ (Neßler)
            1.16892.0001 Reflectoquant® 0,2 bis 7,0 mg/L NH_4^+
Riedel-de Haen: 37400 Aquanal-plus 0–8,0 mg/L NH_4^+ (Indophenol)

Chlorid
Quecksilberthiocyanat bilden mit Chloridionen unprotolysiertes Quecksilber(II)chlorid. Die freiwerdenden Thiocyanationen reagieren in salpetersaurer Lösung mit Eisen(III)nitrat zu einem roten Farbkomplex (Gl. (7-2) und (7-3)):

$$Hg(SCN)_2 + 2Cl^- \rightarrow HgCl_2 + 2SCN^- \qquad (7\text{-}2)$$

$$3SCN^- + Fe^{3+} \rightarrow Fe(SCN)_3 \quad (rot) \qquad (7\text{-}3)$$

Bei einer anderen Methode bilden die überschüssigen Quecksilber(II)ionen mit Diphenylcarbazon in salpetersaurer Lösung einen blau gefärbten Komplex.

Typische Anwendungen:
Chloridbestimmung in Oberflächen-, Niederschlag- und Trinkwässern, in Ackerböden und Düngemitteln. Im Nahrungsmittelbereich werden Chloridbestimmungen im Muskelfleisch und bei tierischen Futtermitteln verwendet.

Beispiele für Test-Sets:
Merck: 1.14401.0001 Aquaquant® 5,0–300 mg/L Cl⁻
                (Quecksilberthiocyanat)
                1.14753.0001 Microquant® 3,0–300 mg/L Cl⁻
                (Quecksilberthiocyanat)
Riedel-deHaen: 37401 Aquanal plus® 5,0–300 mg/L Cl⁻
                (Quecksilberthiocyanat)

Chrom und Chromat
Chromat- und Dichromationen oxidieren in saurer Lösung Diphenylcarbazid zu Diphenylcarbazon (Enol, Abb. 7-3). Die reduzierten Chromverbindungen ergeben mit Diphenylcarbazon eine rotviolette Komplexverbindung. Chromionen können vor dem Test mit Hilfe von Kaliumperoxidisulfat bei pH 5 zu

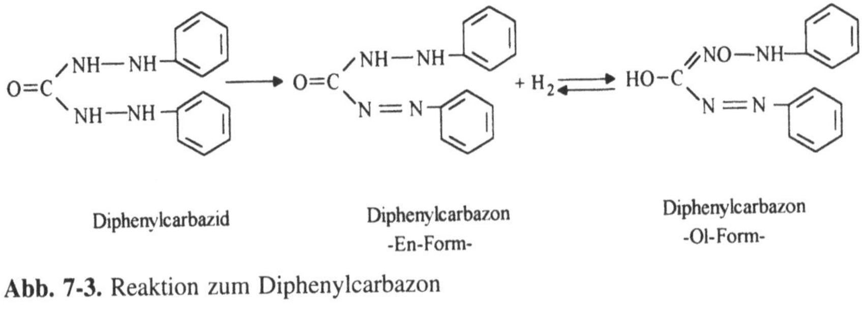

Diphenylcarbazid   Diphenylcarbazon   Diphenylcarbazon
                        -En-Form-   -Ol-Form-

Abb. 7-3. Reaktion zum Diphenylcarbazon

Chromationen oxidiert werden. Danach muß mit Schwefelsäure ein pH-Wert von 1 eingestellt werden. Bereits in kleinen Mengen können Quecksilber-, Nitrit- und Manganionen störend wirken.

Typische Anwendungen:
Chrombestimmungen in Korrosionsschutzmitteln, in Abwässern und in Trink-, Grund- und Oberflächenwässern. Daneben werden Chrombestimmungen sehr häufig in der Stahlindustrie, in der keramischen Industrie und in der Lederindustrie durchgeführt.

Beispiele für Test-Sets:
Merck: 1.14756.0001 Microquant® 0,1–10 mg/L Cr^{3+}
              (Diphenylcarbazid)
              1.14402.0001 Aquaquant® 0,005–0,1 mg/L Cr^{3+}
              (Diphenylcarbazid)
              1.16988.0001 Reflectoquant® 1,0–45 mg/L Chromat
Riedel-de Haen: 37402 Aquanal-plus® 0,005–0,1 mg/L (Diphenylcarbazid)

Cyanid

Cyanidionen werden mit Chlor zu Chlorcyan umgesetzt. Durch Addition an einen Pyridinring lagert sich das Chlorcyan an. Mit Hilfe von Wasser entsteht dann Glutacondialdehyd, der mit 2 mol 1,3-Dimethylbarbitursäure, Wasserabspaltung und tautomerer Umbildung einen violetten Polymethinfarbstoff bildet (König-Reaktion). Das Absorptionsmaximum liegt bei $\lambda = 585$ nm. Geringe Mengen an Thiocyanationen können die Bestimmung stören.

Typische Anwendungen:
Bestimmungen von Cyaniden werden in Abwässern und Abfallprodukten der galvanischen Chemie durchgeführt.

Beispiele für Test-Sets:
Merck: 1.14798.0001 Microquant® 0,03–5,0 mg/L CN^-
              (König-Reaktion)
              1.14429.0001 Aquaquant® 0,03–0,7 mg/L CN^-
              (König-Reaktion)
Riedel-de Haen: 37403 Aquanal-plus® 0,03–0,7 mg/L CN^-
              (König-Reaktion)

Eisen

Eisen(II)ionen reagieren mit 2,2'-Bipyridin unter Bildung eines roten Farbkomplexes (Abb. 7-4), dessen Maximum bei $\lambda = 534$ nm liegt. Eisen(III)salze werden durch den Test nicht erfaßt, sie müssen vor der Bestimmung mit

11

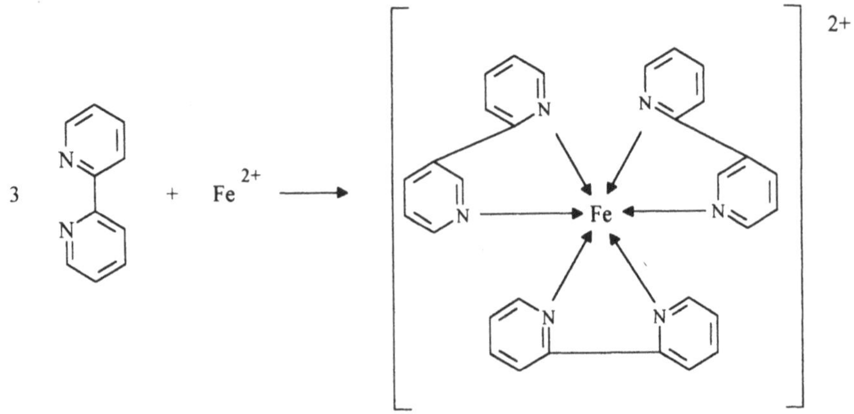

Abb. 7-4. Entstehung eines Eisenfarbkomplexes mit 2,2'-Bipyridin

Natriumsulfitlösung in schwefelsaurer Lösung oder mit Ascorbinsäure reduziert werden. Stark saure Lösungen mit einem pH-Wert von unter 1 werden mit Natriumacetat gepuffert.

Bei einer anderen Methode wird durch Zugabe von 1,10-Phenanthrolin ein orangeroter Farbkomplex erzeugt, dessen Maximum bei $\lambda = 510$ nm liegt. Dieser Test ist auch für Meerwasser geeignet.

Wässrig gelöste Eisen(III)ionen bilden oberhalb von pH 4 mit der Zeit eine Suspension von Hydroxid und Oxihydroxid. Durch genügend starkes Ansäuern ist dieser Effekt zu verhindern.

Typische Anwendungen:
Eisenbestimmungen in Oberflächen-, Trink- und Grundwässern, im Schwimmbadwasser, in Hydrokulturdüngelösungen, in Textilmaterialien, in Lebensmitteln und in Getränken.

Beispiele für Test-Sets:
Merck: 1.11136.0001 Aquamerck® 0,1–50 mg/L Fe^{3+} (2,2'-Bipyridin)
          1.14759.0001 Microquant® 0,1–5,0 mg/L Fe^{3+} (Ferrospektral)
          1.14403.0001 Aquaquant® 0,01–0,2 mg/L Fe^{3+} (Ferrospektral)
          1.16982.0001 Reflectoquant® 0,5–20 mg/L Fe^{3+}
Riedel-de Haen: 37404 Aquanal-plus 0,2–15 mg/L Fe^{3+} (Phenanthrolin)
                 37421 Aquanal-plus 0,02–0,2 mg/L Fe^{3+} (Triazin)

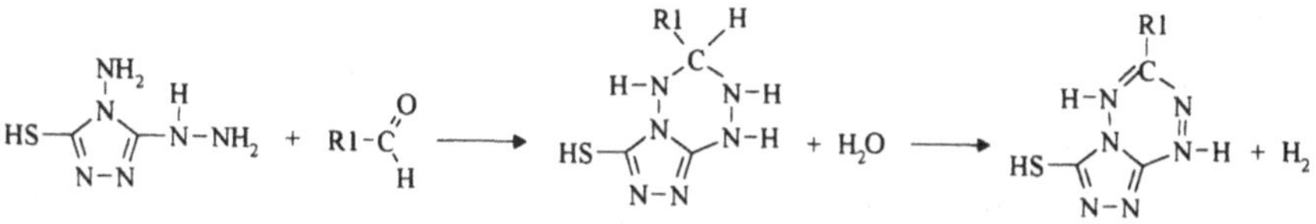

Abb. 7-5. Aldehydreaktion mit 4-Amino-3-hydrazino-5-mercapto-1,2,3-triazol

Formaldehyd

Aldehyde reagieren mit 4-Amino-3-hydrazino-5-mercapto-1,2,3-triazol und an der Luft zu 6-Mercapto-5-triazol(4,3)-s-tetrazin (Abb. 7-5). Bei der Reaktion stören sehr starke Oxidations- und Reduktionsmittel und müssen vorher entfernt werden. Ketone, Ester, Amide und Ameisensäure stören dagegen die Reaktion nicht.

Beispiel für Test-Sets:

Merck: 1.08028.0001 Aquamerck® 0,1–1,5 mg/L HCHO (Triazol)

Kobalt

Kobalt(II)ionen und Thiocyanationen bilden in Gegenwart eines hochmolekularen Ethers eine intensiv blaue Färbung. Im pH-Bereich 1 bis 7 ist die Nachweisgenauigkeit unabhängig vom pH-Wert.

Typische Anwendungen:

Bei der Überprüfung von Abwässern, keramischen Gläsern und galvanischen Bädern wird häufig eine Kobaltquantifizierung durchgeführt.

Beispiel für Test-Sets:

Merck: 10002 Teststäbchen 0–1000 mg/L Co^{2+} (Thiocyanat)

Kupfer

Kupfer(II)ionen werden im alkalischen Medium mit Tartrationen zu einem Diamincuprat übergeführt. Diese reagieren mit Oxalsäurebiscyclohyliden-hydrazid (Cuprizon) zu einem blauen Farbkomplex (Abb. 7-6). Der pH-Wert der Reaktion muß zwischen pH 7,8 bis 8,2 liegen und mit einem Citratpuffer eingestellt werden. Das Maximum liegt bei $\lambda = 595$ nm. Der Farbkomplex ist nach fünf Minuten voll entwickelt und bleibt etwa 15 Minuten stabil. In geringen Mengen können Quecksilber-, Chrom- und Kobaltionen stören.

Typische Anwendungen:

Bestimmung von Kupfer in Oberflächen- und Trinkwässern, in Futtermischungen, in Fischgewässern, in Algenbekämpfungsmitteln und in Legierungen.

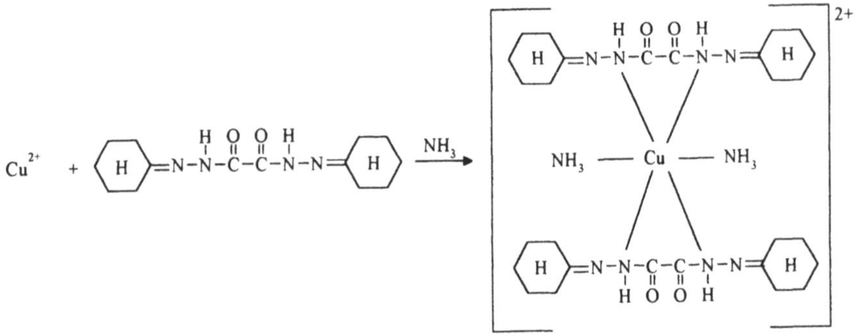

Abb. 7-6. Reaktion von Kupferionen mit Cuprizon

Beispiele für Test-Sets:
Merck: 1.14765.0001 Microquant® 0,3–5,0 mg/L Cu^{2+} (Cuprizon)
                 1.14414.0001 Aquaquant® 0,05–0,5 mg/L Cu^{2+} (Cuprizon)
                 1.16984.0001 Reflectoquant® 5,0–200 mg/L Cu^{2+}
Riedel-de Haen: 37424 Aquanal-plus® 0 bis 4,5 mg/L Cu^{2+} (Cuprizon)

Magnesium
Magnesium und Titangelb bilden im wässrig-organischen Medium beim pH-Wert 11,8 einen orangeroten Farbkomplex (Abb. 7-7). Das Absorptionsmaximum liegt bei einer Wellenlänge von $\lambda = 525$ nm. Die Farbintensität fällt kontinuierlich mit der Zeit ab, daher müssen alle Messungen mit einer definierten Standzeit durchgeführt werden. Bereits geringe Mengen an Bismut-, Chrom-, Antimon- und Titanionen können stören und sollten vorher abgetrennt werden.

Typische Anwendungen:
Magnesiumbestimmung in Oberflächen- und Trinkwässern sowie in Düngelösungen.

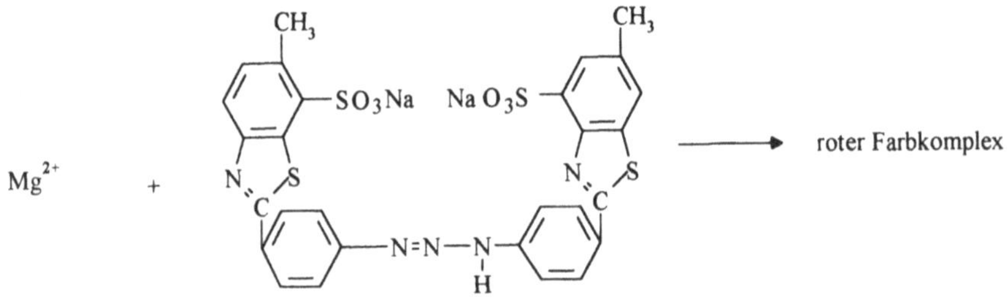

Abb. 7-7. Reaktion von Magnesiumionen mit Titangelb

Beispiele für Test-Sets:
Merck: 1.1113.001 Aquamerck® 100–1500 mg/L Mg^{2+}
                (Xylidylblau)
Riedel-de Haen: 37426 Aquanal-plus® 100–1500 mg/L Mg^{2+} (Titangelb)

Mangan

Mangan(II)ionen werden in Gegenwart von Luftsauerstoff oxidiert. Im pH-Bereich von 9,5 bis 10,5 bilden sie mit Formaldoxim eine braune Komplexverbindung (Gl. (7-4)). Das Absorptionsmaxium liegt bei $\lambda = 445$ nm. Nach 5 Minuten ist die Endfärbung der Reaktion erreicht. Geringe Mengen an Chrom-, Kobalt-, Nickel- und Eisenionen können die Analyse stören und sollten vorher abgetrennt werden. Die Bestimmung ist nicht für Meerwasser geeignet.

$$Mn^{4+} + 6\,H_2C = N - OH \rightarrow [Mn(H_2C = N - OH)_6]^{2-} + 6H^+$$

(7-4)

Typische Anwendungen:
Manganbestimmung in Oberflächen-, Grund- und Trinkwässern sowie in Erzen und Legierungen.

Beispiele für Test-Sets:
Merck: 1.14768.0001 Mikroquant® 0,3–10 mg/L Mn^{2+}
                (Formaldoxim)
                1.14406.0001 Aquaquant® 0,03–0,5 mg/L Mn^{2+}
                (Formaldoxim)
                1.16991.0001 Reflectoquant® 0,5–45 mg/L Mn^{2+}
Riedel-de Haen: 37406 Aquanal-plus® 0,03–0,5 mg/L Mn^{2+} (Formaldoxim)

Nickel

Nickel(II)ionen werden mit einem Oxidationsmittel (z. B. Iod) versetzt. Mit Diacetyldioxim (Dimethylglyoxim) ergeben sie im alkalischen Medium einen roten Farbkomplex (Gl. (7-5)). Durch die Alkalisierung auf pH 11,5 wird das braune Iod entfärbt. Das Absorptionsmaximum liegt bei $\lambda = 445$ nm. Die Farbentwicklung ist nach fünf Minuten abgeschlossen. Chrom, Kupfer, Eisen und Mangan stören den Nachweis bereits in geringen Mengen.

$$Ni^{2+} + 2 \quad \begin{matrix} H_3C-C=N-OH \\ | \\ H_3C-C=N-OH \end{matrix} \longrightarrow \begin{matrix} H_3C-C=N-O \\ | \\ H_3C-C=N-OH \end{matrix} \diagdown [Ni] \diagup \begin{matrix} HO-N=C-CH_3 \\ | \\ O-N=C-CH_3 \end{matrix} + H_2$$

(7-5)

Typische Anwendungen:
Nickelbestimmung im Oberflächen-, Trink-, Kessel- und Grundwässern sowie in Legierungen.

Beispiele für Test-Sets:
Merck: 1.14783.0001 Microquant ® 0,5–10 mg/L Ni^{2+}
                (Dimethylglyoxim)
                1.14420.0001 Aquaquant® 0,02–0,5 mg/L Ni^{2+}
                (Dimethylglyoxim)
                1.16985.0001 Reflectoquant® 10–200 mg/L Ni^{2+}
Riedel-de Haen: 37447 Aquanal-plus® 0,02–0,5 mg/L Ni^{2+}
                (Dimethylglyoxim)

Nitrat
Nitrat wird mit einem geeigneten Reduktionsmittel zu Nitrit reduziert. Das entstandene Nitrit diazotiert in saurer Lösung Sulfanilsäure zu 4-Diazobenzolsulfonsäure. Diese kuppelt mit 2,5-Dihydroxybenzoesäure zu einem orangefarbenen Farbstoff (Abb. 7-8).
Das Maximum des Farbstoffes liegt bei $\lambda = 480$ nm. Die Farbstabilität ist nach 5 Minuten erreicht. Chrom-, Eisen- und Wismutionen stören bereits in geringen Mengen.

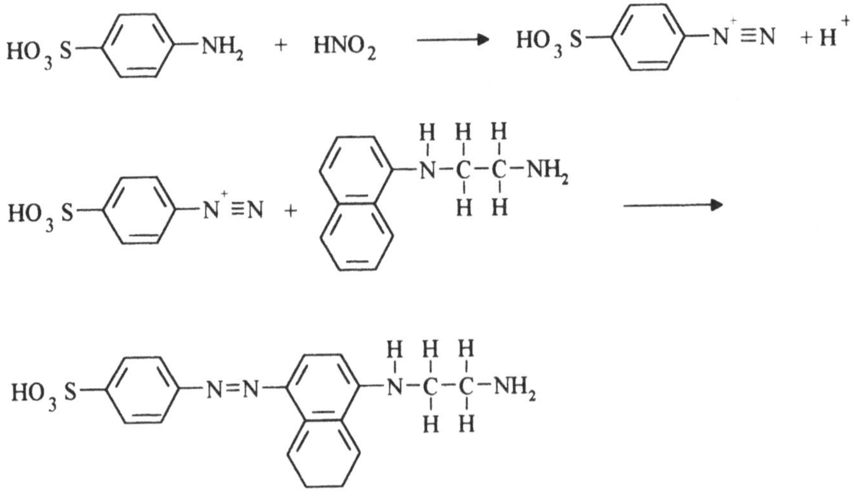

Abb. 7-8. Roter Diazofarbstoff beim Nitrit/Nitratnachweis

Typische Anwendungen:
Nitratbestimmung in Oberflächen-, Grund-, Trink-, Regen- und Schwimm-badwässern sowie in Böden und in Agrarprodukten.

Beispiel für Test-Sets:

Merck: 1.11170.0001 Aquamerck® 10–150 mg/L NO_3^-
(Gentisinsäure)
1.14771.0001 Mikroquant® 5,0–90 mg/L NO_3^-
(Nitrospectral)
1.16995.000 Reflectoquant® 3,0–90 mg/L NO_3^-

Riedel-de Haen: 37408 Aquanal-plus® 5,0–140 mg/L NO_3^- (Diazotierung)
37409 Aquanal-plus® 1,0–50 mg/L NO_3^- (Diazotierung)

Nitrit

Durch Diazotierung des Nitrits mit einem aromatischen Amin in Gegenwart eines sauren Puffers und anschließender Kupplung mit Naphthylethylenamin erhält man einen roten Azofarbstoff (Reaktion nach Grieß/Ilosvay). Die Farbentwicklung ist nach 10 Minuten abgeschlossen, bei $\lambda = 525$ nm wird das Extinktionsmaximum gefunden. Bereits geringe Mengen an Eisen-, Chrom-, Kobalt-, Kupfer- und Vanadiumionen können den Nachweis stören. Der Test ist auch für Meerwasser geeignet.

Typische Anwendungen:
Nitratbestimmung im Abwasser, in der Galvanik, in Lebensmitteln und in der Korrosionsschutztechnik.

Beispiele für Test-Sets:

Merck: 1.14774.0001 Microquant ® 0,1–10 mg/L NO_2^-
(Naphthylethylendiamin)
1.14424.0001 Aquaquant® 0,1–2,0 mg/L NO_2^-
(Naphthylethylendiamin)
1.11118.0001 Aquamerck® 0,05–1 mg/L NO_2^-
(Naphthylethylendiamin)
1.14408.0001 Aquaquant® 0,005–0,1 mg/L NO_2^-
(Naphthylethylendiamin)
1.16973.0001 Reflectoquant® 0,5–25 mg/L NO_2^-

Riedel-de Haen: 37410 Aquanal® 0,005–0,1 mg/L NO_2^-
(Naphthylethylendiamin)

Phosphor und Phosphat

Orthophosphationen reagieren mit Ammoniumvanadat und Ammoniumhep-tamolybdat (VM-Reagenz) in schwefelsaurer Lösung zu einem orangeroten

Komplex von Molybdovanadatphosphorsäure. Das Absorptionsmaximum liegt bei $\lambda = 345$ nm, meistens wird jedoch bei $\lambda = 400$ nm gemessen. Der Farbkomplex ist sofort nach Reagenzzugabe voll entwickelt. Nach 100 Minuten nimmt die Farbintensität langsam zu. Der Nachweis kann bereits durch geringe Menge an Barium- und Chromionen gestört werden. Es muß besonders darauf hingewiesen werden, daß nur Orthophosphat mit dem Nachweis nachgewiesen werden kann. Polyphosphate (z. B. in Waschmittelzusätzen) können nach langer Kochzeit mit Schwefelsäure, $w(H_2SO_4) = 25\%$, und einer Natriumnitritlösung $w(NaNO_2) = 0,5\%$ hydrolysiert werden.

Typische Anwendungen:
Phosphatbestimmungen in Trink-, Oberflächen und Grundwässern, in der Lebensmittelindustrie, in Böden, in Düngemitteln und im Korrosionsschutz.

Beispiele für Test-Sets:
Merck: 1.11138.0001 Aquamerck® 1,0–10 mg/L P_2O_5
                 (Phosphormolybdänblau)
                 1.14840.0001 Microquant® 1,5–100 mg/L P
                 (Vanadat-Molybdat)
                 1.14449.0001 Aquaquant® 1,0–40 mg/L P
                 (Vanadat-Molybdat)
                 1.16978.0001 Reflectoquant® 5,0–120 mg/L PO_4^{3-}
Riedel-de Haen: 37423 Aquanal-plus® 3,0–120 mg/L PO_4^{3-}
                 (Vanadat-Molybdat)
                 37411 Aquanal-plus® 0,02–0,4 mg/L PO_4^{3-}
                 (Vanadat-Molybdat)

Phenol

Im alkalischen Medium reagiert Phenol nach einer Oxidation mit Aminoantipyrin zu einem rosaroten Farbstoff. Das Absorptionsmaximum liegt bei $\lambda = 500$ nm. Der Nachweis kann bereits durch geringe Mengen an Chrom-, Eisen-, Kobalt- und Manganionen gestört werden. Der Nachweis eignet sich nicht für Meerwasser.

Beispiel für Test-Sets:
Riedel-de Haen: 37427 Aquanal-plus® 0,1–3,0 mg/L Phenole
                (Aminoantipyrin)

Sauerstoff

Zur Bestimmung von gelöstem Sauerstoff werden Mangan(II)ionen durch den Sauerstoff zu Mangan(VII)ionen oxidiert. Diese bilden im schwefelsauren Medium einen rosaroten Farbkomplex von Permanganationen. Das Absorptionsmaximum liegt bei $\lambda = 490$ nm. Bereits geringe Mengen eines Reduktionsmittels oder eines Komplexbildners (z. B. EDTA) stören den Nachweis. Der Test ist für Meerwasser nicht geeignet.

Typische Anwendungen:
Sauerstoffbestimmung in Oberflächen-, Grund- und Trinkwässern.

Beispiele für Test-Sets:
Merck: 1.14662.0001 Aquamerck® 1,0–12 mg/L O_2
(Winkler-Reaktion)
Riedel-de Haen: 37428 Aquanal-plus® 1,0–12 mg/L O_2 (Winkler-Reaktion)

Sulfat

Zur Bestimmung von Sulfationen bilden diese mit Bariumchloranilat unlösliches Bariumsulfat und rotviolettes Chloranilat. Das Absorptionsmaximum liegt bei $\lambda = 530$ nm. Bereits geringe Mengen von Aluminium- und Chromionen können die Bestimmung stören. Der Test ist für Meerwasser nicht geeignet.

Ein anderer Test nutzt die Bildung eines braunroten Farbkomplexes bei der Reaktion von Sulfationen mit Bariumiodat und Tannin aus (Gl. 7-6). Im sichtbaren Bereich entsteht kein Extinktionsmaximum, meistens wird bei $\lambda = 515$ nm gemessen.

$$SO_4^{2-} + Ba(IO_3) \rightarrow BaSO_4 + 2\,IO_3^- \tag{7-6}$$

Typische Anwendungen:
Sulfatbestimmungen in Trink-, Oberflächen- und Grundwässern sowie in Wässern, die mit Beton in Berührung kommen.

Beispiele für Test-Sets:
Merck: 1.14411.0001 Aquaquant® 25–300 mg/L SO_4^{2-} (Iodat/Tannin)
Riedel-de Haen: 37429 Aquanal-plus® 50–330 mg/L SO_4^{2-}
(Bariumchloranilat)

Sulfit

Sulfitionen bilden im sauren Medium mit N,N-Dimethyl-1,4-Phenylendiammoniumdichlorid (N,N-DMPDA·HCl) in Gegenwart von Eisen(III)ionen einen intensiven blauen Farbkomplex. Das Absorptionsmaximum liegt bei $\lambda = 665$ nm. Bereits geringe Mengen an Barium-, Blei-, Chrom-, Kobalt-, Kupfer- und Nickelionen können den Nachweis stören. Der Test ist für Meerwasser nicht geeignet.

Typische Anwendungen:
Sulfitbestimmung in Kesselwässern, in Weinen und in der Luft.

Beispiele für Test-Sets:

Merck: 1.11148.0001 Aquamerck® 0,5–50 mg/L Na$_2$SO$_3$
                  (Iodat-Stärke)
                  1.16987.0001 Reflektoquant® 10–200 mg/L SO$_3^{2-}$
Riedel-de Haen: 37430 Aquanal-plus® 0,03–0,8 mg/L SO$_3^{2-}$
                  (N,N-DMPDA·HCl)

Zink

Zinkionen bilden nach dem Ansäuern mit Schwefelsäure auf pH 1 mit Thiosulfationen und Brilliantgrün einen blaugrünen Farbkomplex (Gl. (7-7)), während eine auf die gleiche Weise hergestellte Blindprobe gelbgrün ist. Das Absorptionsmaximum liegt bei $\lambda = 680$ nm. Bereits geringe Mengen an Eisen(II)-, Chrom- und Sulfitionen stören den Nachweis. Der Test ist für Meerwasser nicht geeignet.

$$Zn^{2+} + 4\,SCN^- + Brilliantgrün \rightarrow Zn(SCN^-)_4 \leftrightarrow Brilliantgrün$$

(7-7)

Typische Anwendungen:
Zinkbestimmung in Trink-, Oberflächen- und Grundwässern.

Beispiele für Test-Sets:

Merck: 1.14412.0001 Aquamerck® 0,1–5,0 mg/L Zn^{2+}
                  (Thiocyanat/Brilliantgrün)
                  1.14780.0001 Microquant® 0,1–5,0 mg/L Zn^{2+}
                  (Thiocyanat/Brilliantgrün)
Riedel-deHaen: 37413 Aquanal-plus® 0,1–5,0 mg/L Zn^{2+}
                  (Thiocyanat/Brilliantgrün)

7.1   Literatur

[1] Handbuch Merck AG, Darmstadt 1986
[2] Aquanal®-Ökotest (1992) Wasserlabor, Riedel-de Haen AG, Seelze

8 Bewertung von Kalibriergeraden

Die Quantifizierung mit Hilfe der UV/VIS-Spektroskopie bedarf gewöhnlich einer Kalibrierung, um aus der gemessenen Extinktion (y-Wert) der Probe den Konzentrationswert (x-Wert) zu berechnen. Man nennt solche Verfahren auch „indirekte Verfahren". Bei den direkten Verfahren kann z. B. aus dem Verbrauch bei einer Titration durch eine Berechnung die gewünschte Konzentration direkt erhalten werden, ohne daß eine vorher aufgestellte Kalibrierabhängigkeit bekannt sein muß.

Die Kalibrierung wird so durchgeführt, daß mehrere Kalibrierlösungen (Standards) nach allgemein gültigen Verfahren hergestellt werden und sodann von allen Kalibrierlösungen unter gleichen Bedingungen die Extinktion bestimmt wird. Die durch die Messung erhaltene Meßgröße Extinktion wird als „abhängige Größe y" der Konzentration als „unabhängige Größe x" gegenübergestellt. Der Anwender muß nun versuchen, ein gültiges mathematisches Modell für die Abhängigkeit der beiden Größen zu entwickeln, um die Gültigkeitsgrenzen des Modells zu beschreiben. Als Ergebnis erhält man eine mathematische Kalibrierfunktion. Dabei ist, falls möglich, immer eine lineare Abhängigkeit (im x-y-Diagramm als „Gerade" oder als „gerade Kennlinie" zu erkennen) anzustreben.

Die „Linearität" ist ein Maß für die Güte, mit der rechnerisch eine durch einen Versuch gefundene Abhängigkeit zwischen der Extinktion und der Konzentration durch eine gerade Kennlinie angenähert werden kann. Eine lineare Abhängkeit stellt jedoch keine unmittelbare Forderung für die Bestimmungsmethode dar [1].

Ein einfaches mathematisches Modell zur Ermittlung der Kalibrierfunktion und zur Beschreibung der Leistungsfähigkeit der Strategie ist die sogenannte Regressionsanalyse. Manche Quantifizierungen können durch eine *lineare* Abhängigkeit nicht akzeptabel beschrieben werden. Dann ist ein Regressionsmodell höheren Grades, z. B. quadratischer Art, aufzustellen und zu prüfen, ob dadurch gegenüber der linearen Regression ein signifikant besseres Ergebnis erzielt wird. Durch Einengung des Arbeitsbereiches oder durch andere, wissenschaftlich akzeptable Methoden kann man jedoch vielfach erreichen, daß schließlich doch noch eine lineare Kalibrierung akzeptabel wird. Nichtlineare Regressionen erfordern einen deutlich höheren Rechenaufwand.

Die Vorgehensweise zur Festlegung der geeigneten Kalibrierstrategie und des geeigneten mathematischen Modells ist:

1. Die *Varianzhomogenität* von Signalen, die die verdünnteste und die konzentrierteste Kalibrierlösung ergeben, werden überprüft und zwar mit Hilfe des F-Tests (Abschnitt 8.1).
2. Ist die Varianzhomogenität nicht akzeptabel, kann versucht werden, den Arbeitsbereich einzuengen. Danach schließt sich eine erneute Varianzhomogenitätsuntersuchung an. Erreicht man die Varianzhomogenität auch unter diesen Bedingungen nicht, wurde eventuell das falsche analytische oder mathematische Verfahren gewählt.
3. Alle Kalibrierlösungen *und* die Probenlösung werden hergestellt, anschließend folgt die Messung aller Lösungen unter den gleichen Bedingungen mit immer dem gleichen Analysenverfahren.
4. Bei nachgewiesener Varianzhomogenität wird die Abhängigkeit der Meßgröße von der Konzentration zuerst über den linearen Ansatz untersucht (*lineare Regression*). Es werden folgende Kenngrößen berechnet (Abschnitt 8.2):

- Steigung der Geraden m
- Ordinatenabschnitt b
- Geradengleichung $y = m \cdot x + b$
- Reststandardabweichung s_y
- absolute Verfahrensstandardabweichung s_{xo}
- relative Verfahrensstandardabweichung V_{xo}

5. Von den gleichen Meßdaten wird eine Untersuchung über einen quadratischen Ansatz (*nichtlineare Regression*) vorgenommen. Dabei werden dieselben Kenngrößen wie unter 4. ermittelt, diesmal jedoch unter nichtlinearen Bedingungen. Zusätzlich wird das quadratische Glied n in der Gleichung $y = n \cdot x^2 + m \cdot x + b$ ermittelt. In Abschnitt 8.4 wird diese nichtlineare Regression durchgeführt.
6. Mit Hilfe des sog. *Mandel-Tests* wird überprüft, ob das quadratische Verfahren zu signifikant besseren Ergebnissen führt (Abschnitt 8.5).
7. Stellt sich heraus, daß das *nichtlineare* Modell das leistungsfähigere Modell ist, sollte versucht werden, durch Einengung des Arbeitsbereiches eine lineare Strategie durchzusetzen (Abschnitt 8.6). Manchmal erreicht man auch durch Logarithmieren der Signalwerte eine verbesserte Linearität.

8. Der nächste Schritt ist die Berechnung der Probenkonzentration mit dem akzeptierten Berechnungsmodell und die Berechnung des dazugehörigen Vertrauensbereiches (Abschnitt 8.7).
9. Es schließt sich eine Untersuchung an, ob ein Wertepaar aus der Datenreihe ausreißt. Es wird der Ausreißertest nach Huber für Kalibriergeraden vorgeschlagen (Abschnitt 8.8).
10. Ergänzend kann der Korrelationskoeffizient r (oder das Bestimmtheitsmaß r^2) berechnet werden (Abschnitt 8.3).

Das folgende Beispiel soll die gesamte statistische Vorgehensweise aufzeigen.

Bei der UV-spektroskopischen Bestimmung von Acetylsalicylsäure (ASS) wird die Extinktion in Abhängigkeit von der Konzentration gemessen. Es sollen sieben equidistante Kalibrierlösungen im Gehalt von 1,0 bis 3,0 mg/L (Arbeitsbereich 1,0 bis 3,0 mg/L) hergestellt und deren Extinktionen gemessen werden. Auf Varianzhomogenität ist zu prüfen. Die Auswahl des optimalen Regressionsverfahren (linear oder quadratisch) soll mit dem „Mandel-Anpassungstest" [2] vorgenommen werden.

8.1 Überprüfung der Varianzhomogenität

Zur Überprüfung der Varianzhomogenität [2] werden von zehn *unabhängig* voneinander hergestellten Lösungen mit der niedrigsten Konzentration (1,0 mg/L) und von zehn *unabhängig* voneinander hergestellten Lösungen mit der höchsten Konzentration (3,0 mg/L) die Extinktionen gemessen. Die erhaltenen Extinktionswerte für eine Meßreihe werden voraussichtlich normalverteilt um einen Mittelwert streuen. Das Maß für die Streuung ist die Varianz. Ein Kalibriersystem besitzt dann Varianzhomogenität, wenn die Signalstreuung der höherkonzentrierten Lösungen nicht signifikant größer oder kleiner ist als die Signalstreuung der niedrigkonzentrierten Lösungen (Abb. 8-1).

Beide Streuungen, ausgedrückt über die Varianz, werden über den sogenannten Varianzen-F-Test abgeglichen [2]. Damit wird überprüft, ob der Varianzunterschied *zufällig* oder *signifikant* ist. Ist er zufällig, kann die Varianzhomogenität angenommen werden.

Für die Berechnung der Prüfgröße für den F-Test wird mit Hilfe von Gl. (8-1) von jeder Datenreihe die Varianz s^2 berechnet:

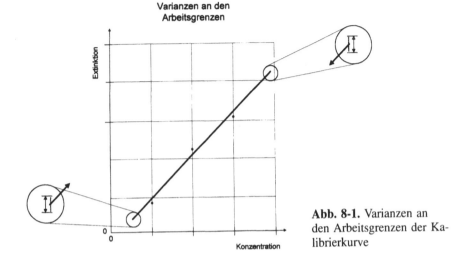

Abb. 8-1. Varianzen an den Arbeitsgrenzen der Kalibrierkurve

$$s^2 = \frac{\Sigma(x_i - \bar{x})^2}{N - 1} \qquad (8\text{-}1)$$

In Gl. (8-1) bedeutet:

s^2 Varianz
x_i jeder Einzelwert (Extinktion)
$\bar{x}$ Mittelwert aller Einzelwerte
N Anzahl der Messungen

Zunächst wird von der Datenreihe der Extinktionsmittelwert $\bar{x}$ berechnet. Jeder Einzelwert x_i wird vom Mittelwert $\bar{x}$ subtrahiert und die erhaltene Differenz quadriert. Alle Differenzenquadrate werden aufsummiert und durch die Anzahl der Meßwerte N, vermindert um 1, dividiert.

Man erhält für jede Meßreihe die Varianz. Dann werden beide Varianzen so dividiert, daß die größere Varianz im Zähler steht. Der Quotient der beiden Varianzen, die sogenannte Prüfgröße PG, ist somit entweder 1,00 (bei Varianzengleichheit) oder größer als 1,00.

Die Prüfgröße PG wird mit einem Tabellenwert aus der 99%-F-Tabelle (Abschnitt 12.1) verglichen. Der abzulesende Wert aus der F-Tabelle ist von den beiden Freiheitsgraden f_1 und f_2 abhängig, die sich mit Gl. (8-2) berechnen lassen:

$$f_1 = N_1 - 1 \quad \text{bzw.} \quad f_2 = N_2 - 1 \tag{8-2}$$

Der Freiheitsgrad f beschreibt die Anzahl der Wiederholungsmessungen in einer Datenreihe. Bei z. B. Zehnfachmessungen einer identischen Probe für die Aufstellung einer Datenreihe wird *eine* Bestimmung als Basismessung bezeichnet, anschließend werden $f = 10 - 1 = 9$ Wiederholungen der Basismessung notwendig. Bei jeweils zehn Messungen zur Varianzhomogenität muß der F-Wert aus der 99%-Tabelle mit den beiden Freiheitsgraden $f_1 = 9$ und $f_2 = 9$ entnommen werden, er beträgt dann 5,35.

Ist der Varianzenquotient, die Prüfgröße *PG, größer* als der entnommene 99%-F-Wert aus der Tabelle, kann davon ausgegangen werden, daß der Varianzenunterschied nicht mehr zufällig, sondern signifikant ist. Nur zufällige Varianzenunterschiede sind für die Kalibrierstrategie akzeptabel. Ist dies nicht der Fall, streut eine der beiden Meßreihen signifikant stärker als die andere.

Sind die Varianzenunterschiede signifikant unterschiedlich, sollte überprüft werden, ob die Varianz am unteren oder oberen Arbeitsbereichsende größer ist. Nach oben ist meistens die Gültigkeit einer Messung durch einen Grenzwert beschränkt, der vielleicht bereits überschritten ist. Nach unten wird die erhöhte Streuung der Signale u. a. durch das sogenannte „Geräterauschen" bedingt. Darunter sind alle Störungen zu verstehen, die hauptsächlich durch elektronische Einflüsse auf das Meßsystem im Spektralfotometer erfolgen. Nach der Einschränkung oder Veränderung des Arbeitsbereiches ist noch einmal auf Varianzhomogenität zu überprüfen.

Zur Untersuchung der Varianzhomogenität in unserem Beispiel wurden die in Tabelle 8-1 aufgeführten Werte gefunden:

Tabelle 8-1. Gefundene Werte der Acetylsalicylsäure (ASS)-Bestimmung

Nummer	Lösungen mit $\beta(\text{ASS}) = 1{,}0$ mg/L	Lösungen mit $\beta(\text{ASS}) = 3{,}0$ mg/L
1	0,241	0,941
2	0,239	0,931
3	0,239	0,933
4	0,244	0,927
5	0,240	0,942
6	0,237	0,952
7	0,239	0,944
8	0,244	0,931
9	0,241	0,929
10	0,237	0,920

Die Berechnung der Varianzen erfolgt mit Gl. (8-3)

$$s^2 = \frac{\Sigma(y_i - \bar{y})^2}{N - 1} \tag{8-3}$$

In Gl. (8-3) bedeutet:

s^2 Varianz der Extinktionswerte
y_i Extinktionswerte der Lösungen 1 bis 10
$\bar{y}$ Mittelwert der Extinktionen
N Anzahl der Meßwerte (10)

Dazu wird gemäß Gl. (8-3) von jedem Wert die Differenz zum Mittelwert der Extinktionen berechnet und diese quadriert. Die Quadrate werden addiert und durch die Anzahl der Meßwerte, vermindert um 1, dividiert (Tabelle 8-2).

$$s_1^2 = \frac{0,0000549}{10 - 1} = 0,0000016 \tag{8-4}$$

$$s_2^2 = \frac{0,000816}{10 - 1} = 0,0000907 \tag{8-5}$$

Für die Lösungen mit 1 mg/L ASS wird nach Gl. (8-3) eine Varianz von $s_1^2 = 0,0000061$, für die Lösungen mit 3 mg/L wird eine Varianz von $s_2^2 = 0,0000907$ berechnet (Gl. (8-4) und Gl. (8-5)).
Aus den Varianzen berechnet sich die Prüfgröße nach Gl. (8-6):

$$PG = \frac{s_2^2}{s_1^2} \quad (s_2^2 > s_1^2, PG \geq 1) \tag{8-6}$$

Setzt man die Zahlenwerte so in Gl. (8-6) ein, daß sich die größere Varianz im Zähler befindet, erhält man Gl. (8-7):

$$PG = \frac{0,0000907}{0,0000061} = 14,87 \tag{8-7}$$

Der Wert aus der 99%-F-Tabelle (siehe Abschnitt 12.1) ist mit $F(f_1, f_2; P = 99\%)$ zu entnehmen und mit der Prüfgröße PG zu vergleichen. Der 99%-F-Wert beträgt im betreffenden Fall $F(9,9; 99\%) = 5,35$. Da die Prüfgrö-

Tabelle 8-2. Meßreihe 1 und Meßreihe 2

Meßreihe 1 (untere Grenze) β(ASS) = 1,0 mg/L

Nummer	Extinktion: x_i	Mittelwert: $\bar{x}$	Differenz des Einzelwertes zum Mittelwert: $(x_i - \bar{x})$	Quadrat der Differenz: $(x_i - \bar{x})^2$
1	0,241	0,2401	+0,0009	0,00000081
2	0,239	0,2401	−0,0011	0,00000121
3	0,239	0,2401	−0,0011	0,00000121
4	0,244	0,2401	+0,0039	0,00001521
5	0,240	0,2401	−0,0001	0,00000001
6	0,237	0,2401	−0,0031	0,00000961
7	0,239	0,2401	−0,0011	0,00000121
8	0,244	0,2401	+0,0039	0,00001521
9	0,241	0,2401	+0,0009	0,00000081
10	0,237	0,2401	−0,0031	0,00000961

Mittelwert $\bar{x}$ 0,2401   Summenquadrat <u>0,0000549</u>

Meßreihe 2 (obere Grenze) β(ASS) = 3,0 mg/L

Nummer	Extinktion: x_i	Mittelwert: $\bar{x}$	Differenz des Einzelwertes zum Mittelwert: $(x_i - \bar{x})$	Quadrat der Differenz: $(x_i - \bar{x})^2$
1	0,941	0,935	+0,006	0,000036
2	0,931	0,935	−0,004	0,000016
3	0,933	0,935	−0,002	0,000004
4	0,927	0,935	−0,008	0,000064
5	0,942	0,935	+0,007	0,000049
6	0,952	0,935	+0,017	0,000289
7	0,944	0,935	+0,009	0,000081
8	0,931	0,935	−0,004	0,000016
9	0,929	0,935	−0,006	0,000036
10	0,920	0,935	−0,015	0,000225

Mittelwert $\bar{x}$: 0,935   Summenquadrat <u>0,000816</u>

Tabelle 8-3. Einengung der Kalibrierung auf 2,5 mg/L

Nummer	Lösungen mit $\beta(ASS) = 1,0$ mg/L	Lösungen mit $\beta(ASS) = 2,5$ mg/L
1	0,241	0,761
2	0,239	0,763
3	0,239	0,760
4	0,244	0,757
5	0,240	0,764
6	0,237	0,764
7	0,239	0,761
8	0,244	0,756
9	0,241	0,758
10	0,237	0,766

ße $PG = 14,87$ größer ist als der F-Wert mit 5,35, ist der Varianzenunterschied *signifikant, eine Varianzenhomogenität kann nicht angenomen werden.*

In unserem Beispiel ist die Extinktionsstreuung an der oberen Arbeitsbereichsgrenze signifikant größer als an der unteren Grenze. Daher wird für eine weitere Untersuchung die obere Bereichsgrenze auf 2,5 mg/L abgesenkt, 10 neue Lösungen mit dieser Konzentration hergestellt und deren Extinktion erneut gemessen.

Die neuen Werte sind in Tabelle 8-3 aufgeführt.

Die Berechnung der Varianzen und der Prüfgröße erfolgt nach Gl. (8-4) bis Gl. (8-6).

Für die Lösungen mit 1 mg/L ASS wird eine Varianz von $s_1^2 = 0,0000061$, für die Lösung mit 2,5 mg/L ASS eine Varianz von $s_2^2 = 0,00001089$ berechnet. Die Prüfgröße PG beträgt nach Gl. (8-8) 1,785.

$$PG = \frac{0,00001089}{0,00000610} = \underline{1,785} \tag{8-8}$$

Der F-Wert aus der Tabelle mit F(9,9; P=99%) beträgt 5,35. Die Prüfgröße PG=1,785 ist kleiner als der 99%-F-Wert, damit sind die Varianzunterschiede für diesen Arbeitsbereich von 1 bis 2,5 mg/L nur noch von *zufälliger Art*, die Varianzhomogenität wird angenommen.

8.2 Lineare Regression

Ziel der linearen Regression ist es, eine „Ausgleichsgerade" zu finden, welche die Abhängigkeit der Extinktion von der Konzentration optimal, d. h., am wenigsten fehlerhaft, beschreiben kann. Es wird die Gerade gesucht, bei der die Summe aller Meßwert*abweichungen* zu einer Ausgleichgeraden (in y-Richtung) den kleinsten Wert einnimmt. Die Abweichungen in y-Richtung werden „Reste" oder „Residuen" genannt (Abb. 8-2). Eine Ausgleichsgerade bedeutet also *nicht* eine fehlerfreie Gerade [1].

Eine gerade Kennlinie kann durch die Geradengleichung beschrieben werden. Sie lautet nach Gl. (8-9):

$$y = m \cdot x + b \tag{8-9}$$

In Gl. (8-9) bedeutet:

y   abhängige Größe, Meßwert; hier Extinktion
x   unabhängige Größe, Konzentration; hier ASS-Gehalt in mg/L
m   Steigung der Geraden
b   Ordinatenabschnitt, Schnittpunkt der Geraden mit der y-Achse

Aus Abb. 8-3 kann das Maß der Steigung m und des Ordinatenabschnittes b entnommen werden.

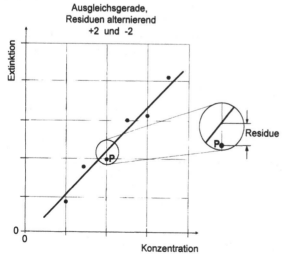

Abb. 8-2. Ausgleichsgerade und Residuen

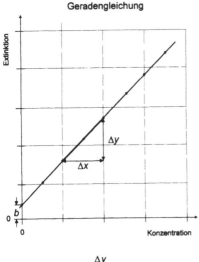

Geradengleichung

$$m = \frac{\Delta y}{\Delta x}$$

Abb. 8-3. Steigung m und Ordinatenabschnitt b

Sind die beiden Funktionsparameter m und b bekannt, kann von jedem Signalwert (y, Extinktion) die zugehörige Konzentration (x) berechnet werden (Gl. 8-10):

$$x = \frac{y - b}{m} \tag{8-10}$$

Ziel der linearen Regression ist es, aus den vorliegenden x-y-Wertepaaren die beiden Parameter m und b zu berechnen. Dazu dienen Gl. (8-11) bis Gl. (8-15):

$$m = \frac{\Sigma(x_i \cdot y_i) - \left[\frac{\Sigma y_i \cdot \Sigma x_i}{N}\right]}{\Sigma x_i^2 - \frac{(\Sigma x_i)^2}{N}} \tag{8-11}$$

Den Ausdruck im *Zähler* faßt man als Q_{xy}-Wert zusammen:

$$Q_{xy} = \Sigma(x_i \cdot y_i) - \left[\frac{\Sigma y_i \cdot x_i}{N}\right] \tag{8-12}$$

Der *Nenner*ausdruck wird mit Q_{xx} bezeichnet:

$$Q_{xx} = \Sigma x_i^2 - \frac{(\Sigma x_i)^2}{N} \tag{8-13}$$

Die Formel zur Berechnung von m wird vereinfacht zu Gl. (8-14):

$$m = \frac{Q_{xy}}{Q_{xx}} \tag{8-14}$$

Der Ordinatenabschnitt b wird mit Gl. (8-15) berechnet:

$$b = \bar{y} - m \cdot \bar{x} \tag{8-15}$$

Die in Gl. (8-15) enthaltenen Mittelwerte $\bar{x}$ und $\bar{y}$ sind die Arbeitsbereichsmitten in Signal- und Konzentrationsrichtung. Die beiden Mittelwerte werden berechnet mit Gl. (8-16) und Gl. (8-17):

$$\bar{x} = \frac{\Sigma x_i}{N} \quad \text{und} \tag{8-16}$$

$$\bar{y} = \frac{\Sigma y_i}{N} \tag{8-17}$$

Der Parameter m, die Steigung der geraden Kennlinie, ist ein Maß für die Empfindlichkeit E des Verfahrens. Bei der üblichen Verwendung des Zeichens „E" für Empfindlichkeit ist Vorsicht angebracht, damit die Größe in Gleichungen nicht mit der Extinktion verwechselt wird, deren Formelzeichen ebenfalls ein „E" ist!

Je größer die Steigung der Geraden ist, umso höher ist die Empfindlichkeit des Verfahrens ($E = m$).

Nehmen wir an, daß eine Eisenprobe mit $\beta(\text{Fe}) = 1\,\text{mg}/100\,\text{mL}$ mit zwei unterschiedlichen Verfahren bestimmt werden kann. Bei beiden Verfahren wird eine Kalibriergerade mit unterschiedlicher Steigung m_1 und m_2 erstellt. Jetzt wird die Probe von $\beta(\text{Fe}) = 1,0$ mg/100 mL auf $\beta(\text{Fe}) = 1,1$ mg/ 100 mL aufgestockt. Das Verfahren mit der größeren Steigung liefert den größten Signalzuwachs Δy. Daher kann die Steigung m als Maß für die Empfindlichkeit E angenommen werden [2].

Der Parameter b, der Ordinatenabschnitt bei der Konzentration $c = 0$, wird auch als „berechneter Blindwert" bezeichnet.

Bei jeder Durchführung der Kalibrierung ist die Ausgleichskalibrierfunktion nur eine Abschätzung. Die Frage stellt sich, ob die beiden Parameter m

und *b* die Geradenfunktion richtig beschreiben. Die Präzision des Verfahrens wird durch die sogenannte Reststandardabweichung s_y ausgedrückt. Die Reststandardabweichung s_y ist definiert als Maß für die Streuung der Signalwerte um die Ausgleichsgerade in *y*-Richtung.

Berechnet wird die Reststandardabweichung s_y mit Gl. (8-18)

$$s_y = \sqrt{\frac{\Sigma[y_i - (m \cdot x_i + b)]^2}{N - 2}} \qquad (8\text{-}18)$$

In Gl. (8-18) bedeutet:

y_i Signalwert (Extinktion)
x_i Konzentrationswert
m Steigung der Ausgleichsgerade
b Ordinatenabschnitt
N Anzahl der Meßwerte

In Gl. (8-18) findet sich im Nenner der Ausdruck $N - 2$. Dieser Ausdruck, der Freiheitsgrad *f* bei Geraden, zeigt, daß für die exakte Darstellung einer Geraden mindestens zwei Meßwerte benötigt werden. Alle weiteren Werte sind Wiederholungsmessungen.

Je größer die Reststandardabweichung ist, um so mehr streuen die Werte um die Ausgleichsgerade. Im Zähler bedeutet der Term $y_i - (m \cdot x_i + b)$ die Differenz zwischen dem Meßwert und der Ausgleichsgeraden in *y*-Richtung. Diese Differenz wird auch Residue genannt (Abb. 8-2).

Lägen alle Wertepaare genau auf der Ausgleichsgeraden, ist die Summendifferenz in *y*-Richtung $\Sigma y_i - (m \cdot x_i + b) = 0$ und damit auch die Reststandardabweichung Null (Abb. 8-4).

Angenommen, es wären sieben Meßwerte vorhanden und der Abstand zwischen der Ausgleichsgeraden und jedem Meßwert in *y*-Richtung wäre immer alternierend −1 und +1 (Abb. 8-5). Dann wäre die Reststandardabweichung nach Gl. (8-19):

$$s_y = \sqrt{\frac{(-1)^2 + (+1)^2 + (-1)^2 + (+1)^2 + (-1)^2 + (+1)^2 + (-1)^2}{7 - 2}}$$

$$= 1{,}183 \qquad (8\text{-}19)$$

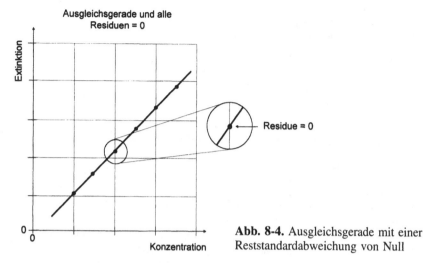

Abb. 8-4. Ausgleichsgerade mit einer Reststandardabweichung von Null

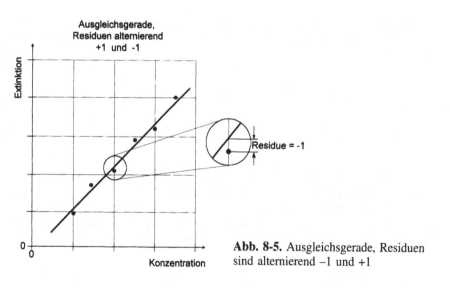

Abb. 8-5. Ausgleichsgerade, Residuen sind alternierend −1 und +1

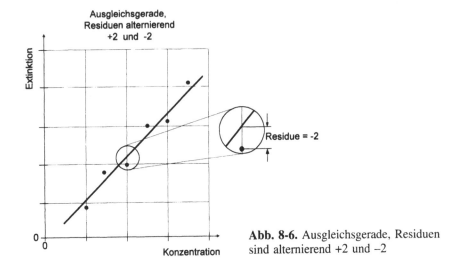

Abb. 8-6. Ausgleichsgerade, Residuen sind alternierend +2 und −2

Würde jeder Abstand in y-Richtung von der Ausgleichsgeraden alternierend +2 und −2 betragen (Abb. 8-6), wäre die Reststandardabweichung s_y nach Gl. (8-20):

$$s_y = \sqrt{\frac{(+2)^2 + (-2)^2 + (+2)^2 + (-2)^2 + (+2)^2 + (-2)^2 + (+2)^2}{7 - 2}}$$

$$= 2{,}366 \qquad\qquad (8\text{-}20)$$

Die Reststandardabweichung s_y kann somit ein Maß für die Anpassungspräzision der Ausgleichsgeraden an die Meßwertpaare sein.

Die Reststandardabweichung s_y und die Empfindlichkeit $E = m$ (Steigung der Geraden) werden zusammengefaßt zu einem gütebestimmenden Kennwert, der Verfahrensstandardabweichung s_{xo} nach Gl. (8-21):

$$s_{xo} = \frac{s_y}{m} \qquad\qquad (8\text{-}21)$$

Vergleicht man zwei Verfahren miteinander, liefert bei gleicher Reststandardabweichung s_y das Verfahren die bessere Güte, dessen Empfindlichkeit höher ist.

Eine weitere Kenngröße ist die relative Verfahrensstandardabweichung V_{xo}. Sie bezieht die Verfahrensstandardabweichung auf die Mitte des Konzentrationsbereiches nach Gl. (8-22).

$$V_{xo} = \frac{s_{xo} \cdot 100\%}{\bar{x}} \tag{8-22}$$

Beide Kenngrößen sind jedoch nur Schätzwerte. Bei Wiederholung der Kalibrierung wird man immer etwas andere Werte erhalten. Mittels *F*-Test kann geprüft werden, ob sich die Kenngrößen im Wiederholungsfall signifikant oder nur zufällig voneinander unterscheiden.

Im Beispiel werden sieben equidistante Kalibrierlösungen von 1,0 bis 2,5 mg ASS/L hergestellt und deren Extinktion gemessen (Spalten 1 und 2 der Tabelle 8-4). Zur Berechnung der Quadratsummen Q_{xx}, Q_{xy} und Q_{yy} werden die Quadrate x_i^2, y_i^2 und das Produkt $x_i \cdot y_i$ berechnet und aufsummiert. Die Bereichsmitten werden errechnet mit Gl. (8-23) und (8-24):

$$\bar{x} = \frac{\Sigma x_i}{N} = \frac{12,25}{7} = 1,75 \text{ mg} \tag{8-23}$$

$$\bar{y} = \frac{\Sigma y_i}{N} = \frac{3,373}{7} = 0,482 \text{ mg} \tag{8-24}$$

Die Berechnung der Quadratsummen ergibt nach Gl. (8-25) bis (8-27):

Tabelle 8-4. Berechnung der Quadratsummen

Nummer	Konzentr. x_i (1)	Signal y_i (2)	x_i^2 (1)·(1)	y_i^2 (2)·(2)	$x_i \cdot y_i$ (1)·(2)
1	1,00	0,240	1,0000	0,05760	0,24000
2	1,25	0,311	1,5625	0,09672	0,38875
3	1,50	0,389	2,2500	0,15132	0,58350
4	1,75	0,471	3,0625	0,22184	0,82425
5	2,00	0,554	4,0000	0,30692	1,10800
6	2,25	0,649	5,0625	0,42120	1,46025
7	2,50	0,759	6,2500	0,57608	1,89750
Summe	12,25	3,373	23,1875	1,83168	6,50225
Zeichen	Σx_i	Σy_i	Σx_i^2	Σy_i^2	$\Sigma(x_i \cdot y_i)$

$$Q_{xx} = \Sigma x_i^2 - \frac{(\Sigma x_i)^2}{N} \; 23{,}1875 - \frac{12{,}25^2}{7} = 1{,}75 \tag{8-25}$$

$$Q_{yy} = \Sigma y_i^2 - \frac{(\Sigma y_i)^2}{N} \; 1{,}83168 - \frac{3{,}2373^2}{7} = 0{,}2064 \tag{8-26}$$

$$Q_{xy} = \Sigma (x_i \cdot y_i^2) - \left[\frac{\Sigma y_i \cdot \Sigma x_i}{N} \right]$$

$$= 6{,}50225 - \frac{12{,}25 \cdot 3{,}373}{7} = 0{,}5995 \tag{8-27}$$

Die Steigung der Geraden m (Empfindlichkeit) wird berechnet mit Gl. (8-28):

$$m = \frac{Q_{xy}}{Q_{xx}} = \frac{0{,}5995}{1{,}75} = 0{,}3426 \tag{8-28}$$

Der Ordinatenabschnitt b wird mit Gl. (8-29) berechnet:

$$b = \bar{y} - m \cdot \bar{x} = 0{,}482 - 0{,}3426 \cdot 1{,}75 = -0{,}1176 \tag{8-29}$$

Die Gleichung der Ausgleichsgeraden lautet demnach (Gl. (8-30)):

$$y = 0{,}3426 \cdot x - 0{,}1176 \tag{8-30}$$

Die Reststandardabweichung s_y beträgt nach Gl. (8-31):

$$s_y = \sqrt{\frac{Q_{yy} - \frac{Q_{xy}^2}{Q_{xx}}}{N-2}} = \sqrt{\frac{0{,}2064 - \frac{0{,}5995^2}{1{,}75}}{N-2}} = 0{,}0143 \tag{8-31}$$

Die Verfahrensstandardabweichung s_{xo} beträgt nach Gl. (8-32):

$$s_{xo} = \frac{s_y}{m} = \frac{0{,}0143}{0{,}3426} = 0{,}0417 \tag{8-32}$$

Die relative Verfahrensstandardabweichung V_{xo} beträgt nach Gl. (8-33):

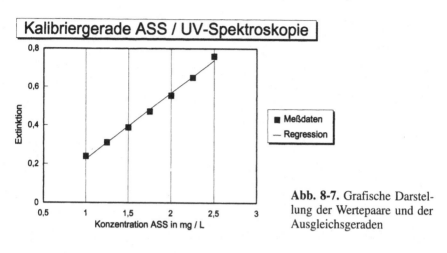

Abb. 8-7. Grafische Darstellung der Wertepaare und der Ausgleichsgeraden

$$V_{xo} = \frac{s_{xo}}{\bar{x}} \cdot 100\% = \frac{0{,}0417}{1{,}75} \cdot 100\% = 2{,}383\% \qquad (8\text{-}33)$$

Die grafische Darstellung der Wertepaare und der Ausgleichsgeraden enthält Abb. 8-7.

Eine lineare Regression kann mit den üblichen Tabellenkalkulationsprogrammen wie z. B. LOTUS 1-2-3® oder EXCEL® durchgeführt werden.

Man erhält z. B. mit LOTUS 1-2-3® die Berechnungsdaten, die in Abb. 8-8 wiedergegeben sind.

Der Ordinatenabschnitt b wird in LOTUS 1-2-3 „Konstante" genannt, die Steigung m bezeichnet LOTUS mit „x Koeffizient" und die Reststandardabweichung s_y mit „STD FEHLER Y). Die Umsetzung der linearen Regression in „LOTUS für WINDOWS®" bzw. „EXCEL für WINDOWS®" ist leicht mit Hilfe der entsprechenden Handbücher zu bewerkstelligen.

Ob die lineare Anpassung optimal ist, kann bisher noch nicht entschieden werden. Dazu wird in Abschnitt 8.4 mit den gleichen Daten eine *nichtlineare, quadratische* Anpassung vorgenommen.

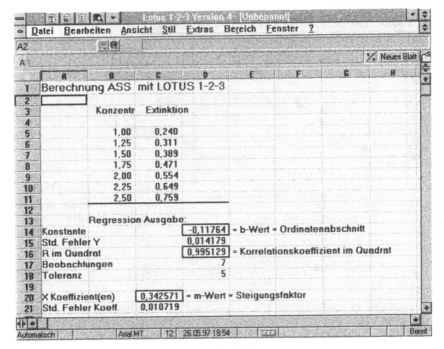

Abb. 8-8. Lineare Regression mit LOTUS 1-2-3

8.3   Korrelation und Korrelationskoeffizient *r*

Der Korrelationskoeffizient ist eine Indexzahl, die beschreibt, wie ein Variablenpaar in einer gegebenen Kalibrierdatenreihe verbunden ist. Die Werte des Korrelationskoeffizienten *r* liegen zwischen +1 und −1. Ein Korrelationskoeffizient von *r* =+1,00 bedeutet, daß alle hohen abhängigen *y*-Werte ganz streng mit *x*-Werten in Wechselwirkung stehen. Anders ausgedrückt: bei einem *r*-Wert von +1,00 würden alle Kalibrierpunkte einer Kalibrierkennlinie genau auf der Ausgleichsgeraden liegen. Bei einem *r*-Wert von −1,00 würden positive *x*-Werte streng mit negativen *y*-Werte korrelieren (und umgekehrt), d. h., die gerade Kennlinie hätte eine negative Steigung. Bei einem *r*-Wert um 0 würden hohe *x*-Werte mit hohen oder niedrigen *y*-Werten korrelieren (Abb. 8-9).

Die Wahrscheinlichkeit, daß die lineare Regression akzeptiert werden kann, ist um so höher, je mehr der Wert *r* zu −1,00 oder +1,00 tendiert.

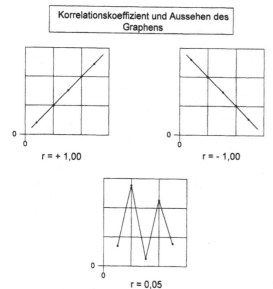

Abb. 8-9. Korrelationen zwischen $r=+1,0$ und $r=-1,0$

Ein Problem beim Umgang mit dem Korrelationskoeffizienten r ist, daß er *nicht* eine Funktion beschreibt. Ein Korrelationskoeffizient von z. B. $r=0,95$ sagt *nicht* aus, wie sich auf y eine Erhöhung von x um einen Betrag Δx auswirkt. Die Steilheit (und damit die Empfindlichkeit) der geraden Kennlinie kann dem Wert nicht entnommen werden.

Ein weiterer Nachteil des Korrelationskoeffizienten r ist, daß er nicht beschreibt, ob die Beziehung logisch ist. Zur Verdeutlichung sei dazu ein Beispiel genannt: Lange Zeit hatte die Geburtenrate in Deutschland und die rückläufige Zahl der Weißstörche eine hohe Korrelation von über $r=0,95$!

Der Korrelationskoeffizient r gibt nur die relative Streuungsgröße der Kalibrierfunktion an. Der Korrelationskoeffizient als Indexzahl kann nur dann angewendet werden, wenn die Funktion *linear* ist [3].

Die Berechnung des Korrelationskoeffizienten r wird mit Hilfe von Gl. (8-34) durchgeführt:

$$r = \frac{N \cdot \Sigma(x_i \cdot y_i) - \Sigma x_i \cdot \Sigma y_i}{\sqrt{\left[N \cdot \Sigma x_i^2 - (\Sigma x_i)^2\right] \cdot \left[N \cdot \Sigma y_i^2 - (\Sigma y_i)^2\right]}} \tag{8-34}$$

Setzt man in Gl. (8-34) die Werte aus Tabelle 8-4 ein, erhält man den Korrelationskoeffizient r (Gl. 8-35):

$$r = \frac{7 \cdot 6{,}50225 - 12{,}25 \cdot 3{,}373}{\sqrt{[7 \cdot 23{,}1875 - (12{,}25)^2] \cdot [7 \cdot 1{,}83168 - (3{,}373)^2]}} = 0{,}99756$$

$$(8\text{-}35)$$

Der bei der linearen Regression mit Hilfe von LOTUS 1-2-3 ausgegebene Wert „R im Quadrat" (Abb. 8-8) entspricht dem Quadrat des Korrelationskoeffizienten r, welches auch als *Bestimmtheitsmaß* bezeichnet wird. Das Bestimmtheitsmaß ist immer positiv. Es hat den Vorteil, daß Abweichungen von $r = 1$ deutlicher zu sehen sind. Zum Beispiel entspricht der Korrelationskoeffizient $r = -0{,}99$ einem Bestimmtheitsmaß von $r^2 = 0{,}9701$. Mit anderen Anwenderprogrammen kann man ebenso problemlos den Korrelationskoeffizient r berechnen.

8.4   Quadratische Regression

Eine quadratische Funktion kann mit Gl. (8-36) beschrieben werden:

$$y = n \cdot x^2 + m \cdot x + b \qquad (8\text{-}36)$$

Sind die Parameter n, m und b bekannt und wird die Funktion als Ausgleichsfunktion akzeptiert, kann zu jedem y-Wert (Signal) der zugehörige x-Wert (Konzentration) berechnet werden.

Zur Berechnung der drei Parameter n, m und b und der Reststandardabweichung werden mit Hilfe einer Tabelle fünf Zwischensummen gebildet (Gl. 8-37 bis 8-41):

$$Q_{xx} = \Sigma x_i^2 - \frac{(\Sigma x_i)^2}{N} \qquad (8\text{-}37)$$

$$Q_{xy} = \Sigma(x_i \cdot y_i) - \left[\frac{\Sigma y_i \cdot \Sigma x_i}{N}\right] \qquad (8\text{-}38)$$

$$Q_{x^3} = \Sigma x_i^3 - \left[\frac{\Sigma x_i \cdot \Sigma x_i^2}{N}\right] \qquad (8\text{-}39)$$

$$Q_{x^4} = \Sigma x_i^4 - \left[\frac{(\Sigma x_i^2)^2}{N} \right] \tag{8-40}$$

$$Q_{x^2y} = \Sigma(x_i^2 \cdot y_i) - \left[\frac{\Sigma y_i \cdot \Sigma x_i^2}{N} \right] \tag{8-41}$$

Die Berechnung der quadratischen Steigung n erfolgt mit Gl. (8-42)

$$n = \frac{Q_{xy} \cdot Q_{x^3} - Q_{x^2y} \cdot Q_{xx}}{(Q_{x^3})^2 - Q_{xx} \cdot Q_{x^4}} \tag{8-42}$$

Der Parameter m wird mit Gl. (8-43) berechnet:

$$m = \frac{Q_{xy} - n \cdot Q_{x^3}}{Q_{xx}} \tag{8-43}$$

Der Ordinatenabschnitt b wird mit Gl. (8-44) berechnet:

$$b = \frac{[\Sigma y_i - m\Sigma x_i - n \cdot \Sigma x_i^2]}{N} \tag{8-44}$$

Die Reststandardabweichung s_y wird mit Gl. (8-45) berechnet:

$$s_y = \sqrt{\frac{\Sigma y_i^2 - b \cdot \Sigma y_i - m \cdot \Sigma(x_i \cdot y_i) - n \cdot \Sigma(x_i^2 \cdot y_i)}{N - 3}} \tag{8-45}$$

Die Empfindlichkeit bei einer quadratischen Funktion kann nicht durch die Steigung m ausgedrückt werden, weil sie sich in einer gebogenen Funktion ständig ändert. Die Empfindlichkeit E wird daher als Tangentensteigung an die quadratische Funktion in der Mitte des Arbeitsbereichs ($P(\bar{x}, \bar{y})$) definiert (Abb. 8-10).

Die Empfindlichkeit E wird berechnet mit Gl. (8-46)

$$E = m + 2 \cdot n \cdot \bar{x} \tag{8-46}$$

Die Berechnung der Verfahrensstandardabweichungen erfolgt analog Gl. (8-32) und (8-33).

In unserem Beispiel werden zur Berechnung der Summen Q_{xx}, Q_{xy}, Q_{x^3}, Q_{x^4} und Q_{x^2y} die Werte x_i^2, y_i^2, x_i^3, x_i^4 und die Produkte $(x_i \cdot y_i)$ sowie

**Empfindlichkeit als
Tangentensteigung**

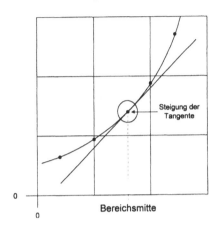

Steigung der
Tangente

0

Bereichsmitte

Abb. 8-10. Empfindlichkeit als Tangentensteigung [2]

$(x_i^2 \cdot y_i)$ berechnet und aufsummiert. Die Werte sind in Tabelle 8-5 zusammengefaßt.

Die Berechnung der drei Parameter *n*, *m* und *b* und der Reststandardabweichung s_y erfolgt nach Gl. (8-47) bis (8-54).

$$Q_{xx} = \Sigma x_i^2 - \frac{(\Sigma x_i)^2}{N} = 23{,}1875 - \frac{12{,}25^2}{7} = 1{,}75 \qquad (8\text{-}47)$$

$$Q_{xy} = \Sigma(x_i \cdot y_i) - \left[\frac{\Sigma y_i \cdot \Sigma x_i}{N}\right] = 6{,}50225 - \frac{12{,}25 \cdot 3{,}373}{7}$$
$$= 0{,}5995 \qquad (8\text{-}48)$$

$$Q_{x^3} = \Sigma x_i^3 - \left[\frac{\Sigma x_i \cdot \Sigma x_i^2}{N}\right] = 46{,}70314 - \frac{12{,}25 \cdot 23{,}1875}{7}$$
$$= 6{,}125 \qquad (8\text{-}49)$$

Tabelle 8-5. Daten zur quadratischen Regression

Nummer	x_i (1)	y_i (2)	x_i^2 (1)·(1)	x_i^3 (1)·(1)·(1)	x_i^4 (1)·(1)·(1)·(1)	y_i^2 (2)·(2)	$(x_i \cdot y_i)$ (1)·(2)	$(x_i^2 \cdot y_i)$ (1)·(1)·(2)
1	1,00	0,240	1,0000	1,00000	1,000000	0,057600	0,24000	0,240000
2	1,25	0,311	1,5625	1,95313	2,441406	0,096721	0,38875	0,485938
3	1,50	0,389	2,2500	3,37500	5,062500	0,151321	0,58350	0,875250
4	1,75	0,471	3,0625	5,35938	9,378906	0,221841	0,82425	1,442438
5	2,00	0,554	4,0000	8,00000	16,000000	0,306916	1,10800	2,216000
6	2,25	0,649	5,0625	11,39063	25,628906	0,421201	1,46025	3,285563
7	2,50	0,759	6,2500	15,62500	39,062500	0,576081	1,89750	4,743750
Summe	12,25	3,373	23,1875	46,70314	98,574218	1,831681	6,50225	13,288939
	Σx_i	Σy_i	Σx_i^2	Σx_i^3	Σx_i^4	Σy_i^2	$\Sigma(x_i \cdot y_i)$	$\Sigma(x_i^2 \cdot y_i)$

$$Q_{x^4} = \Sigma x_i^4 - \left[\frac{(\Sigma x_i^2)^2}{N}\right] = 98,574218 - \frac{23,1875^2}{7}$$

$$= 21,766 \tag{8-50}$$

$$Q_{x^2y} = \Sigma(x_i^2 \cdot y_i) - \left[\frac{\Sigma y_i \cdot \Sigma x_i^2}{N}\right]$$

$$= 13,288939 - \frac{3,373 \cdot 23,1875}{7} = 2,1159 \tag{8-51}$$

$$n = \frac{Q_{xy} \cdot Q_{x^3} - Q_{x^2y} \cdot Q_{xx}}{(Q_{x^3})^2 - Q_{xx} \cdot Q_{x^4}} = \frac{0,5995 \cdot 6,125 - 2,1159 \cdot 1,75}{6,125^2 - 1,75 \cdot 21,766}$$

$$= 0,0537 \tag{8-52}$$

$$m = \frac{Q_{xy} - n \cdot Q_{x^3}}{Q_{xx}} = \frac{0,5995 - 0,0537 \cdot 6,125}{1,75} = 0,1546 \tag{8-53}$$

$$b = \frac{\left[\Sigma y_i - m\Sigma x_i - n \cdot \Sigma x_i^2\right]}{N}$$

$$= \frac{3,373 - 0,1546 \cdot 12,25 - 0,0537 \cdot 23,1875}{7} = 0,0334 \tag{8-54}$$

Die quadratische Anpassungsfunktion lautet dann nach Gl. (8-55)

$$y = 0,0537 \cdot x^2 + 0,1546 \cdot x + 0,0334 \tag{8-55}$$

Die Berechnung der Reststandardabweichung erfolgt durch Gl. (8-56) und (8-57):

$$s_y = \sqrt{\frac{\Sigma y_i^2 - b \cdot \Sigma y_i - m \cdot \Sigma(x_i \cdot y_i) - n \cdot \Sigma(x_i^2 \cdot y_i)}{N - 3}} \tag{8-56}$$

$$s_y = \sqrt{\frac{1,831681 - 0,0334 \cdot 3,373 - 0,1546 \cdot 6,50225 - 0,0537 \cdot 13,288939}{7 - 3}}$$

$$= \underline{\underline{0,00383}} \tag{8-57}$$

Die Empfindlichkeit E wird mit Gl. (8-58) berechnet:

$$E = m + 2 \cdot n \cdot \bar{x} = 0{,}1546 + 2 \cdot 0{,}0537 \cdot 1{,}75 = 0{,}3426 \tag{8-58}$$

Die Verfahrensstandardabweichung s_{xo} beträgt nach Gl. (8-59):

$$s_{xo} = \frac{s_{xo}}{E} = \frac{0{,}00383}{0{,}3426} = 0{,}01117 \tag{8-59}$$

Die relative Verfahrensstandardabweichung V_{xo} beträgt dann nach Gl. (8-60):

$$V_{xo} = \frac{s_{xo}}{\bar{x}} \cdot 100\% = \frac{0{,}01117}{1{,}75} \cdot 100\% = 0{,}638\% \tag{8-60}$$

Wie können die beiden Anpassungsfunktionen und statistischen Berechnungsergebnisse interpretiert werden? Es wurden alle Daten in Tabelle 8-6 zusammengefaßt und in Abb. 8-11 wurden beide Grafiken gegenübergestellt.

Wie aus Tabelle 8-6 ersichtlich ist, beträgt die Verfahrensstandardabweichung der quadratischen Anpassung nur etwa die Hälfte von der linearen Anpassung. Damit ist formal gesehen die quadratische Anpassung vorzuziehen. Allerdings könnte der Unterschied zwischen den beiden Verfahrensstandardabweichungen *zufällig* sein, weil beide Verfahren mit Fehlern behaftet sind. Wäre der Unterschied nur zufälliger Art, könnte der einfacheren, linearen Anpassung der Vorzug gegeben werden. Erst dann, wenn der Unterschied zu Gunsten der quadratischen Anpassung als *signifikant* nachgewiesen wäre, muß diese Anpassungsstrategie benutzt werden. Dieser Signifikanznachweis wird im nächsten Abschnitt, dem Anpassungstest nach Mandel, durchgeführt. Er ist nur dann sinnvoll, wenn die Reststandardabweichung der linearen Anpassung größer ist als die der quadratischen Anpassung.

Tabelle 8-6. Vergleich zwischen den Daten der linearen und der quadratischen Anpassung

Parameter oder statistischer Wert	lineare Anpassung	quadratische Anpassung
Funktionsgleichung	$y = 0{,}3426 \cdot x - 0{,}1176$	$y = 0{,}0537 \cdot x^2 + 0{,}1546 \cdot x + 0{,}0334$
Empfindlichkeit	$E = m = 0{,}3426$	$E = 0{,}3426$
Restandardabweichung	$s_y = 0{,}0143$	$s_y = 0{,}00383$
Verfahrensstandardabw.	$s_{xo} = 0{,}0417$	$s_{xo} = 0{,}01117$
rel. Verfahrensstandardabw.	$V_{xo} = 2{,}383\%$	$V_{xo} = 1{,}638\%$

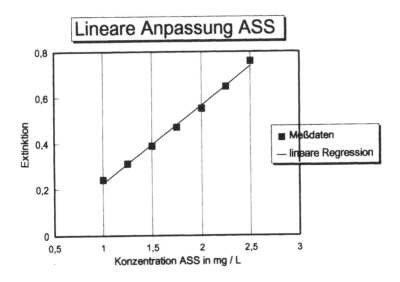

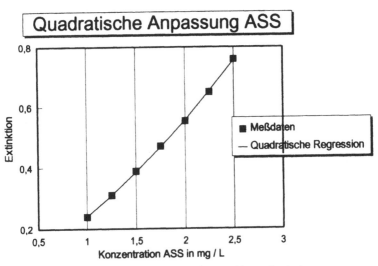

Abb. 8-11. Anpassungsfunktionen, a) lineare, b) quadratische

8.5 Anpassungstest nach Mandel

Für den Anpassungstest nach Mandel [2] wird die Varianzendifferenz Δs^2 berechnet mit Gl. (8-61):

$$\Delta s^2 = [(N_L - 2) \cdot s_L^2] - [(N_Q - 3) \cdot s_Q^2] \tag{8-61}$$

Die Indices „L" und „Q" in Gl. (8-61) bedeuten „lineare Anpassung" und „quadratische Anpassung".
Die Varianzendifferenz beträgt für unser Beispiel:

$$\Delta s^2 = [(7 - 2) \cdot 0{,}0143^2] - [(7 - 3) \cdot 0{,}00383^2]$$

$$\Delta s^2 = 0{,}0009467 \tag{8-62}$$

Die berechnete Varianzendifferenz wird mit der Restvarianz der quadratischen Anpassung über einen 99%-F-Test abgeglichen. Es wird die Prüfgröße PG nach Gl. (8-63) und (8-64) berechnet:

$$PG = \frac{\Delta s^2}{s_Q^2} \tag{8-63}$$

$$PG = \frac{0{,}0009467}{0{,}00383^2} = \underline{64{,}65} \tag{8-64}$$

Die Prüfgröße $PG = 21{,}786$ wird mit dem 99%-F-Wert aus F-Tabelle (siehe Abschnitt 12.1) verglichen. Die Differenz der Freiheitsgrade Δf beträgt nach Gl. (8-65) immer 1:

$$\Delta f = (N - 2) - (N - 3) = (7 - 2) - (7 - 3) = 1 \tag{8-65}$$

Daher nimmt der Freiheitsgrad f_1, der diese Varianzendifferenz repräsentiert, immer den Wert $f_1 = 1$ ein. Der Freiheitsgrad f_2 wird aus Gl. (8-66) berechnet:

$$f_2 = N - 3 = 7 - 3 = 4 \tag{8-66}$$

Der Tabellenwert aus der 99%-F-Tabelle ($f_1 = 1, f_2 = 4$) beträgt $= 21{,}20$.
Da die Prüfgröße PG 64,65 größer ist als der 99%-F-Wert, muß von einem nachgewiesenen signifikanten Unterschied zwischen den beiden Ver-

fahrensstandardabweichungen ausgegangen werden. Die *quadratische* Anpassung ist in unserem Beispiel somit formal vorzuziehen.

8.6   Kalibrierstrategien

Ausgehend von unserem Beispiel kann aus dem der Bestimmung zugrunde liegenden Prinzip, dem Lambert-Beerschen Gesetz, angenommen werden, daß eine gerade Kennlinie entsteht. Dies wäre nicht der Fall, wenn z. B. der Arbeitsbereich die Grenzkonzentration des Gesetzes überschritten hätte. Weil die Varianzhomogenität nachgewiesen wurde, ist dies höchst unwahrscheinlich (Abschnitt 8.1). Es wird daher versucht, durch eine Einengung des unteren *und* oberen Arbeitsbereiches *und* eine vollständige Neukalibrierung eine erfolgreiche lineare Anpassung zu „erzwingen". Die „Machbarkeit" eines solchen Verfahrens muß natürlich kritisch auf seine Wissenschaftlichkeit geprüft werden [1].

In unserem Beispiel wird ein neuer, eingeengter Arbeitsbereich von 1,20 bis 2,00 mg/L gewählt. Es werden neun equidistante Kalibrierlösungen hergestellt und vermessen. Die neuen Werte lauten nach Tabelle 8-7:
Die berechneten Daten der *linearen Anpassung* lauten wie folgt:

Arbeitsmitte $\bar{x}$:	1,60 mg
Arbeitsmitte $\bar{y}$:	0,442
Steigung der Geraden *m:*	0,3545

Tabelle 8-7. Neukalibrierung

Nummer	Konzentration x_i (1)	Signal y_i (2)
1	1,20	0,301
2	1,30	0,335
3	1,40	0,372
4	1,50	0,406
5	1,60	0,441
6	1,70	0,477
7	1,80	0,511
8	1,90	0,549
9	2,00	0,585

Ordinatenabschnitt b: –0,1253
Reststandardabweichung s_y: 0,0011
Verfahrensstandardabweichung s_{xo}:   0,0031
rel. Verfahrensstandardabweichung V_{xo}:   0,194%
Q_{xx}:   0,600

Die berechneten Daten der *quadratischen Anpassung* lauten wie folgt:

Arbeitsmitte $\bar{x}$:   1,60 mg
Arbeitsmitte $\bar{y}$:   0,442
Quadratisches Glied n: 0,0109
Steigung m: 0,3195
Ordinatenabschnitt b: –0,098
Reststandardabweichung s_y: 0,0009
Verfahrensstandardabweichung s_{xo}:   0,0026
rel. Verfahrensstandardabweichung V_{xo}:   0,161%

Die Berechnung der Varianzendifferenz Δs^2 ergibt $3{,}61 \cdot 10^{-6}$, daraus wird die Prüfgröße PG nach Gl. (8-67) berechnet:

$$PG = \frac{3{,}61 \cdot 10^{-6}}{0{,}0009^2} = 4{,}46 \tag{8-67}$$

Der 99%- F-Wert für $(f_1 = 1, f_2 = 6)$ beträgt 13,75 (siehe Abschnitt 12.1). Durch einen Vergleich der Prüfgröße $PG = 4{,}46$ mit dem F-Tabellenwert erweist sich, daß die Unterschiede zwischen linearen und quadratischen Anpassungen nur noch *zufälliger Art* sind. Daher kann die lineare Kalibrierstrategie mit den Kalibrierdaten benutzt werden. Aus Abb. 8-12 kann der Verlauf der geraden Kennlinie erkannt werden.

8.7   Probenauswertung und Prognoseintervall

Nach der erfolgreichen Kalibrierung und dem Nachweis, daß die quadratische Anpassung keine signifikant besseren Ergebnisse liefert, wird die ermittelte Ausgleichsgerade benutzt, um aus der gemessenen Probenextinktion die Konzentration an ASS zu messen. Die Geradengleichung lautet zusammengefaßt (Gl. 8-68):

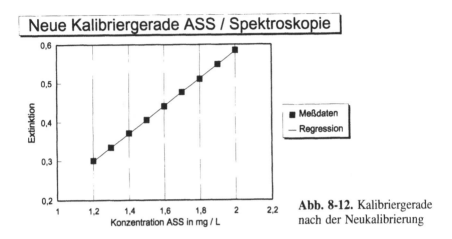

Abb. 8-12. Kalibriergerade nach der Neukalibrierung

$$y = 0{,}3545 \cdot x - 0{,}1253 \tag{8-68}$$

Wird Gl. (8-68) nach x umgestellt, lautet die Gleichung:

$$x = \frac{y + 0{,}1253}{0{,}3545} \tag{8-69}$$

Wird für eine reale ASS-*Probe* zum Beispiel eine Extinktion von $E = 0{,}454$ gemessen, so errechnet man eine ASS-Konzentration von (Gl. 8-70):

$$y = \frac{0{,}454 + 0{,}1253}{0{,}3545} = 1{,}634 \text{ mg/L} \tag{8-70}$$

Der errechnete Wert 1,634 mg/L ist mit Fehlern behaftet. Dieser Fehler setzt sich aus dem Fehler zusammen, der bei der Messung der Probe gemacht wird, und dem Fehler, der bei der Kalibrierung entsteht. Letzterer wird abhängig sein von:

- der Anzahl der Kalibrierlösungen (N),
- der Anzahl der Mehrfachmessungen (z. B. Doppelbestimmung),
- von der Größe der Reststandardabweichung s_y,
- von der Empfindlichkeit E (Steigung) der Kalibriergeraden und
- der Entfernung zwischen der Meßkonzentration und der mittleren Konzentration $\bar{x}$.

Die der Fehleruntersuchung zugrundeliegende Normalverteilung gilt nur für eine relativ große Anzahl von Meßwerten (ca. $N > 20$). Bei einer kleinen Anzahl von Meßwerten kann die Häufigkeitsdichte zum Teil erheblich von den theoretischen Werten abweichen. Diese zusätzliche Unsicherheit wird durch die t-Verteilung berücksichtigt. Die t-Verteilung wurde von W. S. Gosset abgeleitet, der sie unter dem Pseudonym „Student" veröffentlichte. Sie beschreibt die relative Häufigkeit, mit der Werte einer Variablen von einem bestimmten Umfang aus einer normalverteilten Gesamtheit angenommen werden können.

Der Wert der t-Variablen ist von der Anzahl der Kalibrierlösungen, vermindert um 2 (Freiheitsgrad), und von der anzunehmenden Sicherheit P abhängig. Der Freiheitsgrad berücksicht, daß bei geraden Kennlinien mindestens 2 Werte benötigt werden, damit die Gerade zweifelsfrei konstruiert werden kann. Die Werte der t-Variablen sind in Abschnitt 12.2 aufgeführt.

Angenommen, die Anzahl der Kalibrierlösungen beträgt $N = 9$. Die Sicherheit, mit der eine Aussage gemacht werden soll, sei $P = 95\%$. Aus der t-Tabelle kann der Wert mit $f = 8$ und $P = 95\%$ entnommen werden: $t = 2,31$. Dieser t-Faktor wird benutzt, um die Fehlerbetrachtung durch ein Vertrauensintervall zu berechnen.

Aus dem Fehlerfortpflanzungsgesetz erfolgt, daß die „wahre" gerade Kennlinie zwischen zwei Hyperbelästen liegt. Die beiden Hyperbeläste werden mit Gl. (8-71) berechnet:

$$y_{1,2} = (m \cdot x + b) \pm s_y \cdot t \cdot \sqrt{\frac{1}{N} + \frac{1}{\hat{N}} + \frac{(x - \bar{x})^2}{Q_{xx}}} \qquad (8\text{-}71)$$

In Gl. (8-71) bedeutet:

s_y Reststandardabweichung
t t-Faktor mit und $f = N{-}2$ und $P = 95\%$
N Anzahl der Kalibrierlösungen
$\hat{N}$ Anzahl der Probenbestimmungen   (z. B. für eine Doppelbestimmung wäre $\hat{N} = 2$)
$\hat{x}$ aus der Kalibrierung berechnete Konzentration
$\bar{x}$ Arbeitsbereichsmitte
Q_{xx} Quadratsumme x (siehe lineare Regression)

Für einen vorgegebenen x-Wert werden mit Gl. (8-68) zwei Extinktionswerte berechnet. Für eine Reihe von vorgegebenen Konzentrationen ergeben sich somit zwei Funktionen, nämlich die bereits erwähnten zwei Hyperbel-

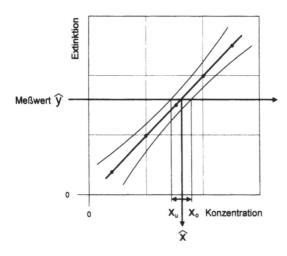

Abb. 8-13. Hyperbeläste zum Prognoseintervall (Ausschnitt)

äste (Abb. 8-13). Die abgebildete Kennlinie zeigt jedoch nur schematisch den Sachverhalt, sie ist sehr stark überzeichnet, um den Prognosebereich zu verdeutlichen. In Wirklichkeit ist der Prognosebereich sehr viel geringer.

Für einen gemessenen Extinktionswert der Probe $\hat{y}$ ergeben sich somit drei Konzentrationswerte:

$\hat{x}_1$ untere Grenze des sogenannten Prognoseintervalls
$\hat{x}$ Konzentration der Probe aus der Kalibrierung
$\hat{x}_2$ obere Grenze des Prognoseintervalls

In Gl. (8-71) ist eine statistische Sicherheit gewählt worden, die über den t-Wert repräsentiert wird. Es ist üblich, bei den meisten analytischen Verfahren eine statistische Sicherheit von $P = 95\%$ zu wählen.

Die Differenz zwischen $\hat{x}_1$ und $\hat{x}$ wird VB (Vertrauensbereich) genannt:

$$VB = \hat{x} - \hat{x}_1 \qquad (8\text{-}72)$$

Der tatsächliche $\hat{x}$ Wert liegt dann mit der gewählten Sicherheit zwischen der unteren und der oberen Prognoseintervallgrenze (Gl. (8-73)):

$$\hat{x}_{1,2} = \hat{x} \pm VB \qquad (8\text{-}73)$$

Die Größe des Prognoseintervalls kann auch berechnet werden. Dazu wird in Gl. (8-71) für x der Signalwert der Probe $\hat{x}$ eingesetzt und nach diesem Wert umgestellt. Mit Hilfe einer Vereinfachung, die hier nicht weiter diskutiert werden soll, ergibt sich Gl. (8-74):

$$\hat{x}_{1,2} = \frac{\hat{y} - b}{m} \pm \frac{s_y \cdot t}{m} \cdot \sqrt{\frac{1}{N} + \frac{1}{\hat{N}} + \frac{(\hat{y} - \bar{y})^2}{m^2 \cdot Q_{xx}}} \tag{8-74}$$

In Gl. (8-74) bedeutet:

b Ordinatenabschnitt $(-0,1253)$
m Steigung der Geraden $(0,3545)$
s_y Reststandardabweichung $(0,0011)$
$\hat{y}$ Signalwert der Probe $(0,454)$
$\bar{y}$ Arbeitsbereichsmitte von y (Extinktion) $(0,442)$
N Anzahl der Kalibrierlösungen (9)
$\hat{N}$ Anzahl der Probenbestimmungen (1)
t t-Faktor mit $f = N - 2$ und $P = 95\%$ $(2,36)$
Q_{xx} Summe der x-Abweichungen im Quadrat $(0,600)$

Gl. (8-74) wird trotz der Vereinfachung von fast allen Analytikern zur Berechnung der beiden Grenzwerte $\hat{x}_1$ und $\hat{x}_2$ benutzt.

Für die Daten unseres Beispiels wird das folgende Prognoseintervall berechnet:

$$\hat{x}_{1,2} = \frac{0,454 + 0,1253}{0,3545} \pm \frac{0,0011 \cdot 2,36}{0,3545} \cdot \sqrt{\frac{1}{9} + \frac{1}{1} + \frac{(0,454 - 0,442)^2}{0,3545^2 \cdot 0,600}}$$

$$\hat{x}_{1,2} = 1,634 \pm 0,007726 \tag{8-75}$$

Der tatsächliche Wert für $\hat{x}$ (Probenkonzentration) wird mit einer statistischen Sicherheit P von 95% im Bereich von *1,6263 bis 1,6417 mg/L* sein.

8.8   Ausreißer in Kalibrierdaten

Die bekannten Ausreißertests für homogene Datenreihen, z. B. nach Dixon und Grubbs, können bei Kalibrierdaten nicht angewendet werden. Huber [2] schlägt folgenden Ausreißertest für lineare Funktionen vor:

1. Grafische Darstellung der Funktion
2. Subjektive Betrachtung und Kennzeichung des Wertes, der in Verdacht steht, ein Ausreißer zu sein.
3. Das Wertepaar, das in Verdacht steht, ein Ausreißer zu sein, wird für die weiteren Berechnungen aus der Reihe genommen.
4. Durchführung einer linearen Regression *ohne* das gekennzeichnete Wertepaar.
5. Berechnung der Steigung, Ordinatenabschnitt und Reststandardabweichung.
6. Berechnung des Signalintervalls $\hat{x}_{1,2}(\Delta y)$ nach Gl. (8-71) für die Konzentration x des Ausreißers mit der Sicherheit $P=95\%$
7. Befindet sich der Signalwert des Ausreißers außerhalb von Δy, ist das Wertepaar als Ausreißer erkannt und muß aus der Datenreihe eliminiert werden.

Dazu ein Beispiel:
Bei einer Bestimmung eines Wirkstoffes wurden folgende Wertepaare (Tabelle 8-8) erhalten (Konzentration/Extinktion):

Durch eine Voruntersuchung wird eine lineare Anpassung akzeptiert, die Varianzhomogenität ist gegeben. Die grafische Auswertung wird in Abb. 8-14 gezeigt.

Auf den ersten Blick fällt auf, daß das Wertepaar 4 (175 µg/mL und Extinktion 0,453) ein Ausreißer sein könnte. Für die weiteren Berechnungen wird das ausreißerverdächtige Wertepaar *nicht* mit berücksichtigt. Die lineare Regression der restlichen Datenpaare ergibt folgende Werte:

Steigung m 0,00277
Ordinatenabschnitt b: −0,04358

Tabelle 8-8. Test auf Ausreißer in Kalibriergeraden nach Huber [2]

Nummer	Konzentration x_i µg/mL (1)	Signal y_i (2)
1	100	0,241
2	125	0,304
3	150	0,364
4	175	0,453 (Ausreißer?)
5	200	0,503
6	225	0,574
7	250	0,661

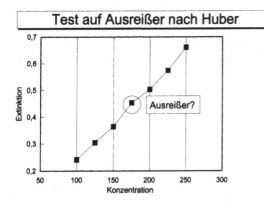

Abb. 8-14. Test auf Ausreißer nach Huber

Reststandardabweichung s_y: 0,00942
Q_{xx} 17 500
$\bar{x}$ 175 µg/mL
$t(P = 95\%, f = 6 - 2)$:   2,776
N 6

Das Signalintervall in y-Richtung wird berechnet mit Gl. (8-76) und Gl. (8-77):

$$y_{1,2} = (m \cdot x + b) \pm s_y \cdot t \cdot \sqrt{\frac{1}{N} + \frac{1}{\hat{N}} + \frac{(x - \bar{x})^2}{Q_{xx}}} \tag{8-76}$$

$$y_{1,2} = 0,00277 \cdot 175 + (-0,04358) \pm 0,00942 \cdot 2,776$$

$$\cdot \sqrt{\frac{1}{6} + \frac{1}{1} + \frac{(175 - 175)^2}{17500}} \tag{8-77}$$

$$y_{1,2} = \underline{0,441 \pm 0,0282}$$

Das zulässige Signalintervall Δy beträgt damit 0,413 bis 0,469. Mit einer Extinktion von 0,453 für die Konzentration 175 µg/mL ist dieses Wertepaar *nicht* als Ausreißer nachzuweisen und verbleibt in der Datenreihe.

Wird ein Wertepaar als Ausreißer erkannt, muß es aus der Datenreihe entfernt werden. Dadurch ist die Equidistanz aller Kalibrierkonzentrationen nicht mehr gewährleistet. Es empfiehlt sich daher zu untersuchen, welche Maßnahme zum Ausreißer geführt hat, und danach eine neue Kalibrierung vorzunehmen.

8.9 Literatur

[1] Doerffel K. (1990): Statistische Methoden in der analytischen Chemie, 5. Auflage. Deutscher Verlag für Grundstoffindustrie, Leipzig
[2] Funk W., Dammann V., Vonderheid C., Oelmann G. (1986): Statistische Methoden in der Wasseranalytik. VCH, Weinheim
[3] Ehrenberg A.S. (1986): Statistik oder der Umgang mit Daten. VCH, Weinheim

9 Gerätepraxis und Fehlersuche

9.1 Einfache Wartungsarbeiten

Wie z. B. jedes Kraftfahrzeug regelmäßig zur Inspektion in die Werkstatt sollte, ist bei den verwendeten Geräten eine regelmäßige Wartung und eine Wartungsdokumentation für einen reibungslosen Ablauf des analytischen Laboratoriums unerläßlich. Der Laborbetrieb verlangt meistens einen ständigen Einsatz der Geräte, unter Umständen sogar rund um die Uhr. Ein Stillstand der Geräte durch Wartungs- oder Reparaturarbeiten muß auf ein Minimum beschränkt sein, denn jede Reparatur kostet viel Zeit und Geld.

Einfache Wartungsarbeiten kann der Anwender selbst durchführen, auch wenn er technisch nicht vorgebildet ist. Die Spiegel und die Mechanik im Inneren des Fotometers sollte der Anwender jedoch nicht berühren, unsystematische Reparaturversuche führen meistens zu größeren Schäden als zuvor. Wenn der Kundendienst nach erfolgloser Eigenreparatur des Anwenders einen Teil des Strahlengangs neu justieren muß, kostet dies unter Umständen viel Geld. Aber eine Vorentscheidung, ob eine Reparatur oder Justage mit Eigenmitteln möglich ist, kann der erfahrene Anwender zuverlässig treffen. Weiterhin hilft eine genaue Fehlerbeschreibung dem Kundendienst, die Wartung oder Reparatur sinnvoll zu planen, was wiederum zu einer kürzeren Reparaturzeit führt.

Der Strahlengang ist der Leitweg beim Durchsuchen des Fotometers nach Fehlern und Fehlfunktionen, danach orientieren sich die Vorschläge zur Fehlervermeidung und bei der Fehlersuche.

9.1.1 Strahlungsquellen

Bereits in Kapitel 4 wurden die Strahlungsquellen des Fotometers und ihre Besonderheiten beschrieben. Wichtige Hinweise zur Fehlersuche sollen nur in Stichpunkten wiederholt werden. Besonders die Justierung der Lampen und der Lampenwechsel kann vom erfahrenen Anwender selbst vorgenommen werden.

9.1.1.1 Allgemeine Hinweise

Beim Lampenwechsel und der Justierung müssen einige grundsätzliche Hinweise beachtet werden. Nicht nur die Lebensdauer der Lampen und die Meßgenauigkeit der Geräte sind von der Beachtung der Hinweise abhängig, sondern es ist auch die Arbeitssicherheit des Anwenders beim Arbeiten an den Strahlungsquellen zu beachten.

Folgende Arbeitsschritte und Hinweise sind beim Umgang mit den Lampen einzuhalten:

- Fotometerlampen dürfen niemals mit der Haut berührt werden, eventuelle Fingerabdrücke sind vorsichtig mit Ethanol zu beseitigen. Schlieren sind unbedingt abzuwischen.
- Neue Fotometerlampen sind in einer Hülle aus Polyethylen oder Schaumstoff verpackt. Die Hülle ist wie eine Art Tüte um die Lampe angeordnet. Die Lampe kann mit der Hülle angefaßt werden. Falls es möglich ist, sollte die Hülle erst im Gerät nach dem Lampeneinbau entfernt werden. Wenn das nicht möglich ist, wird die Lampe nur mit einem Zellstofftuch angefaßt. Noch besser wird ein Zwirnhandschuh verwendet. Einmalhandschuhe aus Latex haben sich für einen Lampenwechsel *nicht* bewährt.
- Die Lampen, auch defekte, dürfen niemals in heißem Zustand angefaßt werden, sie müssen vor dem Umbau erst auskühlen.
- Beim Justieren der Lampen darf niemals in den Strahlengang geblickt werden. Wegen der hohen Leuchtdichte der Halogenlampen und der UV-Strahlung der Deuteriumlampen sind die Augen mit einer zugelassenen Schutzbrille zu schützen.
- Vor dem Auswechseln der Lampen wird das Gerät ausgeschaltet und der Stecker herausgezogen. Es ist äußerste Vorsicht geboten, denn an den Anschlüssen der Deuteriumlampen könnte noch Hochspannung anliegen.

Der Lampeneinbau ist von Gerät zu Gerät unterschiedlich, es muß deshalb auf das Handbuch des Herstellers verwiesen werden. Hier können nur allgemeine Hinweise gegeben werden. Durch eine Vorjustierung der Lampen vom Hersteller ist unter Umständen der Einbau erleichtert. Vorjustierte Lampen sind allerdings wesentlich teurer als universell einsetzbare Lampen.

9.1.1.2 Ersetzen der Halogenlampe

Halogenlampen werden mit relativ niedriger Spannung, aber hohen Stromstärken betrieben. Die Leuchtdichte ist hoch, daher machen sich Übergangswiderstände („Wackelkontakte") an Fassungen und Kabelanschlüssen sofort durch deutliche Helligkeitsschwankungen bemerkbar. An diesen Übergangswiderständen besteht die Gefahr einer lokalen Überhitzung durch Schmorstellen, eventuell kann es im Gerät zu einem Brand kommen.

Beim Ersetzen von Halogenlampen sind folgende Punkte zu beachten:

- Das Gerät wird ausgeschaltet, der Stecker gezogen und alle Küvetten aus dem Strahlengang entfernt.
- Gemäß Handbuch des Fotometers wird wie unter „Lampenwechsel" beschrieben, weiter vorgegangen.
- Die Lampenabdeckung wird geöffnet.
- Die Lampenfassung und die Anschlußdrähte werden auf Schmorstellen geprüft, u. U. sollen sie ausgetauscht werden.
- Die Halterung der Lampe wird gelöst und die Lampe wird herausgezogen.
- Eine neue Lampe wird eingesetzt und die Halterung, falls vorhanden, wieder festgeschraubt. Die Stromzuführungen müssen wieder abgedeckt werden, so daß während des Justiervorgangs die Anschlüsse nicht versehentlich berührt werden können. Immer auf festen Sitz der Anschlußdrähte achten, aber auch auf festen Sitz der Lampe in der Fassung (Vermeidung von Schmorstellen durch „Wackelkontakte").
- Eine geeignete Schutzbrille ist aufzusetzen und das Gerät ist wieder einzuschalten.
- Eine mittlere Wellenlänge (540 nm) ist einzustellen. Die Justierungsarbeiten sind bei dieser Wellenlänge fortzuführen.
- An den Lampenfassungen befinden sich üblicherweise zwei Justierschrauben. Eine Schraube verstellt die Lampe in horizontaler, die andere in vertikaler Richtung. Der Lichtfleck der Halogenlampe wird auf den Eintrittsspalt des Monochromators gerichtet. Wenn der Lichtfleck nicht gut sichtbar ist, wird der Eintrittsspalt mit weißem Papier abgedeckt. Dabei muß darauf geachtet werden, daß die Lampe nicht mit den Händen und auch nicht mit dem Papier berührt wird.
- Bei manchen Fotometern kann von Zweistrahl- auf Einstrahlmessung umgeschaltet werden. Falls das möglich ist, wird auf Einstrahlmessung („Single-beam") umgeschaltet.
- Die Anzeige wird auf Transmission umgeschaltet und die automatische Nullpunktskorrektur eingeschaltet. Mit den Justierschrauben an der Lam-

pe muß ein möglichst hoher Wert in der Anzeige eingestellt werden (100% sollten erreicht werden). Wenn der angezeigte Wert der Transmission zu groß wird (über 200%), muß eventuell nochmals die automatische Nullpunktskorrektur betätigt werden.

- Nach erfolgreicher Justierung wird der feste Sitz der Schrauben überprüft und das Lampengehäuse wieder geschlossen.
- Das Datum des Lampenwechsels ist zu notieren, um je nach Betriebszeit die Lampe wieder auszuwechseln.
- Die Basisliniendrift ist nach einer Mindesteinschaltdauer von 10 Minuten im VIS- und im UV-Bereich durch einen Wellenlängenscan zu kontrollieren. Bei ca. 340 nm wird automatisch ein Spiegel in den Lampenstrahlengang eingeschwenkt, um vom sichtbaren Licht auf UV-Licht umzuschalten. Bei der Aufzeichnung der Basislinie darf an der Stelle kein Liniensprung zu sehen sein. Falls doch ein Sprung zu sehen ist, muß auch die UV-Lampe justiert werden.

9.1.1.3 Ersetzen der Deuteriumlampe

Deuteriumlampen erzeugen ultraviolettes Licht mit einer gleichmäßigen Energieabgabe innerhalb des Spektralbereiches. Die UV-Strahlung verläßt die Lampe durch ein Fenster. Dieses Fenster ist im Inneren der Lampe durch einen Blechausschnitt in den Elektroden gut erkennbar. Die Deuterium-Lampe darf niemals mit bloßen Fingern berührt werden. Fett und Schweiß auf der Glasoberfläche absorbieren UV-Licht und brennen bei den Betriebstemperaturen der Lampe in das Quarzglas ein.

An den Lampen liegt während des Betriebs eine Spannung bis zu 200 V an. Diese Spannung kann nach dem Ausschalten des Gerätes für kurze Zeit an den Anschlüssen noch vorhanden sein.

Die Augen des Anwenders müssen wegen der UV-Strahlung durch eine geeignete Schutzbrille geschützt werden.

Der Deuterium-Lampenwechsel wird wie folgt durchgeführt:

- Das Gerät wird ausgeschaltet, der Stecker gezogen und alle Küvetten aus dem Strahlengang entfernt.
- Die Lampenabdeckung wird geöffnet.
- Die UV-Lampe hat drei Anschlußdrähte. Bei einem Lampenwechsel dürfen die Anschlußdrähte nicht verwechselt werden. Die Reihenfolge und Farben der Drähte werden zweckmäßigerweise auf einem Zettel notiert. Sollten die Anschlußdrähte der neuen Lampe andere Farben haben, ist meistens die Zündelektrode erkennbar. Dadurch können später die anderen Anschlüsse zugeordnet werden.

- Die Abdeckung der Anschlußdrähte der Lampe werden freigelegt (die Schraubverbindungen werden oft wegen der höheren Betriebsspannungen durch ein Plexiglasplättchen abgedeckt). An den Anschlußdrähten wird gemessen, ob wirklich keine Spannung mehr vorhanden ist.
- Die Anschlußdrähte werden gelöst, dabei sind die Stromanschlüsse auf Schmorstellen zu prüfen. Die Halterung der Deuteriumlampe ist vorsichtig zu lösen, die defekte Lampe wird herausgezogen.
- Eine neue Lampe wird eingesetzt, dabei darf das Quarzglasgehäuse nicht mit den Fingern berührt werden. Die Zuführungskabel werden in der richtigen Reihenfolge angeschlossen und das Lampenfenster grob auf den Umschaltspiegel bzw. auf den Eintrittsspalt des Monochromators ausgerichtet.
- Die Halterung wird wieder festgeschraubt und die Stromzuführungen werden abgedeckt. Damit ist gewährleistet, daß während des Justiervorgangs die Anschlüsse nicht versehentlich berührt werden können. Es ist auf festen Sitz der Anschlußdrähte zu achten, aber auch auf festen Sitz der Lampe in der Fassung (Vermeidung von Schmorstellen durch „Wackelkontakte").
- Die Schutzbrille zum Schutz vor der UV-Strahlung ist aufzusetzen, der direkte Augenkontakt mit der UV-Strahlung ist unbedingt zu vermeiden!
- Das Gerät wird wieder eingeschaltet und die Deuteriumlampe „gezündet".
- Eine mittlere Wellenlänge im UV-Bereich (z. B. 254 nm) wird eingestellt. Die Justierungsarbeiten sind bei dieser Wellenlänge fortzuführen. Nach ca. 30 bis 60 Sekunden zündet die Lampe. Ein bläulich-weißer Fleck erscheint am Eintrittsspalt des Monochromators.
- An den Lampenfassungen befinden sich üblicherweise zwei Justierschrauben. Eine Schraube verstellt die Lampe in horizontaler, die andere in vertikaler Richtung. Der Lichtfleck der Halogenlampe wird auf den Eintrittsspalt des Monochromators gerichtet. Wenn der Lichtfleck nicht gut sichtbar ist, wird der Eintrittsspalt mit weißem Papier abgedeckt. Dabei darf die Lampe nicht mit den Händen und nicht mit dem Papier berührt werden. Sollte der Lichtfleck schlecht erkennbar sein, kann das UV-Licht mit einem dicken Strich eines fluoreszierenden Textmarkers sichtbar gemacht werden.
- Bei manchen Fotometern kann von Zweistrahl- auf Einstrahlmessung umgeschaltet werden. Wenn das möglich ist, wird auf Einstrahlmessung („Single-beam") umgeschaltet.
- Die Anzeige wird auf „Transmission" umgeschaltet und die automatische Nullpunktskorrektur eingeschaltet. Mit den Justierschrauben an der Lampe wird der Wert auf dem Display auf 100% eingestellt.
- Nach der erfolgreichen Justierung sollte der feste Sitz der Schrauben überprüft und das Lampengehäuse wieder geschlossen werden.
- Das Datum des Lampenwechsels ist zu notieren, um je nach Betriebszeit die Lampe auszuwechseln.

Die Basisliniendrift wird nach einer Mindesteinschaltdauer von 10 Minuten im VIS- und im UV-Bereich durch einen Wellenlängenscan kontrolliert. Bei ca. 340 nm wird automatisch ein Spiegel in den Lampenstrahlengang eingeschwenkt, um vom sichtbaren Licht auf UV-Licht umzuschalten. Bei der Aufzeichnung der Basislinie darf an dieser Stelle kein Sprung im Spektrum zu erkennen sein. Falls doch ein Basisliniensprung auftritt, muß die UV-Lampe nochmals nachjustiert werden.

9.1.2 Beseitigung eines Basisliniensprungs

Die Spektralbereiche der beiden im Fotometer verwendeten Lampen überlappen sich. Wenn keine Küvetten im Strahlengang sind, muß bei beiden Lampentypen der Transmissionswert „100%" auf dem Display angezeigt werden. In der Meßart „Absorption" muß die Anzeige „0%" sein. Beim Durchscannen des gesamten Spektralbereiches wird bei einer Wellenlänge von ca. 340 nm durch Einschwenken eines Spiegels von der einen auf die andere Lampe umgeschaltet. Nach dem Umschalten darf sich die Anzeige am Fotometer nicht ändern. Durch sorgfältiges Justieren der Lampen kann eine Veränderung des Meßwertes an der Anzeige beim Umschalten des Spiegels vermieden werden. Eine falsche Lampenjustierung führt zu einer Veränderung der Grundlinie des Spektrums (Basisliniensprung). Der Basisliniensprung ist durch folgende Arbeitsschritte zu beseitigen:

- Die Lampenabdeckung wird entfernt, um an die Justierschrauben zu gelangen.
- Das Gerät wird eingeschaltet, auf Zweistrahlbetrieb umgestellt und die Meßart „Transmission" gewählt.
- Die Halogenlampe und die Deuteriumlampe sind einzuschalten und das Gerät wird 10 bis 15 Minuten warmlaufen gelassen.
- Im Handbuch des Fotometers muß nachgesehen werden, bei welcher Wellenlänge die Lampen umgeschaltet werden. Zwei Nanometer oberhalb und unterhalb des beschriebenen Umschlagpunktes wird auf die Funktion der beiden Lampen getestet. Beispiel: der Umschaltpunkt sei nach Handbuch bei einer Wellenlänge von 340 nm vorgesehen. Die Halogenlampe wird dann bei 342 nm, die Deuteriumlampe bei 338 nm getestet.
- Die Wellenlänge von 342 nm wird eingestellt, die Halogenlampe ist im Strahlengang. Der erscheinende Transmissionswert auf dem Display wird bis auf die letzte Kommastelle notiert.

- Die Wellenlänge von 338 nm wird eingestellt, die Deuteriumlampe ist im Strahlengang. Die Deuteriumlampe wird so justiert, daß der Transmissionswert mit dem Wert der Halogenlampe übereinstimmt.
- Durch mehrfache Kontrolle bei der Halogenlampe und der Deuteriumlampe ist die Anzeige der Transmission so genau einzustellen, daß bei beiden Lampen der Transmissionswert gleich ist.
- Die Kontrolle der Basislinie wird jetzt durch einen automatischen Wellenlängenscan im Bereich um 340 nm durchgeführt, es darf kein Sprung der Basislinie zu sehen sein.

9.2 Überprüfung des Meßraums

Der Meßraum des Fotometers muß immer dunkel gehalten werden. Ist das nicht der Fall, kann unter Umständen der Fotomultiplier beschädigt werden. Durch Fremdlicht besteht die Gefahr einer Falschmessung. Jedes Fotometer hat eine Klappe, mit welcher der Meßraum lichtdicht verschlossen wird. Die geöffnete Klappe wird durch einen Mikroschalter überwacht. Wird trotz geschlossener Klappe ein offener Meßraum angezeigt, ist die Lage des Mikroschalters falsch justiert. Durch Nachjustieren des Schalters kann der Fehler leicht behoben werden.

9.3 Kontrolle der Extinktion

Eine Kontrolle des Fotometers auf Streulicht kann erfolgen, indem die hintere Küvette leer bleibt und die Küvette mit einer Blindlösung in dem vorderen Strahlengang gemessen wird. Dabei muß die automatische Nullpunktskorrektur ausgeschaltet sein. Der jetzt angezeigte Wert der Extinktion muß noch innerhalb der Gerätespezifikationen liegen, mindestens jedoch um 1 Abs niedriger als der maximal mögliche Meßwert (meist bis zu 4 Abs). Anschließend stellt man die Küvette mit der Meßlösung in den vorderen Strahlengang und mißt wieder die Extinktion. Auch dieser gemessene Wert muß noch unterhalb der Grenze der Gerätespezifikationen liegen. Die Differenz beider Meßwerte wird notiert. Anschließend wird in beide Küvetten Blindlösung gegeben und der Nullpunkt korrigiert.

Eine weitere Messung mit der Meßlösung muß denselben Wert ergeben, wie die Wertedifferenz aus der Direktmessung. Ist dies nicht der Fall, liegt ein Fehler in der Auswertungslinearität im Fotometer vor.

Manchmal zeigt das Fotometer auch negative Werte an. Negative Werte bedeuten, daß die Absorption in der hinteren Küvette größer ist als die Absorption in der vorderen Küvette. Vermutlich wurden die Plätze der Küvetten verwechselt.

9.4   Größenordnung der Abweichungen der Meßwerte

Die Anzeige der Extinktion für quantitative Analysen sollte den Wert 1,2 Abs nicht überschreiten. Am besten sind gewöhnlich die Ergebnisse, wenn der Meßwert knapp unter 1 Abs liegt. Befindet sich der Meßwert unterhalb 0,1 Abs, ist dieser Wert wegen der Anzeige- und Meßfehlern des Gerätes zu ungenau. Bei niedrigen Meßbereichen tritt das Detektorrauschen, die Instabilitäten der Lichtquellen sowie der elektronischen Signalauswertung stärker in den Vordergrund. Wenn der Extinktionsmeßbereich zwischen 0,3 Abs und 1 Abs gewählt wird, kann man mit einer relativen Meßabweichung von kleiner als 1% rechnen. Das macht das Fotometer zu einem recht genauen Meßgerät.

Für auftretende Meßabweichungen sollte auch bei einem Fotometer eine statistische Bewertung der Meßwerte erfolgen (siehe Kapitel 8).

9.5   Auftretende systematische Meßfehler

Zufällige Meßabweichungen und systematisch auftretende Fehler sind mit den Mitteln der Statistik zu unterscheiden. Dabei sind zufällige Meßabweichungen zu akzeptieren und nur noch durch Verfahrensverbesserungen zu minimieren. Systematische Fehler zu vermeiden, ist ein wichtiges Ziel der Arbeits- und Meßtechnik. Einige systematische Fehler sind beispielsweise in Tabelle 9-1 aufgeführt.

Spezifische Gerätefehler können hier nicht beschrieben werden. Es sei auf die Handbücher der Herstellerfirmen verwiesen.

Tabelle 9-1. Systematische Meßfehler und ihre möglichen Ursachen

Fehler	Ursache
Die Extinktionen sind zu klein.	Die Konzentration der Lösung ist zu gering, die Reagenzlösung zu schwach konzentriert, die Lösungen sind falsch angesetzt, es wurden Fehler beim Ansatz der Verdünnungsreihen gemacht.
Die Extinktionen sind zu klein und das Extinktionsmaximum erscheint verschoben.	Ein Gerätefehler ist aufgetreten: Die Gittereinstellung hat sich verschoben. Der mechanische Fehler ist nicht vom Anwender zu beheben.
Die Anzeige schwankt sehr stark und das Rauschen ist sehr groß.	Eventuell wurde eine falsche Küvette verwendet, eine falsche Lampe eingeschaltet oder die entsprechende Lampe ist defekt.
Die Meßwerte einer Kalibriergeraden sind nicht proportional zur Konzentration und die Extinktionen liegen insgesamt sehr hoch.	Es wurde eine zu hohe Konzentration verwendet, die Extinktionen liegen außerhalb der Gültigkeit des Lambert-Beerschen Gesetzes.
Die Meßwerte der Kalibriergeraden streuen sehr stark. Die Kalibriergerade geht nicht durch den Nullpunkt, obwohl alle Meßpunkte auf der Geraden liegen.	Falsches Ansetzen der Verdünnungsreihe oder die Kolbeninhalte wurden nicht ausreichend vermischt. Die Blindlösung enthält nur Lösungsmittel, nicht jedoch das Reagenz; der Nullpunkt ist mit der falschen Blindlösung korrigiert worden.

9.6 Kontrolle des Gerätes durch ständige Überwachung

Die Fotometer sollten ständig überwacht werden. Die beiden wichtigsten Kontrollen sind die Überprüfung der Wellenlängeneinstellung und die Überprüfung der Linearität.

Ein Eintrag der Meßwerte in eine Regelkarte zeigt sehr bald, ob sich die Geräteparameter verändert haben. Eine langsame Änderung der Werte (Trendbildung) kann leicht durch die Eintragungen in eine Regelkarte festgestellt werden.

Besonders die Bewertung der Extinktionskontrolle ist als Hinweis auf die Linearität des Fotometers aussagekräftig. Mit Analytlösungen bekannter Konzentration wird die Linearität der Fotometer überprüft. Als Maß für die Linearität wird die Verfahrensstandardabweichung s_{xo} vorgeschlagen. In Kapitel 8 wurde die statistische Bewertung von Meßergebnissen ausführlich beschrieben. Die berechnete Verfahrensstandardabweichung kann in eine Regelkarte eingetragen werden. Der Vorteil dieser Arbeitsweise ist, daß man Abweichungen von der Linearität schnell erkennen kann. Der Nachteil dieser Methode ist, daß man nicht beurteilen kann, ob die Linearitätsabweichungen vom Gerät oder vom ausführenden Personal kommen.

Abb. 9-1 zeigt eine mit Hilfe von MS EXCEL® erstellte Regelkarte, in der die Verfahrensstandardabweichung s_{xo} in Abhängigkeit von der Zeit aufgetragen wurde. Auf der x-Achse ist der Tag der Messung angeben, auf der y-Achse wird die Verfahrensstandardabweichung aufgetragen. Die eingezeichnete Linie ist die Trendlinie. Von einigen Ausreißern abgesehen, zeigt die Regelkarte ein gleichmäßiges Bild. Die Werte streuen zwar etwas, aber ein *Trend in eine Richtung* ist nicht erkennbar. Das bedeutet, daß das Fotometer im Bereich der Linearität kaum eine Abweichung zeigt. Die Abweichungen am 18. Tag, am 22. Tag und am 24. Tag sind wahrscheinlich auf unsauberes Ansetzen der Kalibrierlösungen zurückzuführen. Die sichtbare negative Steigung der Trendlinie ist bisher unbedenklich, jedoch sollte man langfristig nach den Ursachen suchen.

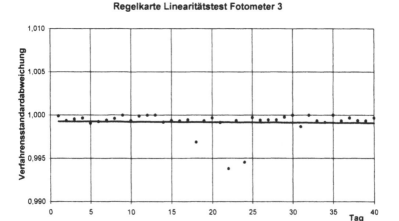

Abb. 9-1. Regelkarte Linearitätstest

Eine stärkere negative Steigung der Ausgleichsgeraden kann auf fehlerhafte Bauteile zurückgeführt werden. Veränderte Umgebungsbedingungen des Fotometers (z. B. Temperatur) ergeben u. U. ebenfalls negative Trendlinien.

9.7 Fehleranalyse und Gewichtung der möglichen Fehlerquellen

Bei der Fotometrie können eine Reihe von Fehlern die Messungen verfälschen. Es ist sinnvoll, die gesamte analytische Vorgehensweise (Vorbereitung, Messung, Auswertung) auf Fehlerquellen zu untersuchen. Es gibt dafür eine Reihe von Verfahren, die die auftretenden Fehlerquellen bewerten. Ein Verfahren, die Fehlerquellen zu bewerten, ist die *FMEA-Methode* (FMEA: *F*ailure *M*ode and *E*ffekts *A*nalysis) [1]. Man kann auf diese Weise eine Aussage treffen, wie deutlich sich Fehler auswirken können und bei welchem Arbeitsschritt man besonders kritisch sein muß.

Am Beispiel einer Konzentrationsbestimmung eines Analyten mit Hilfe einer Kalibriergeraden soll hier die entsprechende FMEA gezeigt werden. Zuerst werden vom Anwender alle eventuell auftretende Fehler in einer Tabelle aufgelistet (Brainstorming-Phase). Es wird zuerst weder auf eine Reihenfolge noch auf eine Bewertung der Fehlerquellen geachtet. Auch eher unwahrscheinliche Fehler sollten mit aufgeführt werden. Dann unterzieht man die unsortierte Fehlerliste einer persönlichen Gewichtung. In Ta-

Tabelle 9-2. Fehlermöglichkeiten bei einer fotometrischen Konzentrationsbestimmung eines Analyten mit Hilfe einer Kalibriergeraden

1. Ungenaues Ansetzen der Stammlösung (z. B. Pipettierfehler)
2. Verdünnungsreihen falsch angesetzt
3. Meßkolben für den Ansatz der Lösungen verschmutzt
4. Falsche Blindlösung verwendet
5. Wellenlänge falsch eingestellt
6. Küvetten falsch eingesetzt
7. Zu wenig Werte auf der Kalibriergeraden
8. Probe (Analyt) falsch angesetzt
9. Probenergebnis liegt nicht in der Mitte der Kalibriergeraden
10. Linearität des Fotometers ist nicht vorhanden
11. Luftblasen in der Küvette

Tabelle 9-3. Bewertungsziffern für die Auswirkung auftretender Fehler

Bewertung: Fehler in *Spalte* 1 wirkt sich stärker aus als *Fehler* in Zeile 1, siehe dazu Abb. 9-2	Bewertungsziffer
Wichtiger als	2
Gleich wichtig	1
weniger wichtig als	0

Tabelle 9-4. Bewertungsfaktoren. Auswirkungen auftretender Fehler auf das Meßergebnis

Wichtigkeit, Auswirkung auf das Ergebnis der Messung	Faktor
Sehr wichtig, starke Auswirkung auf das Meßergebnis	10
Wichtig, Auswirkung auf das Meßergebnis	5
Weniger wichtig, schwache Auswirkung auf das Meßergebnis	1

belle 9-2 ist eine Fehlerliste aufgelistet. Die Tabelle erhebt keinen Anspruch auf Vollständigkeit, sondern soll nur einige wesentliche Fehlermöglichkeiten darstellen.

Anschließend wird eine FMEA-Matrix erstellt. Dazu werden die Fehler in gleichlautende Spalten und Zeilen eingetragen.

Abb. 9-2 zeigt auf der linken Seite in der ersten *Spalte* den Fehler Nr .1 der Tabelle 9-2. In der ersten *Zeile* ist der gleiche Fehler aufgelistet. In der zweiten Spalte und Zeile wird der Fehler Nr. 2 aufgelistet, usw. Es entsteht aus der Anordnung von Zeilen und Spalten eine Matrix. Dann erfolgt die Wichtigkeitsbewertung der Fehler. Die in der ersten Spalte stehenden Fehler werden in der Wichtigkeit mit den anderen, aufgelisteten Fehlern verglichen. Dazu muß eine Bewertungsziffer gefunden werden (Tabelle 9-3).

Beispielsweise wirkt sich ein anfänglicher Fehler beim Ansetzen der Stammlösung stärker aus als der Fehler bei den Verdünnungsreihen. Es wird daher dieser Fehler mit der Bewertungsziffer 2 bewertet. Fehlervermeidung beim Ansetzen der Verdünnungsreihen ist trotzdem sehr wichtig. Deshalb wurde in der dritten Zeile die Bewertungsziffer 1 beim Ansetzen der Vergleichslösungen vergeben. Es entsteht eine Matrix von Bewertungsziffern. Die Bewertungsziffern der einzelnen Zeilen werden addiert und diese Summe wird in der 13. Spalte eingetragen. Die Wichtigkeit der einzelnen Fehlermöglichkeiten wird nochmals bewertet und mit einem Faktor versehen.

Fotometrie
FMEA- Analyse

Wichtiger als .....ist.....	Ansatz der Stammlösung	Verdünnungsreihen	Kolben verschmutzt	Falsche Blindlösung	Wellenlänge falsch eingestellt	Küvette falsch eingesetzt	Zu wenig Werte auf der Kalibriergerad	Probe falsch angesetzt	Probe nicht in d. Mitte der Kal.-gerade	Linearität des Fotometers falsch	Luftblasen in der Küvette	Summe	Faktor	Summe * Faktor
Ansatz der Stammlösung		2	1	2	2	1	2	1	2	1	1	15	10	150
Verdünnungsreihen	1		1	2	2	1	2	1	2	1	1	14	10	140
Kolben verschmutzt	1	1		2	2	1	2	1	2	1	1	14	10	140
Falsche Blindlösung	0	0	0		0	0	1	0	1	0	0	2	5	10
Wellenlänge falsch eingestellt	0	0	0	0		0	1	0	1	1	0	3	5	15
Küvette falsch eingesetzt	1	1	1	2	2		2	1	2	1	1	14	10	140
Zu wenig Werte auf der Kalibriergeraden	0	0	0	0	2	1		0	1	0	0	4	5	20
Probe falsch angesetzt	1	1	1	2	2	1	2		2	1	1	14	10	140
Probe nicht in d. Mitte der Kal.-gerade	0	1	0	2	1	0	1	0		1	0	6	5	30
Linearität des Fotometers falsch	2	2	1	2	2	0	2	1	2		1	15	10	150
Luftblasen in der Küvette	1	1	1	2	2	0	2	1	2	1		13	10	130

Wichtigkeit:
Wichtiger	2
gleich wichtig	1
weniger wichtig	0

Faktoren
sehr wichtig	10
wichtig	5
weniger wichtig	1

Abb. 9-2. Matrix der FMEA-Analyse. Wichtigkeit: 2 = wichtiger, 1= gleich wichtig, 0 = weniger wichtig. Faktoren: 10 = sehr wichtig, 5 = wichtig, 1 = weniger wichtig

In der letzten Spalte der Abb. 9-2 wird die Summe der Bewertungsziffern gewichtet und mit Faktoren aus der Tabelle 9-4 multipliziert. Das Produkt aus der Summe der Bewertungsziffern und dem Faktor steht in der letzten Spalte.

Tabelle 9-5. Ergebnis der FMEA-Analyse einer fotometrischen Konzentrationsbestimmung

Fehlermöglichkeit	Bewertungsziffer aus der FMEA-Analyse
Ungenaues Ansetzen der Stammlösung	150
Linearität des Fotometers nicht vorhanden	150
Verdünnungsreihen falsch angesetzt	140
Kolben verschmutzt	140
Küvette falsch eingesetzt	140
Probe falsch angesetzt	140
Luftblasen in der Küvette	130
Probe nicht in der Mitte der Kalibriergeraden	30
Zu wenig Werte auf der Kalibriergeraden	20
Wellenlänge falsch eingestellt	15
Falsche Blindlösung	10

Das Ergebnis in der letzten Spalte ist ein Maß für die Auswirkungen der Einzelfehler auf das Gesamtergebnis der Messungen. Aus der FMEA-Analyse in Abb. 9-2 ergibt sich eindeutig, daß bei einer fotometrischen Analyse die Fehler beim Herstellen der Probenlösungen und der Verdünnungsreihen am kritischsten zu bewerten sind.

Die Fehler in der Reihenfolge der gefundenen Kennzahlen aus der FMEA-Analyse sind in Tabelle 9-5 aufgelistet. Die Liste sollte vom Anwender kritisch auf ihre Plausibilität untersucht werden und eventuell einer erneuten FMEA-Analyse unterworfen werden.

Besonders die Arbeitsschritte, deren Fehler in der FMEA-Liste mit den höchsten Werten versehen sind, sollten vom Anwender genau und selbstkritisch durchgeführt werden. Falls keine Methodenfehler aufgetreten sind, können richtige und präzise Ergebnisse erwartet werden.

9.8   Literatur

[1] Firmenbroschüre HOECHST AG (1991) Funktionsbildung. Fehler-Möglichkeiten erkennen und ausschalten (FMEA)

10 Praktische Versuche

10.1 Umgang mit Küvetten

Die Küvette ist Bestandteil des optischen Systems. Eine Küvette muß mit der gleichen Sorgfalt wie das übrige optische System behandelt werden. Beim Umgang mit Küvetten müssen bestimmte Grundregeln eingehalten werden.

Jede Küvette hat zwei glasklare und zwei mattierte Seiten. Durch die klaren Seiten soll im Fotometer das Licht aus dem Monochromator durchscheinen. Die klaren Seiten sind meistens durch eine Aufschrift oder einen Pfeil markiert. Auf diesen Seiten dürfen keinesfalls Kratzer sein, es entsteht sonst ein Streulicht. Die Küvette darf nicht an diesen Seiten mit bloßen Händen angefaßt werden, denn Fingerabdrücke beeinflussen die Extinktionswerte. Die beiden anderen Küvettenseiten, die mit den Fingern angefaßt werden können, sind gewöhnlich etwas aufgerauht oder undurchsichtig. Den Unterschied zwischen den beiden Küvettenseiten sieht man sehr deutlich.

Die Reinigung der Küvetten darf niemals mechanisch erfolgen, unangenehme Kratzer wären die Folge. Nur in RBS-Lösung oder ähnlichen Reinigungslösungen für Glasgeräte sind die Küvetten zu spülen. Wenn die Küvette von außen abgewischt werden muß, verwendet man ein fusselfreies Zellstofftuch. Normale Haushaltszellstofftücher haben sich nicht bewährt, es bleiben immer wieder Fussel an der Küvette hängen und stören dann den Verlauf des Strahlengangs und führen zu nicht reproduzierbaren Meßwerten.

Bei jeder Meßreihe verwendet man normalerweise *ein* Küvettenpaar, und zwar für die Meß- und Blindlösung immer jeweils dieselbe Küvette. Wenn die Küvetten von Meß- und Blindlösung verwechselt werden, kann das durch Absorptionsunterschiede in dem Küvettenmaterial zu Fehlmessungen führen. Bei Einstrahlfotometern, zu denen auch die Multidiodenarray-Fotometer gehören, darf immer nur die gleiche Küvette zur Ermittlung des Blindwertes und des Meßwertes benutzt werden. Bei Multidiodenarray-Fotometern gibt es als Zubehör automatische Küvettenwechsler, mit denen die Aufnahme einer Meßreihe wie bei Zweistrahlfotometern möglich ist.

Bei der Verwendung von *Einmalküvetten* aus Polystyrol sollte immer nur mit dem gleichen Küvettenpaar gemessen werden. Nach der Aufnahme der Meßreihe ist das Küvettenpaar zu entsorgen. Innerhalb einer Herstellungscharge sind Produktionsunterschiede von Polystyrolküvetten unvermeidbar, die sich bei genauen Messungen negativ auswirken können.

Während der Extinktionsmessung muß darauf geachtet werden, daß sich keine Luftblasen bilden. Die Meß- und Blindlösungen in den Küvetten erwärmen sich durch die Absorption des Lichtes. Die dadurch bedingte geringere Löslichkeit für Luft kann zur Entstehung von Luftblasen beitragen. Das eintreffende Licht wird an den Luftblasen gestreut und die Schichtdicke wird verändert. Die Küvetten müssen daher während einer Meßsequenz ständig auf Luftblasen kontrolliert werden.

Wenn Lösungen unterschiedlicher Konzentration hintereinander gemessen werden, beginnt man zweckmäßigerweise mit der Lösung mit der *niedrigsten* Konzentration. Nach der Messung spült man die Küvette mit der Lösung der nächsthöheren Konzentration zwei- bis dreimal aus. Wasser oder ein Lösungsmittel sollte man nicht als Spülmittel verwenden, denn die Meßlösungen würden auf diese Weise unnötig verdünnt. Werden allerdings verschiedene Lösungen hintereinander gemessen, kann es zu unerwünschten Reaktionen kommen. Dann ist u. U. ein Zwischenschritt zum Küvettenspülen angezeigt.

Bei den Messungen stellt man die Küvetten immer mit der gleichen Seite in den Strahlengang, die Markierung oder Aufschrift auf der klaren Seite muß also bei allen Küvetten und Messungen immer entweder zu der Strahlungsquelle oder nach der gegenüberliegenden Seite zeigen.

Es dürfen niemals verschiedene Küvettenmaterialien in einer Meßsequenz eingesetzt werden. Für den sichtbaren VIS-Bereich benutzt man *Glasküvetten*, die meistens mit grüner Aufschrift „OS" gekennzeichnet sind. Im sichtbaren Bereich können auch Einmalküvetten aus Polystyrol benutzt werden. Beim Umgang mit diesen Küvetten ist die Gefahr relativ groß, den weichen Kunststoff zu zerkratzen. Schon zu festes Abwischen der Küvette mit Zellstoff kann im ungünstigen Fall Kratzer hervorrufen, die die Messung beeinträchtigen.

Für Messungen im UV-Bereich des Spektrums sind Quarzküvetten erforderlich. Die Küvetten tragen die Kennzeichnung „QS", meist mit blauer Schrift. Die Quarzküvetten dürfen auch im sichtbaren Bereich eingesetzt werden.

10.2 Gerätetests

10.2.1 Überprüfung der Wellenlängengenauigkeit durch einen Holmiumfilter

Prinzip: Seltene Erden zeigen in ihrem Spektrum sehr markante Absorptionslinien. Diese Absorptionslinien können herangezogen werden, um die Wellenlängeneinstellung eines Fotometers zu überprüfen. Bekannte dabei benutzte Stoffe sind Erbiumperchlorat und mit Holmium bedampfte Filter. Der Hersteller der Filter gibt die gemessenen Wellenlängenmaxima mit einer Genauigkeit von 0,01 mAbs an. Regelmäßig, d. h. etwa jährlich, müssen die Filter zum Hersteller zurückgeschickt werden, der diese erneut kalibriert. Für die tägliche Praxis mit Genauigkeiten in der Größenordnung 1 mAbs reicht jedoch die Angabe der Wellenlängenmaxima des Herstellers völlig aus.

Abb. 10-1 zeigt die Extinktionsmaxima von Holmium.

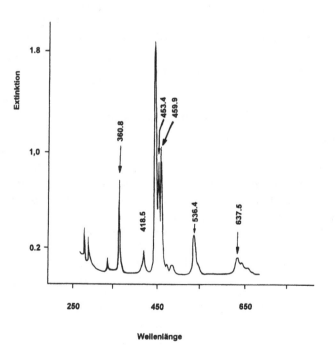

Abb. 10-1. Extinktionsmaxima eines Holmiumfilters

Es ist sinnvoll, ein Formblatt zur Dokumentation der erhaltenen Werte zu verwenden.

Durchführung der Kontrolle: Mit leeren Küvettenhaltern wird die Basislinie bei den vom Hersteller angegebenen Wellenlängen des Filters überprüft. Wenn die Fotometerspezifikationen für die Abweichung von der Basislinie jetzt nicht eingehalten werden (± 30 mAbs sind durchaus möglich), ist diese Abweichung für den Test unerheblich. Der Holmiumfilter wird in den vorderen Küvettenhalter eingesetzt, der hintere Küvettenhalter ist dabei freizulassen. Nacheinander werden am Fotometer die vom Filterhersteller angegebenen Wellenlängen eingestellt. Alle Extinktionswerte werden bei der vom Hersteller angegebenen Wellenlänge notiert. Die eingestellten Wellenlängen werden am Fotometer vorsichtig vergrößert und verringert, dabei wird die Extinktionsanzeige beobachtet. Das jeweilige Maximum der Extinktionsanzeige ist festzustellen und die Wellenlänge zu notieren. Ist kein deutliches Maximum bemerkbar, wird die Wellenlänge notiert, bei der gerade schon eine Änderung der Extinktionsanzeige zu erkennen ist. Dabei sind Bandbreiten von 2 nm normal. Die Genauigkeit der Ablesung hängt von der Genauigkeit der Fotometereinstellung ab. Dazu sind im Fotometerhandbuch die Daten zu entnehmen. Die so bestimmten Wellenlängenmaxima werden in ein Formblatt eingetragen. Bei Abweichungen außerhalb der in den Fotometerdaten angegeben Toleranzgrenzen muß die Ursache gefunden werden, eventuell muß der Kundendienst verständigt werden.

10.2.2 Überprüfung der Wellenlängengenauigkeit durch Kalibriersubstanzen

Der Gerätetest in der UV/VIS-Spektroskopie kann auch durch Vergleich mit Substanzen vorgenommen werden, deren Absorptionsmaxima gut ausgeprägt und dokumentiert sind. Die in Tabelle 10.1 und 10.2 aufgeführten Substanzen werden zur Prüfung vorgeschlagen. Dabei sollen die Wellenlängen nicht mehr als 2 nm von den angegebenen Wellenlängen abweichen.

Entsorgung: Probenlösungen für VIS-Bereich E1 und für UV-Bereich E2 oder E7

Tabelle 10-1. Wellenlängen für den VIS-Bereich

Chemikalie	Konzentration	Wellenlänge
Methylenblau	1 mg/L in Wasser	655 nm
Rhodamin B (R 22/S 22-24u25/Xn)	1 mg/L in Wasser	540 nm

Tabelle 10-2. Wellenlängen für den UV-Bereich

Chemikalie	Konzentration	Wellenlänge λ
Anthracen	15 mg/L in Methanol	375 nm, 356 nm, 339 nm, 323 nm
Acetanilid (R 22/S 22-24u25/Xn)	1 mg/L in Methanol (R 11-23u25/S 2-7-1-24/F, T)	239 nm

10.2.3 Überprüfung der Extinktionswerte mit Graufiltern aus Neutralglas

Prinzip: Zur Überprüfung der Extinktionswerte benutzt man Graufilter aus sogenanntem Neutralglas. Die Extinktionen bei verschiedenen Wellenlängen werden vom Filterhersteller genau angegeben. Die Herstellerangaben werden mit den Meßwerten verglichen und auf Einhaltung der Toleranzen des Gerätes überprüft (Toleranzgrenze ±4 mAbs).

Durchführung:
- Zuerst wird eine Basislinienüberprüfung bei leerem Küvettenhalter vorgenommen.
- Dann wird die vom Hersteller angegebene Wellenlänge des Graufilters eingestellt.
- Der Extinktionswert wird notiert.
- Dann wird die automatische Nullpunktskorrektur eingeschaltet, die Anzeige des Extinktionswertes muß jetzt 0,000 sein.
- Der Graufilter wird in den vorderen Küvettenhalter eingesetzt, dabei wird der Küvettenhalter für Blindlösung freigelassen.
- Der Extinktionswert wird notiert.
- Dann werden nacheinander am Fotometer die vom Filterhersteller angegebenen Wellenlängen eingestellt.

- Die Extinktionswerte bei der angegebenen Wellenlänge werden notiert.
- Die gefundenen Extinktionswerte werden in das Formblatt eingetragen.
- Die Meßreihe wird mit einem Filter mittlerer Absorption (Extinktion ca. 0,5 Abs) wiederholt.
- Die Meßreihe wird mit einem Filter höherer Absorption (Extinktion ca. 1 Abs) wiederholt.
- Bei größeren Abweichungen muß die Ursache gefunden werden, gegebenenfalls muß der Kundendienst verständigt werden.

10.2.4 Überprüfung der Reproduzierbarkeit der Einstellungen

Es wird empfohlen, die Wellenlängeneinstellung regelmäßig in relativ kurzen Intervallen zu überprüfen. Dazu wird z.B. das Holmiumfilter aus dem Hellma-Filtersatz benutzt. Die Abweichungen von den aus früheren Messungen her bekannten Werten werden in eine Regelkarte eingetragen. Dadurch werden Abweichungen und Trends in der Einstellung schon im Ansatz erkannt.

Eine Extinktionsüberprüfung sollte ebenfalls regelmäßig durchgeführt werden. Dazu wird ebenfalls der Hellma-Filtersatz benutzt. Abweichungen von den aus früheren Messungen her bekannten Werte werden ebenfalls in eine Regelkarte eingetragen.

Eine kontinuierliche Geräteüberprüfung erleichtert durch konsequente Dokumentation und Aufbereitung der Meßwerte in Diagrammen und Regelkarten die Erkennung von Änderungen der Gerätespezifikationen bereits zu einem Zeitpunkt, zu dem sich die Parameter immer noch innerhalb der Toleranzzone der Gerätespezifikation befinden.

10.3 Messung der Extinktion am Spektralfotometer

Grundsätzlich können bei einem Zweistrahlfotometer zwei verschiedene Meßverfahren benutzt werden [1]. Bei beiden Verfahren wird eine sogenannte Blindlösung verwendet. Eine Blindlösung ist eine Analysenprobe, die frei vom Analyt ist, sonst aber alle Chemikalien und Lösemittel enthält, die die Probenlösung ebenfalls enthält. Eine Blindprobe wird hergestellt, indem man das reine Lösemittel, welches auch zur Herstellung der Kalibrierlösungen verwendet wird, dem vollen Analysenverfahren mit allen Chemikalien unterwirft. Wird bei einer Konzentration von $x = 0$ eine Extinktion von ungleich 0 erhalten, kann das folgende Ursachen haben:

- Untergrundrauschen des Spektralfotometers,
- Eigenabsorption der Reagenzlösungen,
- unvermeidbare Verunreinigungen der Reagenzien und Lösemittel.

Die Bestimmung des Blindwertes und die sorgfältige Herstellung der Blindlösung ist für den Analytiker von ausschlaggebender Bedeutung. Zur experimentellen Bestimmung des Blindwertes wird dieser aus einer großen Zahl von getrennt durchgeführten Blindprobenanalysen durch Berechnung des Mittelwertes erhalten. Es empfiehlt sich, vor und nach einer Analysenserie den mittleren Blindwert und die jeweiligen Blindwertstreuungen zu bestimmen. Systematische Trends lassen sich dadurch relativ leicht erkennen.

Beim *ersten Verfahren* werden die beiden Strahlengänge mit Hilfe von Wasser auf den optischen Nullzustand gebracht. Dies geschieht bei den meisten Fotometern durch Drücken der „AUTO ZERO"-Taste (siehe ggf. die Gerätebeschreibung). Dann wird die Extinktion einer Blindlösung gemessen. Im Vergleichsstrahlengang befindet sich immer noch Wasser als Vergleichslösung. Anschließend wird die Probenlösung in derselben Küvette (gleiche Richtung im Strahlenkanal!) unter den gegebenen Bedingungen gegen Wasser als Vergleichslösung gemessen. Die korrekte Extinktion der Probelösung erhält man aus der Differenz der Extinktion der abgelesenen Probelösung und der Extinktion der Blindlösung.

Bei einem *zweiten*, wegen der Zeitersparnis sehr häufig benutzen Verfahren, wird in den Vergleichs- und in den Probenstrahlengang die Blindlösung gegeben und mit „AUTO ZERO" auf den optischen Nullzustand gebracht. Dann wird die Blindlösung im Vergleichsstrahlengang belassen und die Blindlösung im Probenstrahlengang durch die Probenlösung ausgetauscht. Dabei sollte dieselbe Küvette (Richtung beachten!) benutzt werden. Die dann abgelesene Probenextinktion ist die bereits korrigierte Extinktion.

Geräte: Spektralfotometer, Polystyrolküvetten, Meßkolben, Pipetten

Chemikalien: Ammoniumheptamolybdat [$(NH_4)_6Mo_7O_{24} \cdot 4H_2O)$] (R 22/S 24/Xn), Ammoniumvanadat (NH_4VO_3) (R 25-36u37u38/S 44/T), Kaliumdihydrogenphosphat, Ammoniaklösung (R 34-36u37u38/S 7-26/C, Xi), Salpetersäure (R 35/S 23-26-36/C)

Herstellung der Lösungen:

Stammlösung: 8,788 g Kaliumdihydrogenphosphat KH_2PO_4 (zwei Stunden bei 105°C getrocknet) werden in einen 1000-mL-Meßkolben eingewogen, der bis zur Marke mit Wasser aufgefüllt wird. Die Lösung enthält 2,00 g/L Phosphor.

20,0 mL dieser Lösung werden in einen 500-mL-Meßkolben pipettiert, der mit Wasser bis zur Marke aufgefüllt wird (Stammlösung).

Ansetzen des VM-Reagenzes:
Lösung 1: 100 g Ammoniumheptamolybdat-4-hydrat werden in einen 1000-mL-Meßkolben eingewogen, mit 400 mL warmem Wasser und 10 mL Ammoniaklösung $w(NH_4OH)25\%$ gelöst und dann bis zur Marke aufgefüllt.

Lösung 2: 2,35 g Ammoniumvanadat werden in einen 1000-mL-Meßkolben eingewogen und mit 400 mL warmem Wasser (max. 50°C) gelöst. 20 mL Salpetersäurelösung $w(HNO_3)=30\%$ werden langsam der Lösung zugefügt, danach wird bis zur Marke mit Wasser aufgefüllt.

VM-Reagenz: 200 mL Lösung 1 und 200 mL Lösung 2 werden mit 134 mL Salpetersäure $w(HNO_3)=65\%$ vermischt und in einem 1000-mL-Meßkolben bis zur Marke mit Wasser aufgefüllt.

Durchführung der Analyse: Nacheinander werden die in der Tabelle 10-3 angegebenen Volumina der einzelnen Lösungen jeweils in einen trockenen 100-mL-Meßkolben gegeben und nach jeder Zugabe vermischt. Die Lösungen, die nur Wasser und VM-Reagenz enthalten, aber kein Phosphor, sind

Tabelle 10-3. Herstellung der Phosphor- und Blindlösung

Stammlösung (mL)	Wasser (mL)	VM-Reagenz
– (Blindlösung 1)	25	20
– (Blindlösung 2)	25	20
– (Blindlösung 3)	25	20
– (Blindlösung 4)	25	20
– (Blindlösung 5)	25	20
– (Blindlösung 6)	25	20
– (Blindlösung 7)	25	20
15,0	10	20
15,0	10	20
15,0	10	20

die sieben Blindlösungen. Alle Lösungen sind sofort hintereinander herzustellen.
Nach einer Stehzeit von 10 bis 90 Minuten werden alle 100-mL-Meßkolben mit Wasser bis zur Marke aufgefüllt.
Messen Sie nach beiden beschriebenen Verfahren die mittlere Extinktion der Blindlösung und die Extinktion der Probenlösung und vergleichen Sie die Werte.

Entsorgung: Proben- und Kalibrierlösungen E6

10.4 Zusammenhang zwischen Extinktion, Transmission und Absorption

Geräte: Fotometer, Polystyrolküvetten, Pipetten, Reagenzgläser

Chemikalien: Kobaltchlorid (R 45-22/S 53-24-44/T)

Arbeiten am Fotometer: Nach der Grundeinstellung des Spektralfotometers (siehe dazu die Gerätebeschreibung des Herstellers) wird von der Kobaltchloridlösung gegen Wasser als Blindwert das Spektrum im Bereich von $\lambda = 800$ bis 360 nm aufgenommen. Dazu können Quarz-, Glas- oder Kunststoffküvetten benutzt werden. Aus dem Spektrum ist die Maximumwellenlänge abzulesen und am Fotometer einzustellen. Die Maximumwellenlänge ist durch leichtes Verstellen der Wellenlänge zu überprüfen und gegebenenfalls neu einzustellen. Anschließend ist in beiden Küvetten, ohne Luftblasen zu verursachen, Wasser (Blindlösung) einzufüllen und auf den Nullpunkt (AUTO ZERO) zu regeln.
Die Küvette ist aus dem Probenstrahl zu entnehmen, mit der Kalibrierlösung zu spülen und blasenfrei mit derselben Lösung zu füllen. Danach wird bei der Maximumwellenlänge die Extinktion der Kalibrierlösung bestimmt und notiert. Die Kalibrierlösung wird gegen die Probenlösung ausgetauscht und deren Extinktion bestimmt. Zur Kontrolle sollte nach der Messung nochmals die Probenküvette mit Wasser gespült und die Extinktion der mit Wasser gefüllten Probenküvette gemessen werden. Der Wert „0" sollte sich wieder einstellen. Es ist darauf zu achten, daß sich während der Messung in der Vergleichsküvette keine Luftblasen bilden.

Durchführung: Von einer Kobaltchloridlösung, deren Stoffmengenkonzentration $c(CoCl_2=0,1$ mol/L beträgt, wird entsprechend der Bedienungsanleitung des Fotometers zwischen $\lambda = 800$ und 360 nm die Abhängigkeit der Extinktion (*E* oder *ABS*) von der Wellenlänge („Wellenlängen-Scan") aufgenommen. Aus dem erhaltenen Extinktion/Wellenlängen-Spektrum wird die Wellenlänge abgelesen, bei der ein Extinktionsmaximum erhalten wurde. Anschließend werden folgende Lösungen unter Zuhilfenahme von Pipetten angesetzt:

Lösung 1:	Kobaltlösung mit $c(CoCl_2)=0,1$ mol/L
Lösung 2:	10,0 mL Kobaltlösung mit $c(CoCl_2)=0,1$ mol/L und 2,0 mL Wasser
Lösung 3:	10,0 mL Kobaltlösung mit $c(CoCl_2)=0,1$ mol/L und 4,0 mL Wasser
Lösung 4:	10,0 mL Kobaltlösung mit $c(CoCl_2)=0,1$ mol/L und 6,0 mL Wasser
Lösung 5:	10,0 mL Kobaltlösung mit $c(CoCl_2)=0,1$ mol/L und 8,0 mL Wasser
Lösung 6:	10,0 mL Kobaltlösung mit $c(CoCl_2)=0,1$ mol/L und 10,0 mL Wasser
Lösung 7:	10,0 mL Kobaltlösung mit $c(CoCl_2)=0,1$ mol/L und 12,0 mL Wasser
Lösung 8:	10,0 mL Kobaltlösung mit $c(CoCl_2)=0,1$ mol/L und 15,0 mL Wasser
Lösung 9:	10,0 mL Kobaltlösung mit $c(CoCl_2)=0,1$ mol/L und 20,0 mL Wasser
Lösung 10:	10,0 mL Kobaltlösung mit $c(CoCl_2)=0,1$ mol/L und 30,0 mL Wasser
Lösung 11:	10,0 mL Kobaltlösung mit $c(CoCl_2)=0,1$ mol/L und 40,0 mL Wasser

Von allen 11 Lösungen wird bei dem vorher bestimmten Wellenlängenmaximum gemäß der Gerätevorschrift die Extinktion bestimmt. Als Blindwert wird reines Wasser verwendet. Anschließend wird der Spektralfotometer auf Transmission (%*T* oder %*D*) eingestellt und die Transmissionen der jeweiligen Lösungen bei der vorher ermittelten Wellenlänge aufgenommen. Falls es der Fotometer zuläßt, wird auf eine Absorptionsmessung (%*A*) umgeschaltet. Läßt der Fotometer dies nicht zu, wird die Absorption durch Gl. (10-1) berechnet:

$$\%A = 100 - \%T \tag{10-1}$$

Auswertung: Tragen Sie in einem Diagramm die Abhängigkeit der Extinktion von der Konzentration an Kobaltchlorid ein. In einem weiteren Diagramm tragen Sie die Abhängigkeit der Absorption und der Transmission von der Konzentration an Kobaltchlorid ein. Vergleichen Sie das Aussehen der drei Kennlinien in den beiden Diagrammen.

Entsorgung: E6

10.5 Bestimmung von molaren Extinktionskoeffizienten

Geräte: Fotometer, Quarzküvetten, Meßkolben, Pipetten

Chemikalien: Aceton (R 11/S9-16-23-33/F), Benzaldehyd (R22/S24/Xn), β-Naptholorange, Naphthalin (R 22/S24/Xn), Maleinsäure (R21u22-34-37/S 26-36u37u39/C), Methanol (R 11-23u25/S 2-7-1-24/F, T)

Prinzip: Die Absorptionsstärke einer Verbindung kann über den Faktor des Lambert-Beerschen-Gesetzes ausgedrückt werden. Der Faktor ε kann daher aus dem Lambert-Beerschen-Gesetz mit Hilfe der Schichtdicke d, der Konzentration c und der Extinktion E berechnet werden (Gl. (10-2)).

$$\varepsilon = \frac{E}{d \cdot c} \qquad (10\text{-}2)$$

Durchführung: Es werden mit Hilfe von Verdünnungsreihen die in Tabelle 10-4 angegebenen Lösungen in Methanol hergestellt und deren genaues Extinktionsmaximum bestimmt. Die Extinktion in einer 1-cm-Küvette wird gegen Methanol als Blindlösung am genauen Extinktionsmaximum bestimmt.

Tabelle 10-4. Herstellung der Verdünnungsreihen

Substanz	Konzentration	Wellenlängenbereich	genaue Extinktion
Aceton	1000 mg/L	250 bis 300 nm	
Benzaldehyd	10 mg/L	220 bis 270 nm	
Naphthalin	10 mg/L	200 bis 300 nm	
β-Naptholorange	10 mg/L	200 bis 500 nm	
Maleinsäure	20 mg/L	200 bis 350 nm	

Mit Hilfe von Gl. (10-2) kann aus den Meßdaten der molare Extinktionskoeffizient ε berechnet werden.

Interpretation: Versuchen Sie, die Größe des jeweiligen Wertes ε mit der chemischen Struktur in Verbindung zu bringen. Näheres finden Sie in Kapitel 6.

Entsorgung: E5 bzw. E7

10.6   Gültigkeit des Lambert-Beerschen Gesetzes

Geräte: Fotometer, Polystyrolküvetten, Meßkolben, Pipetten, Büretten

Chemikalien: Methylenblau (R 22/S 22-24u25/Xn)

Prinzip: Die Gültigkeit des Lambert-Beerschen Gesetzes, sichtbar durch die lineare Abhängigkeit der Extinktion von der Konzentration, gilt nur bis zu einer bestimmten Konzentration. Dann ist die Abhängigkeit der Extinktion mit dem vorher bestimmten Proportionalitätsfaktor ε nicht mehr gültig: das Lambert-Beersche-Gesetz ist ein Grenzgesetz. Bei dieser Aufgabe wird eine Methylenblau-Stammlösung mit paralleler Arbeitsweise so verdünnt, daß Kalibrierlösungen mit immer niedrigeren Konzentrationen entstehen. Von jeder Lösung wird die Extinktion bestimmt. Die gefundenen Extinktionen werden in ein Diagramm in Abhängigkeit von den Konzentrationen an Methylenblau eingetragen. Es ist die Grenzkonzentration zu bestimmen, bei der die Extinktionen deutlich von der geraden Kennlinie abweichen.

In Abb. 10-2 ist die Struktur von Methylenblau abgebildet. Die molare Masse von Methylenblau beträgt 319,84 g/mol.

Durchführung: Es werden 50 mg Methylenblau, auf 0,5 mg genau gewogen, in einen 1000-mL-Meßkolben eingewogen, der mit Wasser bis zur Marke auf-

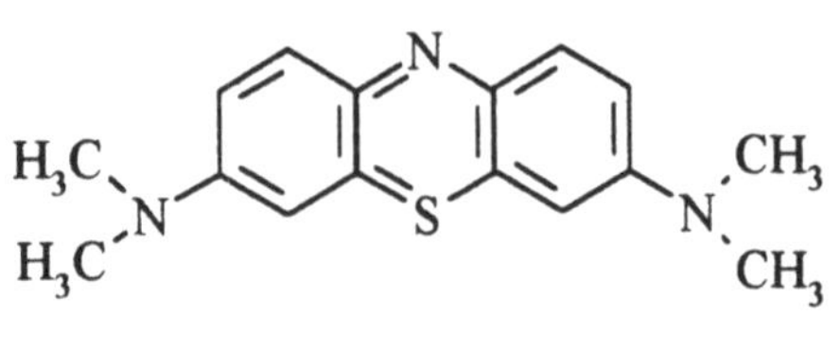

Abb. 10-2. Methylenblau

Tabelle 10-5. Herstellung der Verdünnnungsreihen Methylenblau

Kalibrierlösung	mL Stammlösung
1	0,1
2	0,5
3	1,0
4	3,0
5	5,0
6	7,0
7	10,0
8	15,0
9	20,0
10	40,0
11	50,0
12	60,0

gefüllt wird (Stammlösung). Danach werden folgende Kalibrierlösungen angesetzt, indem die in Tabelle 10-5 angegebenen Volumina Stammlösung mit Hilfe von Pipetten und Büretten in 100-mL-Meßkolben pipettiert werden, die jeweils mit Wasser bis zur Marke aufgefüllt werden.

Mit der Lösung 5 wird von $\lambda = 400$ bis 800 nm gegen Wasser als Blindlösung ein Wellenlängenscan durchgeführt und das Extinktionsmaximum bestimmt. Dann werden alle Lösungen hintereinander vermessen, wobei mit der niedrigsten Konzentration begonnen wird. Von jeder Lösung ist die Stoffmengenkonzentration an Methylenblau zu errechnen.

Auswertung: Tragen Sie die Extinktionswerte in Abhängigkeit von der Stoffmengenkonzentration Methylenblau in ein Diagramm ein. Bestimmen Sie ungefähr die Grenzkonzentration, bei der die Extinktionen die lineare Kennlinie verlassen. Berechnen Sie bis zu und ab dieser Grenzkonzentration den Korrelationskoeffizient r.

Entsorgung: E1

10.7 Fotometrische Bestimmung von Co^{2+}-Lösung (Einpunktkalibrierung)

Geräte: Fotometer, Polystyrolküvetten, Meßkolben, Pipetten, Bürette, Erlenmeyerkolben

Chemikalien: Kobaltchlorid (R 35/S2-26-37 u. 39/C, Xi), EDTA III (z. B. IDRANAL III), Murexid-NaCl-Anreibung 1%.

Prinzip: Aus Kobaltchlorid wird eine Kalibrierlösung mit 500 mg Co^{2+}/L hergestellt und durch Titration mit IDRANAL III überprüft. Die Extinktion der Kalibrierlösung wird am Absorptionsmaximum gemessen. Anschließend wird von einer im Gehalt unbekannten Lösung, die zwischen 400 mg/L und 600 mg/L Co^{2+} enthält, die Extinktion am Extinktionsmaximum bestimmt. Aus den beiden Extinktionen und dem Gehalt der Kalibrierlösung kann man den Gehalt an Co^{2+} in der unbekannten Lösung berechnen. Es wird vorausgesetzt, daß die Abhängigkeit der Extinktion von der Konzentration in dem angegebenen Konzentrationsbereich linear ist [2].

Herstellung der Kalibrierlösung: Die berechnete Menge Kobaltchlorid wird so gelöst, daß eine Lösung mit 500 mg/L Co^{2+} in Wasser entsteht. Die Lösung wird mit genauer EDTA III-Maßlösung gegen Murexid als Indikator im alkalischen (Ammoniak) Bereich von pH 10 titriert. Die Probenlösung, die etwa 50 mg Co^{2+} enthält, wird auf 100 mL mit Wasser aufgefüllt (entspricht ca. 500 mg/L Co^{2+}).

Berechnung:

$$c_{Co} = \frac{E_{Co} \cdot 500 \text{ mg/L}}{E_{Ka}} \tag{10-3}$$

In Gl. (10-3) bedeutet:

c_{Co} Konzentration der Probenlösung in mg/L
E_{Co} Extinktion der Probenlösung
E_{Ka} Extinktion der Kalibrierlösung

Entsorgung: Proben- und Kalibrierlösungen E6

10.8 Fotometrische Bestimmung von *P* (Mehrpunktkalibrierung)

Geräte: Spektralfotometer, Polystyrolküvetten, Meßkolben, Pipetten

Chemikalien: Ammoniumheptamolybdat [$(NH_4)_6Mo_7O_{24}\cdot4H_2O$)] (R 22/S 24/Xn), Ammoniumvanadat (NH_4VO_3) (R 25-36u37u38/S 44/T), Kaliumdihydrogenphosphat, Ammoniaklösung (R 34-36u37u38/S 7-26/C, Xi), Salpetersäure (R 35/S 23-26-36/C)

Prinzip: Die Phosphorprobe (Abwasser), die zwischen 1000 und 1700 µg Phosphor enthält (Abwasser), wird mit Ammoniumheptamolybdat und Ammoniumvanadat (VM-Reagenz) versetzt, dabei entsteht ein stabiler, intensiv gelber Farbkomplex. Aus Kaliumdihydrogenphosphat wird eine Phosphorstammlösung hergestellt, aus der durch Verdünnen Kalibrierlösungen entstehen. Nach der Anfärbung mit VM-Reagenz werden die Extinktionen bestimmt. Die Abhängigkeit der Extinktion von der jeweiligen Konzentration an Phosphor wird grafisch in ein Diagramm aufgetragen und mit Hilfe der „linearen Regression" eine optimale Gerade berechnet. Durch Extrapolation wird der Gehalt an Phosphor in der Probe bestimmt [2].

Herstellung der Lösungen:

Stammlösung: 8,788 g Kaliumdihydrogenphosphat KH_2PO_4 (zwei Stunden bei 105°C getrocknet) werden in einen 1000-mL-Meßkolben eingewogen, der bis zur Marke mit Wasser aufgefüllt wird. Die Lösung enthält 2,00 g/L Phosphor.

20,0 mL dieser Lösung werden in einen 500-mL-Meßkolben pipettiert, der mit Wasser bis zur Marke aufgefüllt wird (Stammlösung).

Probenlösung: Die gegebene Wasserprobe (ca. 5000 µg P/10 mL) wird mit Wasser in einen 100-mL-Meßkolben gespült, der mit Wasser bis zur Marke aufgefüllt wird.

Ansetzen des VM-Reagenzes:

Lösung 1: 100 g Ammoniumheptamolybdat-4-hydrat werden in einen 1000-mL-Meßkolben eingewogen, mit 400 mL warmem Wasser und 10 mL Ammoniaklösung $w(NH_4OH) = 25\%$ gelöst und dann bis zur Marke aufgefüllt.

Lösung 2: 2,35 g Ammoniumvanadat werden in einen 1000-mL-Meßkolben eingewogen und mit 400 mL warmem Wasser (max. 50°C) gelöst. 20 mL Salpetersäurelösung $w(HNO_3) = 30\%$ werden langsam der Lösung zugefügt, danach wird bis zur Marke mit Wasser aufgefüllt.

VM-Reagenz: 200 mL Lösung 1 und 200 mL Lösung 2 werden mit 134 mL Salpetersäure $w(HNO_3) = 65\%$ vermischt und in einem 1000-mL-Meßkolben bis zur Marke mit Wasser aufgefüllt.

Überprüfung der Varianzhomogenität:

Herstellung der Blindlösung: 25 mL Wasser und 20,0 mL VM-Reagenz werden in einen 100-mL-Meßkolben gegeben, der mit Wasser bis zur Marke aufgefüllt wird.

Herstellung von sechs Phosphorlösungen mit niedriger Konzentration (400 µg/100 mL): Aus der Stammlösung werden sechs separate Phosphorlösungen mit einer Konzentration von 400 µg P/100 mL hergestellt, indem jeweils 5,0 mL der Stammlösung in einen 100-mL-Meßkolben pipettiert werden. Dazu gibt man 20 mL Wasser und 20,0 mL VM-Reagenz. Sind alle Reagenzien im Meßkolben, wird dieser bis zur Marke aufgefüllt und 10 Minuten stehen gelassen. Von allen Lösungen ist gegen die Blindlösung die Extinktion bei 430 nm zu messen. Aus den sechs gemessenen Extinktionen werden Mittelwert, Standardabweichung s und Varianz s^2 berechnet (siehe dazu Kapitel 8).

Herstellung von sechs Phosphorlösungen mit hoher Konzentration (2000 µg/100 mL): Aus der Stammlösung werden sechs separate Phosphorlösungen mit einer Konzentration von 2000 µg P/100 mL hergestellt, in dem jeweils 25,0 mL der Stammlösung in 100-mL-Meßkolben pipettiert werden. Dazu gibt man 20,0 mL VM-Reagenz. Sind alle Reagenzien im Meßkolben, wird dieser bis zur Marke aufgefüllt und 10 Minuten stehen gelassen. Von allen Lösungen ist gegen die Blindlösung die Extinktion bei 430 nm zu messen. Aus den sechs gemessenen Extinktionen werden Mittelwert, Standardabweichung s und Varianz s^2 berechnet.

Die beiden berechneten Varianzen werden über den F-Test abgeglichen. Damit wird überprüft, ob die Varianzenunterschiede signifikant oder zufällig sind. Die dazu benötigte Prüfgröße PG wird berechnet und mit dem Tabellenwert der F-Tabelle ($P = 99\%$) abgeglichen. Der Freiheitsgrad f_1 und f_2 beträgt jeweils 5. Ist die Prüfgröße *PG* kleiner als der Tabellenwert, kann von einer Varianzhomogenität ausgegangen werden. Näheres dazu siehe in Kapitel 8.

Ist die Varianzhomogenität nicht gewährleistet, muß untersucht werden, ob der Gültigkeitsbereich des Lambert-Beerschen-Gesetzes verlassen wurde oder die Arbeitsweise des Anwenders ungenügend ist. Erst wenn eine Varianzhomogenität erreicht wurde, ist die Kalibriergerade aufzunehmen.

Durchführung der Analyse: Nacheinander werden die in Tabelle 10-6 und 10-7 angegebenen Volumina der einzelnen Lösungen jeweils in einen trockenen 100-mL-Meßkolben gegeben und nach jeder Zugabe vermischt. Die Kalibrierlösungen werden so genau wie möglich jeweils mit einer Mikrobürette

Tabelle 10-6. Herstellung der Kalibrierlösungen Phosphor

Stammlösung (mL)	Wasser (mL)	VM-Reagenz
– (Blindlösung)	25	20
5,0	20	20
10,0	15	20
15,0	10	20
20,0	5	20
25,0	0	20

Tabelle 10-7. Herstellung der Probenlösungen

Probenlösung (mL)	Wasser (mL)	VM-Reagenz (mL)
20,0	5	20,0
20,0	5	20,0

abgemessen. Die Lösung, die nur Wasser und VM-Reagenz enthält, aber kein Phosphor, ist die Blindlösung. Gegen die Blindlösung werden alle Probenlösungen gemessen. Alle Lösungen sind sofort hintereinander herzustellen.

Nach einer Stehzeit von 10 bis 90 Minuten werden alle 100-mL-Meßkolben bis zur Marke aufgefüllt und bei einer Wellenlänge von 430 nm gegen die Blindlösung die Extinktionen gemessen.

Auswertung: Die Abhängigkeit der Extinktion von der Konzentration an Phosphor in den sechs Kalibrierlösungen ist auf Millimeterpapier zu zeichnen. Es ist auf einen linearen Verlauf der Kennlinie zu achten. Weiterhin ist mit Hilfe der linearen Regression (z. B. mit Hilfe von LOTUS 1-2-3® oder EXCEL®) die Geradengleichung zu bestimmen und die Probe rechnerisch zu erfassen. Die gemittelten Extinktionen der Probe werden in das Diagramm eingetragen und der ungefähre Gehalt an Phosphor in der Probenlösung extrapoliert. Durch Einsetzen der Probenextinktion in die Geradengleichung kann der genaue Phosphorgehalt in der Probenlösung direkt berechnet werden. Mit Hilfe des Verdünnungsfaktors wird der Gehalt an Phosphor in der Probe berechnet. Anzugeben ist:

- Nachweis der Varianzhomogenität,
- Geradengleichung,
- Korrelationskoeffizient r,

- relative Verfahrensstandardabweichung V_{xo} (Ziel: kleiner als 1,5%),
- Masse an Phosphor im Abwasser.

Entsorgung: Proben- und Kalibrierlösungen E6

10.9 Fotometrische Bestimmung von Nitrit im Pökelsalz (Mehrpunktkalibrierung)

Geräte: Fotometer, Polystyrolküvetten, Meßkolben, Pipetten, Büretten, Uhr

Chemikalien: Sulfanilsäure (R 20/21/22/S 25-28/Xn), 1-Naphthylamin
(R 45-20/21/22k-33/S 53-22-36-44/T), Natriumnitrit (R 8-25/S 44/O, T),
Natriumacetatlösung $w(CH_3COONa)=25\%$,
Essigsäurelösung $w(CH_3COOH)=98\%$ (R 10-35/S 23-26-36/C),
Salzsäure (R34-37/S 2-26/C).

Probe: Nitritpökelsalz (NPS, E 250) ist ein Gemisch aus Speisesalz und Natriumnitrit mit höchstens 0,5% und mindestens 0,4% Nitrit, das neben den zulässigen Stoffen zur Erhaltung der Rieselfähigkeit keine anderen Lebensmittel oder Zusatzstoffe enthält. Zum Erhalt der Rieselfähigkeit ist der Zusatz von 20 mg/kg Hexacyanoferrat(II) (berechnet als Kalium-Salz) erlaubt. Nach der Fleisch-Verordnung ist der Zusatz von Nitritpökelsalz zu Fleisch und Fleischerzeugnissen außer zu Brühwürsten, Weißwürsten, Wollwürsten und Fleischklößen bis zu einer Höchstmenge von 150 mg/kg für Rohschinken bzw. 100 mg/kg für andere Fleischerzeugnisse erlaubt.

Prinzip: Die Nitritprobe, die Pökelsalzverdünnung, die zwischen 10 und 60 µg Nitrit in der Meßlösung enthält, wird in salzsaurer Lösung mit einem primären aromatischen Amin (Sulfanilsäure) versetzt, dabei entsteht ein Diazoniumsalz. Mit 1-Naphthylamin entsteht ein Azofarbstoff, dessen Farbstärke von der Konzentration an Nitritionen abhängig ist (Abb. 10-3). Die Reaktion wird in einer Pufferlösung aus Natriumacetat und Essigsäure vorgenommen. Von allen Lösungen wird die Extinktion bei 520 nm gegen die Blindlösung bestimmt [3].

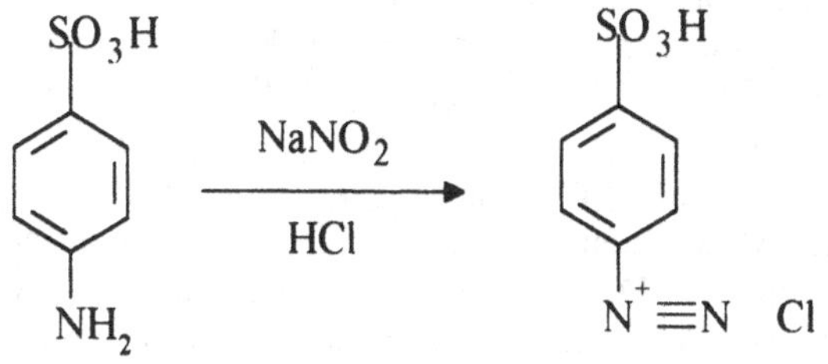

Abb. 10-3. Diazotierungsreaktion

Herstellung der Lösungen:

Nitrit-Stammlösung: Die Nitritstammlösung wird aus Natriumnitrit durch Verdünnungen so hergestellt, daß in 100 mL Lösung 400 µg Nitrit enthalten sind. Dazu werden ca. 600 mg Natriumnitrit, auf 0,5 mg genau gewogen, in einen 1000-mL-Meßkolben eingewogen, der mit Wasser bis zur Marke aufgefüllt wird. Davon werden 10,0 mL in einen 100-mL-Meßkolben pipettiert, der mit Wasser bis zur Marke aufgefüllt wird. Von der letzten Lösung werden wiederum 10,0 mL in einen 100-mL-Meßkolben pipettiert, der mit Wasser bis zur Marke aufgefüllt wird.

Sulfanilsäurelösung: 0,6 g Sulfanilsäure werden in einen 100-mL-Meßkolben eingewogen, der mit Salzsäure, c(HCl)=0,2 mol/L bis zur Marke aufgefüllt wird.

1-Naphthylaminlösung: 0,6 g 1-Naphthylamin werden in einer Mischung von 1 mL Salzsäure, w(HCl)=37% und 99 mL Wasser gelöst.

Überprüfung der Varianzhomogenität: Sechs Nitritlösungen mit der *niedrigsten Konzentration* werden hergestellt, indem jeweils 2,0 mL der Nitritstammlösung in 100-mL-Kolben pipettiert werden. Dazu gibt man jeweils 38 mL Wasser und 4,0 mL Sulfanilsäurereagenz und wartet 4 Minuten. Danach gibt man in jeden Kolben 4,0 mL 1-Napthylaminlösung, 4,0 mL Natriumacetatlösung und 4,0 mL Essigsäurelösung. Sind alle Reagenzien im Meßkolben, wird dieser bis zur Marke aufgefüllt und 10 Minuten stehen lassen.

Die Blindlösung wird hergestellt, indem alle Reagenzien in einen 100-mL-Meßkolben gefüllt werden, die Nitritlösung aber weggelassen wird. Danach wird auch dieser Kolben bis zur Marke aufgefüllt.

Die Kalibrierlösungen sind gegen die Blindlösung bei $\lambda = 515$ nm zu messen. Aus den sechs gemessenen Extinktionen wird Mittelwert, Standardabweichung und Varianz s^2 berechnet.

Sechs Nitritlösungen mit der *höchsten Konzentration* werden hergestellt, indem jeweils 12,0 mL der Nitritstammlösung in 100-mL-Kolben pipettiert werden. Dazu gibt man jeweils 28 mL Wasser und 4,0 mL Sulfanilsäurereagenz und wartet 4 Minuten. Danach gibt man in jeden Kolben 4,0 mL 1-Napthylaminlösung, 4,0 mL Natriumacetatlösung und 4,0 mL Essigsäurelösung. Sind alle Reagenzien im Meßkolben, wird dieser bis zur Marke aufgefüllt und 10 Minuten stehen gelassen. Die Lösungen sind gegen die Blindlösung bei 515 nm zu messen. Aus den sechs gemessenen Extinktionen wird Mittelwert, Standardabweichung und Varianz s^2 berechnet.

Die beiden Streuungen, ausgedrückt über die Varianz, werden über den F-Test ($P=99\%$) abgeglichen. Damit wird überprüft, ob die Varianzenunterschiede signifikant oder zufällig sind. Die Prüfgröße *PG* wird berechnet und mit dem Tabellenwert der F-Tabelle ($P=99\%$) abgeglichen. Der Freiheitsgrad f_1 und f_2 beträgt jeweils 5. Näheres dazu ist in Kapitel 8 zu finden.

Ist die Varianzhomogenität nicht gewährleistet, muß untersucht werden, ob der Gültigkeitsbereich des Lambert-Beerschen-Gesetzes verlassen wurde oder die Arbeitsweise des Anwenders ungenügend ist. Erst wenn eine Varianzhomogenität erreicht wurde, ist die Kalibriergerade aufzunehmen.

Durchführung der Probenanalyse: Die Nitritprobenlösung wird so verdünnt, daß in 100 mL Lösung zwischen 200 und 300 µg Nitrit vorhanden sind (das Pökelsalz enthält 0,4 bis 0,5% $NaNO_2$). Nach und nach werden die in Tabelle 10-8 genannten Reagenzlösungen zugegeben und man läßt nach der Sulfanilsäurezugabe vier Minuten vergehen, bevor die nächste Lösung zugegeben wird. Sind alle Reagenzien im Meßkolben, wird dieser bis zur Marke aufgefüllt und 10 Minuten stehen gelassen. Danach sind alle Lösungen gegen die Blindlösung (Lösung 0) bei 515 nm zu messen. Danach gibt man in jeden Kolben 4,0 mL 1-Napthylaminlösung, 4,0 mL Natriumacetatlösung und 4,0 mL Essigsäure.

Auswertung: Die Abhängigkeit der Extinktion von der jeweiligen Konzentration an Nitrit wird grafisch in ein Diagramm aufgetragen. Gleichzeitig muß der Nachweis erbracht werden, daß die gerade Funktion einer nichtgeraden Funktion überlegen ist. Dazu wird nach Mandel eine lineare und eine nichtlineare Regression durchgeführt und die Kennwerte (Verfahrensstandardabweichung) abgeglichen. Näheres ist in Kapitel 8 aufgeführt. Ist die gerade Kennlinie über eine Geradengleichung akzeptabel, wird mit Hilfe der linearen Regression eine optimale Kennlinie berechnet. Der Gehalt an Nitrit in der Probe wird mit der erhaltenen Geradengleichung berechnet.

Tabelle 10-8. Herstellung der Kalibrierlösungen Nitrit

Nummer	Stamm-lösung, V in mL	Wasser, V in mL	Sulfanil-säure-lösung, V in mL, dann 4 Minuten warten	1-Napthyl-amin-lösung, V in mL	Natrium-acetat-lösung, V in mL	Essigsäure-lösung, V in mL
0	–	40	4,0	4,0	4,0	4,0
1	2,0	38	4,0	4,0	4,0	4,0
2	4,0	36	4,0	4,0	4,0	4,0
3	6,0	34	4,0	4,0	4,0	4,0
4	8,0	32	4,0	4,0	4,0	4,0
5	10,0	30	4,0	4,0	4,0	4,0
6	12,0	28	4,0	4,0	4,0	4,0
Proben-lösung	10,0	30	4,0	4,0	4,0	4,0

Anzugeben ist:
- Nachweis der Varianzenhomogenität,
- Beweis, daß die Geradengleichung akzeptabel ist,
- Geradengleichung,
- Korrelationskoeffizient r,
- relative Verfahrensstandardabweichung V_{xo} (Ziel: kleiner als 1,0%),
- Konzentration an Nitrit im Pökelsalz,
- Berechnung des Prognoseintervalls für $P = 95\%$.

- *Entsorgung:* E3 (Vollbiologische Kläranlage)

10.10 Fotometrische Bestimmung von Benzoesäure im UV-Bereich (Einpunktkalibrierung)

Geräte: Fotometer, Quarzküvetten, Meßkolben, Pipetten

Chemikalien: Benzoesäure, Natriumhydroxid (R 35/S2-26-37u39/C, Xi).

Prinzip: Es wird eine genaue Kalibrierlösung von Natriumbenzoat durch Neutralisation einer Stoffportion reiner Benzoesäure mit Natronlauge hergestellt. Die Extinktion der Kalibrierlösung wird am Absorptionsmaximum im UV-Bereich gemessen. Anschließend wird die Benzoesäureprobe, die zwischen 80 und 90% Benzoesäure enthält, in einer Natronlaugelösung gelöst und von der Lösung ebenfalls die Extinktion bestimmt. Aus beiden Werten und der Konzentration der Kalibrierlösung kann man den Massenanteil an Benzoesäure in der unbekannten Probe bestimmen. Voraussetzung ist, daß die Abhängigkeit der Extinktion von der Konzentration an Benzoesäure im Konzentrationsbereich linear ist [2].

Herstellung der Kalibrierlösung: 500 mg reine Benzoesäure, auf 0,0005 g genau gewogen, werden in ein 100-mL-Becherglas eingewogen und mit 30 mL teilchenfreier Natronlauge $w(NaOH) = 10\%$ versetzt. Das Becherglas wird bis zum vollständigen Lösen der Benzoesäure geschwenkt. Die Lösung ist in einen 1000-mL-Meßkolben zu spülen und der Kolben mit Wasser bis zur Marke aufzufüllen. 20,0 mL dieser Lösung werden in einem 100-mL-Meßkolben bis zur Marke aufgefüllt, geschüttelt und davon 10,0 mL in einem 100-mL-Meßkolben bis zur Marke aufgefüllt.

Herstellung der Probenlösung: 500 mg einer Benzoesäureprobe mit einem Massenanteil zwischen 80 und 90% werden auf 0,0005 g genau in ein 100-mL-Becherglas eingewogen und mit 30 mL teilchenfreier Natronlauge mit $w(NaOH) = 10\%$ versetzt. Das Becherglas wird bis zum vollständigen Lösen der Benzoesäure geschwenkt. Die Lösung ist in einen 1000-mL-Meßkolben quantitativ überzuspülen und der Kolben ist mit Wasser bis zur Marke aufzufüllen. 20,0 mL dieser Lösung werden in einem 100-mL-Meßkolben bis zur Marke aufgefüllt, geschüttelt und davon 10,0 mL wiederum in einem 100-mL-Meßkolben bis zur Marke aufgefüllt.

Arbeiten am Fotometer: Nach der Grundeinstellung des Spektralfotometers wird gegen Wasser als Blindwert ein Spektrum im Bereich von 400 bis 200 nm aufgenommen. Dazu müssen Quarzküvetten benutzt werden. Aus dem Spektrum ist die Maximumwellenlänge abzulesen und am Fotometer einzustellen. Die Maximumwellenlänge ist durch leichtes Verstellen der Wellenlänge zu überprüfen und gegebenenfalls genauer einzustellen. Anschließend ist in beiden Küvetten blasenfrei Wasser („Blindlösung") einzufüllen und der Nullpunkt („AUTO ZERO") einzustellen.

Die Küvette des Probenstrahls ist zu entnehmen, mit der Kalibrierlösung zu spülen und dann blasenfrei zu füllen. Danach wird an der Maximumwellenlänge die Extinktion der Kalibrierlösung bestimmt und notiert. Die Kalibrierlösung wird gegen die Probenlösung ausgetauscht (spülen!) und die Extinktion der Probenlösung bestimmt. Zur Kontrolle sollte nach der Messung nochmals die Probenküvette mit Wasser gespült und die Extinktion gemessen werden. Der Wert „0" sollte sich wieder einstellen. Es ist darauf zu achten, daß in der Vergleichsküvette keine Luftblasen entstehen.

Berechnung:

$$w_{\text{Benz}} = \frac{E_{\text{Pr}} \cdot m_{\text{Benz}} \cdot 100\%}{E_{\text{Benz}} \cdot m_{\text{Pr}}} \tag{10-4}$$

In Gl. (10-4) bedeutet:

w_{Benz}	Massenanteil an Benzoesäure in %
m_{Benz}	eingewogene Masse an Benzoesäure rein
E_{Pr}	Extinktion der Probenlösung
E_{Benz}	Extinktion der Bezoesäurekalibrierlösung
m_{Pr}	eingewogene Masse der Probe

Entsorgung: Proben- und Kalibrierlösungen E1 (Vollbiologische Kläranlage)

10.11 Multikomponenten-Bestimmung im VIS-Bereich (Farbstoffe)

Geräte: Fotometer, Polystyrolküvetten, Meßkolben, Büretten

Chemikalien: roter Lebensmittelfarbstoff, gelber Lebensmittelfarbstoff

Prinzip: Die spektralfotometrische Bestimmung von zwei oder mehreren Komponenten in einer Probe ist dann möglich, wenn die Absorptionsmaxima der Komponenten ausreichend auseinanderliegen. Zur Bestimmung der Einzelkomponenten, z.B. in einer Gelb-Rot-Mischung, sind sechs Extinktionsmessungen notwendig. Man stellt dazu eine Lösung der Komponente 1 (Gelb) her, deren Massenkonzentration (β_{Gelb}) bekannt ist, und eine Lösung der zweiten Komponente (Rot), deren Massenkonzentration (β_{Rot}) ebenfalls bekannt ist. Vorhanden ist die Probenlösung aus den beiden Komponenten Gelb und Rot. Man mißt nun:

- die Extinktion von *reiner* Gelblösung am Gelbmaximum (E_Gg)
- die Extinktion von *reiner* Rotlösung am Gelbmaximum (E_Rg)
- die Extinktion von *reiner* Gelblösung am Rotmaximum (E_Gr),
- die Extinktion von *reiner* Rotlösung am Rotmaximum (E_Rr),
- die Extinktion der Probenlösung am Gelbmaximum (E_Pg)
- die Extinktion der Probenlösung am Rotmaximum (E_Pr).

Ist die Massenkonzentration β einer Lösung und die resultierende Extinktion bekannt, kann daraus die spezifische Extinktion E_s bestimmt werden:

$$E_s = \frac{E}{\beta} \tag{10-5}$$

Wird die Massenkonzentration β in mg/L angegeben, so ist die spezifische Extinktion die Extinktion des gelben Farbstoffes für 1 mg/L:

$$E_{Gspez} = \frac{E_G}{\beta_{Gelb}} \tag{10-6}$$

Für den roten Farbstoff gelten die gleichen Überlegungen:

$$E_{Rspez} = \frac{E_R}{\beta_{Rot}} \tag{10-7}$$

Die Probe zeigt ein „gelbes" Extinktionsmaximum. Dieser Wert ergibt sich aus der Massenkonzentration der gelben Komponente β_Pg und der roten Komponente β_Pr, d.h., aus den jeweiligen spezifischen Extinktionsteilen von $E_{Gspez} \cdot \beta_Pg$ und $E_{Rspez} \cdot \beta_Pg$ (Abb. 10-4).

Stellt man für das „rote" Maximum die gleiche Überlegung an, erhält man zwei Gleichungen Gl. (10-8) und (10-9):

$$\frac{E_Gg}{\beta_{Gelb}} \cdot \beta_Pg + \frac{E_Rg}{\beta_{Rot}} \cdot \beta_Pr = \cdot E_Pg \tag{10-8}$$

$$\frac{E_Gr}{\beta_{Gelb}} \cdot \beta_Pg + \frac{E_Rg}{\beta_{Rot}} \cdot \beta_Pr = \cdot E_Pr \tag{10-9}$$

β_{Gelb} und β_{Rot} sind die bekannten Massenkonzentrationen der *reinen* Farbstofflösungen. Das Gleichungssystem wird nach den zwei Variablen β_Pr und β_Pg aufgelöst, die die gesuchten Konzentrationen der Komponenten in der

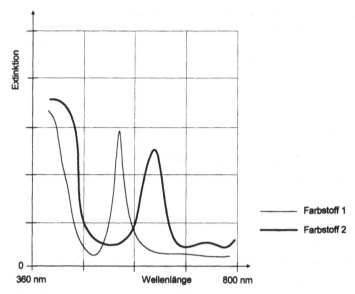

Abb. 10-4. Spektren von Farbstofflösungen mit unterschiedlichen Absorptionsmaxima

Probe sind [2]. Verwenden Sie dazu die Ihnen bekannten Lösungsverfahren der Algebra.

Herstellung der Lösungen: Über Verdünnungen werden die zwei Kalibrierlösungen hergestellt, die jeweils 2,5 mg des gelben und roten Farbstoffes in 100 mL Lösung enthalten. Die Probenlösung enthält gemeinsam zwischen 2 und 3 mg des gelben und des roten Farbstoffes in 100 mL Lösung.

Berechnung: Die erhaltenen sechs Extinktionen werden in die Tabelle 10-9 eingetragen:

Tabelle 10-9. Berechnung der Multikomponentenanalyse

Art der Lösung	Extinktion am *gelben* Maximum	Extinktion am *roten* Maximum
Gelbe Kalibrierlösung	$E_{G}g =$	$E_{G}r =$
Rote Kalibrierlösung	$E_{R}g =$	$E_{R}r =$
Probenlösung	$E_{P}g =$	$E_{P}r =$

Die Berechnung erfolgt nach Gl. (10-8) und Gl. (10-9) mit Hilfe der Stoffportion an gelbem Farbstoff (β_{Rot}) und an rotem Farbstoff (β_{Gelb}). Aus beiden Gleichungen werden $\beta_P r$ (roter Farbstoff) und $\beta_P g$ (gelber Farbstoff) berechnet (z. B. mit Hilfe der Additionsmethode).

Entsorgung: E1

10.12 Multikomponenten-Bestimmung von Nitroacetanilid neben Acetanilid

Geräte: Fotometer, Quarzküvetten, Meßkolben, Büretten, Pipetten

Chemikalien: Acetanilid (R 22/S 22-24u25/Xn), 4-Nitroacetanilid, 2- Propanol (R11/S7-16/F)

Prinzip: Bei der Herstellung von 4-Nitroacetanilid aus Acetanilid ist die Umsetzung nicht immer vollständig. Da das Acetanilid ein Extinktionsmaximum von $\lambda = 240$ nm und das 4-Nitroacetanilid ein Extinktionsmaximum von $\lambda = 316$ nm besitzt, ist die Quantifizierung mit Hilfe einer Multikomponentenanalyse leicht möglich [4]. Zu Überlagerungen der jeweiligen Extinktionsberge kommt es nicht.
Die Reaktion ist aus Abb. 10-5 ersichtlich.

Zur Bestimmung der beiden Einzelkomponenten sind sechs Extinktionsmessungen notwendig. Man stellt sich dazu eine Acetanilidlösung her, deren

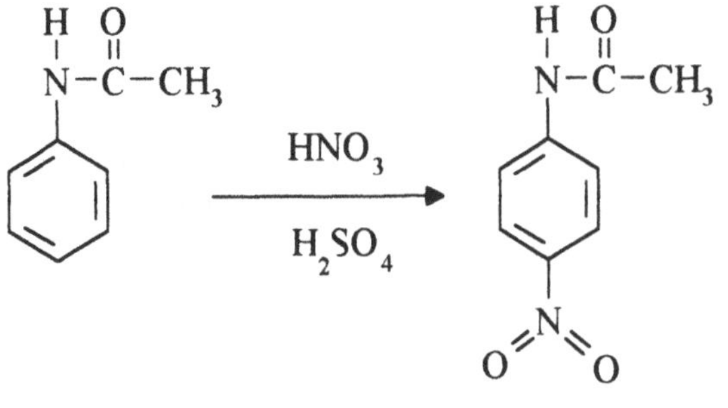

Abb. 10-5. Reaktion Acetanilid zu 4-Nitroacetanilid

Massenkonzentration (β_{Acet}) bekannt ist, und eine Nitroacetanilidlösung, deren Massenkonzentration (β_{Nitro}) ebenfalls bekannt ist. Vorhanden ist eine Probenlösung (Lösung des Syntheseproduktes) aus den beiden Komponenten Acetanilid und 4-Nitroacetanilid. Man mißt nun:

- die Extinktion von reiner Acetanilidlösung am Acetanilidmaximum ($E_{Acet}a$)
- die Extinktion von reiner 4-Nitroacetanilidlösung am Acetanilidmaximum ($E_{Nitro}a$)
- die Extinktion von reiner Acetanilidlösung am 4-Nitroacetanilidmaximum ($E_{Acet}n$),
- die Extinktion von reiner 4-Nitroacetanilidlösung am Nitroacetanilidmaximum ($E_{Nitro}n$),
- die Extinktion der Probenlösung am Acetanilidmaximum (E_Pa)
- die Extinktion der Probenlösung am 4-Nitroacetanilidmaximum (E_Pn).

Die Berechnung der Komponenten erfolgt nach Gl. (10-10) und (10-11):

$$\frac{E_{Acet}a}{\beta_{Acet}} \cdot \beta_Pa + \frac{E_{Nitro}a}{\beta_{Nitro}} \cdot \beta_Pn = E_Pa \qquad (10\text{-}10)$$

$$\frac{E_{Acet}n}{\beta_{Acet}} \cdot \beta_Pa + \frac{E_{Nitro}n}{\beta_{Nitro}} \cdot \beta_Pn = E_Pn \qquad (10\text{-}11)$$

Das Einsetzen der Werte und die Berechnung von β_Pa für die Konzentration an Acetanilid und β_Pn für 4-Nitroacetanilid mit Hilfe der Additionsmethode ergibt das gewünschte Ergebnis.

Herstellung der Lösungen:

Acetanilidlösung: 300 mg reines Acetanilid, auf 0,5 mg genau gewogen, werden in einen 100-mL-Meßkolben eingewogen und in 50 mL 2-Propanol gelöst. Die entstandene Lösung wird mit Wasser bis zur Marke aufgefüllt. 1,0 mL der entstandenen Lösung wird in einen 100-mL-Meßkolben pipettiert, der mit einem 2-Propanol-Wasser-Gemisch (50% 2-Propanol) bis zur Marke aufgefüllt wird. 25,0 mL der neu entstandenen Lösung wird in einen 100-mL-Meßkolben gefüllt, der mit 2-Propanol-Wasser-Gemisch bis zur Marke aufgefüllt wird.

4-Nitroacetanilidlösung: 300 mg reines 4-Nitroacetanilid, auf 0,5 mg genau gewogen, werden in einen 100-mL-Meßkolben eingewogen und in 50 mL

2-Propanol gelöst. Die entstandene Lösung wird mit Wasser bis zur Marke aufgefüllt. 1,0 mL der entstandenen Lösung wird in einen 100-mL-Meßkolben pipettiert, der mit einem 2-Propanol-Wasser-Gemisch (50% 2-Propanol) bis zur Marke aufgefüllt wird. 25,0 mL der neu entstandenen Lösung wird in einen 100-mL-Meßkolben gefüllt, der mit 2-Propanol-Wasser-Gemisch bis zur Marke aufgefüllt wird.

Probenlösung: 300 mg Probe (mit ca. 60 mg Acetanilid und 240 mg 4-Nitroacetanilid), auf 0,5 mg genau gewogen, werden in einen 100-mL-Meßkolben eingewogen und in 50 mL 2-Propanol gelöst. Die enstandene Lösung wird mit Wasser bis zur Marke aufgefüllt. 1,0 mL der entstandenen Lösung wird in einen 100-mL-Meßkolben pipettiert, der mit einem 2-Propanol-Wasser-Gemisch (50% 2-Propanol) bis zur Marke aufgefüllt wird. 25,0 mL der neu entstandenen Lösung wird in einen 100-mL-Meßkolben gefüllt, der mit 2-Propanol-Wasser-Gemisch bis zur Marke aufgefüllt wird.

Von allen drei Lösungen wird bei 240 nm und bei 316 nm die Extinktion gegen ein 2-Propanol-Wasser-Gemisch (50%) als Blindwert bestimmt.

Berechnung: Die erhaltenen sechs Extinktionen werden in Tabelle 10-10 eingetragen:
Die Berechnung erfolgt nach Gl. (10-10) und Gl. (10-11).
Die Richtigkeit des Verfahrens ist durch einen Aufstockversuch zu belegen.

Anmerkung: Die 2-Propanol-Wasser-Gemische wurden zur Verminderung der Kosten eingesetzt. Selbstverständlich kann der Versuch in reinem 2-Propanol durchgeführt werden. Bei den Vorversuchen hat es sich herausgestellt, daß die Lösungen in Methanol nicht stabil sind. Die Verwendung von denaturiertem Ethanol ist nicht möglich, da häufig Methylethylketon zur Vergällung eingesetzt wird, welches eine sehr hohe Eigenabsorption besitzt.

Entsorgung: E5 oder besser E7

Tabelle 10-10. Berechnung der Multikomponentenanalyse im UV-Bereich

Art der Lösung	Extinktion bei 240 nm	Extinktion bei 316 nm
Acetanilid-Kalibrierlösung	$E_{Acet}a =$	$E_{Acet}n =$
4-Nitroacetanilid-Kalibrierlösung	$E_{Nitro}a =$	$E_{Nitro}n =$
Probenlösung	$E_{P}a =$	$E_{P}n =$

10.13 Festlegung der Bestimmungsgrenze nach DIN 32645 (1994) bei einer fotometrischen Kupferbestimmung

Geräte: Spektralfotometer, Polystyrolküvetten, Meßkolben, Pipetten

Chemikalien: Bis-cyclohexanon-oxalylhydrazon (BCO), Diammoniumhydrogencitrat, Ammoniaklösung (R 34-36u37u38/S 7-26/C, Xi), Methanol (R 11-23u25/S 2-7-1-24/F, T), Kupferchlorid, $CuCl_2$ (R 20u22-36u38/S 26/Xn).

Prinzip: Eine kupferhaltige Lösung wird nach dem Verdünnen mit Bis-cyclohexanon-oxalylhydrazon (BCO) bei pH 9 unter Verwendung eines Citratpuffers versetzt, dabei entsteht ein stabiler intensiv blauer Farbkomplex von Oxalsäure-bis-(cyclohexanonhydrazo)-Kupfer(II).

Der Analyt Kupfer gilt dann als quantifizierbar, wenn sein Gehalt mit einer relativen Ergebnisunsicherheit ermittelt werden kann, die einer vorher festgelegten Anforderung genügt. Die Bestimmungsgrenze kann als vielfache der qualitativen Nachweisgrenze aufgefaßt werden. Bei einer Probe mit dem Kupfergehalt genau an der Nachweisgrenze besteht bei einer Normalverteilung eine Wahrscheinlichkeit von 50%, den Bestandteil zu finden [5].

Zunächst werden relativ verdünnte Kupferkalibrierlösungen hergestellt, bei der die konzentrierteste Lösung maximal 10mal stärker ist als die (geschätzte) Nachweisgrenze. Von allen Lösungen ist die Extinktion zu bestimmen. Zuerst wird die Nachweisgrenze x_N aus den ermittelten Kalibrierdaten errechnet. Dazu wird benötigt:

- die Verfahrensstandabweichung s_{x0} (siehe Kapitel 8),
- die Quadratsumme Q_{xx},
- der t-Faktor mit $f = N - 2$ und $P = 95\%$ und
- der Mittelwert des x-Bereiches, $\bar{x}$.

Die Berechnung der Nachweisgrenze wird mit Gl. (10-12) vorgenommen:

$$x_N = s_{x0} \cdot t \cdot \sqrt{1 + \frac{1}{N} + \frac{\bar{x}^2}{Q_{xx}}} \qquad (10\text{-}12)$$

In Gl. (10-12) bedeutet:

x_N Nachweisgrenze
s_{x0} Verfahrensstandardabweichung
t Studentscher t-Faktor mit $f = N - 2$, $P = 95\%$
       (siehe Kapitel 12.2)
N Anzahl der Kalibrierlösungen
Q_{xx} Quadratsumme
$\bar{x}$ Mittelwert des x-Bereiches

Es muß geprüft werden, ob die Nachweisgrenze nicht kleiner als 1/10 der Konzentration der stärksten Kalibrierlösung ist. Ist das der Fall, muß der Kalibriervorgang mit verdünnteren Kalibrierlösungen wiederholt werden.

Die Berechnung der Bestimmungsgrenze X_B erfolgt mit der Näherungsgleichung (10-13).

$$x_B = 3 \cdot s_{x0} \cdot t \cdot \sqrt{1 + \frac{1}{N} + \frac{(3 \cdot x_N - \bar{x})^2}{Q_{xx}}} \qquad (10\text{-}13)$$

Aus Abb. 10-6 sind die Verhältnisse aus der Kalibrierfunktion und dem Prognoseintervall ersichtlich.

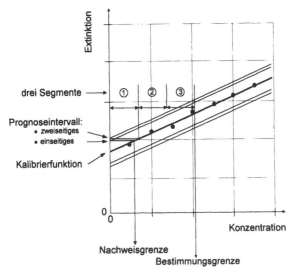

Abb. 10-6. Verhältnisse der Nachweis- und Bestimmungsgrenze in der Kalibrierfunktion

Herstellung der Lösungen:

Herstellung der BCO-Lösung: 1,5 g BCO werden unter leichtem Erwärmen im Wasserbad in einem fertigen Gemisch von 330 mL Wasser und 440 mL Methanol gelöst.

Herstellung des Citratpuffers: 40 g Diammoniumhydrogencitrat werden in einem 1000-mL-Meßkolben in ca. 700 mL Wasser gelöst und solange mit Ammoniak w (NH_4OH) = 17% versetzt, bis der pH-Wert 9 beträgt. Danach ist der Kolben bis zur Marke aufzufüllen. Der pH-Wert ist nochmals zu überprüfen.

Herstellung der Kalibrierlösung: Es wird aus reinem Kupferchlorid, $CuCl_2$ eine Lösung hergestellt, deren Massenkonzentration $\beta(Cu^{2+})$ = 500 mg Cu^{2+}/L beträgt. 5,0 mL dieser Kupferstammlösung wird im 1000-mL-Meßkolben bis zur Marke mit Wasser aufgefüllt.

Durchführung der Bestimmung: Nacheinander werden die in Tabelle 10-11 angegebenen Volumina der einzelnen Lösungen in je einen 100-mL-Meßkolben gegeben und nach jeder Zugabe vermischt. Die Kalibrierlösung wird dabei so genau wie möglich mit einer Mikrobürette, die Citratlösung und das Wasser mit dem Meßzylinder und die BCO-Lösung mit einer Pipette abgemessen. Die Lösung, die nur Wasser, BCO und Citratpuffer enthält, aber keine Kupferionen, ist die Blindlösung. Gegen diese wird die Probenlösung gemessen. Alle Lösungen sind sofort hintereinander herzustellen.

Nach 45 Minuten, spätestens aber nach zwei Stunden werden die 6 Meßkolben (Tab. 10-11) mit Wasser bis zur Marke aufgefüllt. Nach der Nullpunktkorrektur ist von allen Lösungen die Extinktion bei λ = 600 nm gegen die Blindlösung zu bestimmen.

Tabelle 10-11. Herstellung der Kalibrierlösungen

Kalibrierlösung (mL)	Wasser (mL)	Citratlösung (mL)	BCO-Lösung (mL)
– (Blindlösung)	20	10	10
2,0	18	10	10
4,0	16	10	10
6,0	14	10	10
8,0	12	10	10
10,0	10	10	10
12,0	8	10	10

Auswertung: Berechnen Sie gemäß Gl. (10-12) und Gl. (10-13) die Nachweis- bzw. die Bestimmungsgrenze des Verfahrens. Prüfen Sie, ob die ermittelte Nachweisgrenze nicht kleiner ist als 1/10 der Konzentration der stärksten Kalibrierlösung. Ist das der Fall, muß der Kalibriervorgang mit verdünnteren Kalibrierlösungen wiederholt werden.

Entsorgung: Proben- und Kalibrierlösungen E6

10.14 Nephelometrie: Trübungsmessung von Sulfat in Mineralwasser

Geräte: Fotometer, Polystyrolküvetten, Meßkolben, Bürette

Chemikalien: Bariumchlorid (R 20u22/S 28/Xn), Salzsäure (R34-37/S 2-26/C), Gummiarabicumlösung, Natriumsulfat, Mineralwasser

Prinzip: Wird eine sulfathaltige Lösung mit Bariumchlorid versetzt, entsteht sehr schwer lösliches Bariumsulfat (Gl. (10-14)).

$$SO_4^{2-} + BaCl_2 \rightarrow BaSO_4 \downarrow + 2CL^- \tag{10-14}$$

Ist die Sulfatmenge gering und wird ein Schutzkolloidbildner (Gummiarabicum) zugesetzt, kann der Bariumsulfatniederschlag als Trübung in der Lösung gehalten werden. Die Absorption des eingestrahlten Lichtes durch die Trübung der Lösung gehorcht in niedrigen Konzentrationsbereichen ebenfalls dem Lambert-Beerschen Gesetz und kann somit als Quantifizierungsgröße benutzt werden [6].

Durchführung: 100 mg Natriumsulfat werden auf 0,0005 g genau abgewogen und in einem Meßkolben bis auf 1000 mL mit Wasser aufgefüllt. Von dieser Stammlösung werden 8,0; 10,0; 12,0; 14,0 und 16,0 mL mit Hilfe einer Bürette abgemessen und in separate 50-mL-Meßkolben gefüllt. Nach Zugabe von jeweils 2 mL Salzsäure, $w(HCl) = 10\%$, 2 mL Gummiarabicum-Lösung (1% in Wasser) und 10 mL Bariumchloridlösung, $w(BaCl_2) = 10\%$, werden die Meßkolben mit Wasser aufgefüllt. Unter gleichen Bedingungen wird die Blindlösung hergestellt, indem 2 mL HCl, 2 mL Gummiarabicum-Lösung und 10 mL Bariumchloridlösung auf 50 mL mit Wasser aufgefüllt werden.

Von der Probe (kurz aufgekochtes Mineralwasser) werden 10,0 mL ebenfalls mit 2 mL HCl, 2 mL Gummiarabicum-Lösung und 10 mL Bariumchloridlösung versetzt und dann mit Wasser auf 50 mL aufgefüllt. Alle Lösungen werden zur gleichen Zeit angesetzt und kurz vor der Messung 5 Minuten im Ultraschallbad behandelt. Bei einer Wellenlänge von 500 nm ist von jeder Lösung die Extinktion gegen die angesetzte Blindlösung zu bestimmen.

Auswertung: Die Extinktion ist in Abhängigkeit von der Konzentration an Sulfat (nicht Natriumsulfat!) in ein Diagramm einzutragen.

Untersuchen Sie in einem separaten Versuch die Varianzhomogenität zwischen der am niedrigsten und am höchsten konzentrierten Lösung.

Mit Hilfe der linearen und der nichtlinearen Regression ist die angepaßte Methode nach Mandel zu finden. Näheres dazu finden Sie in Kapitel 8. Weiterhin ist die Verfahrensstandardabweichung (Ziel: V_{xo} kleiner als 2%) und der Korrelationskoeffizient r zu berechnen.

Mit Hilfe der ermittelten Gleichung und der Probenextinktion ist die Massenkonzentration an Sulfat in g/L zu berechnen. Berechnen Sie das Prognoseintervall des Meßwertes für eine Sicherheit von $P=95\%$.

Entsorgung: E6

10.15 Abhängigkeit der Reaktionsgeschwindigkeit von der Temperatur

Geräte: Reagenzgläser, Pipetten, Thermostat, Fotometer

Chemikalien: Natriumthiosulfatlösung $c(1/1 \quad Na_2S_2O_3) = 0,075$ mol/L; Schwefelsäure $c(1/2 \ H_2SO_4)=0,075$ mol/L (R 35/S 2-26-30/C, Xi)

Reaktion: $Na_2S_2O_3 + H_2SO_4 \rightarrow Na_2SO_4 + H_2O + SO_2 + S \downarrow$ (10-15)

Die oben aufgeführte Redox-Reaktion ist zeitlich verzögert. Die zeitliche Verzögerung ist sehr stark von der Konzentration abhängig. Der bei der Reaktion entstehende kolloidale Schwefel trübt die Lösung, dadurch ist der Reaktionsbeginn deutlich zu erkennen.

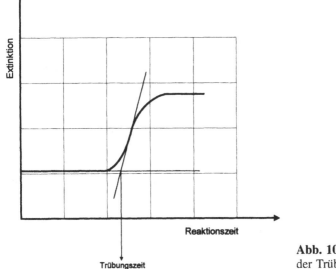

Abb. 10-7. Bestimmung
der Trübungszeit

Durchführung: 2,0 mL der Natriumthiosulfatlösung (s. o.) werden in ein Reagenzglas pipettiert; 2,0 mL Schwefelsäurelösung (s. o.) in ein zweites Reagenzglas. Beide Reagenzgläser werden bis zum Temperaturausgleich im Thermostaten bei 20°C belassen. Dann wird die Schwefelsäurelösung in eine Küvette gefüllt und dann sehr schnell die Natriumthiosulfatlösung dazugeschüttet, kurz vermischt und die Küvette in den Lichtstrahl des Fotometers eingestellt. Ein X/Y-Schreiber wird in Betrieb gesetzt, der ständig die Extinktion aufzeichnet (die empfohlene Schreibergeschwindigkeit beträgt 10 cm/Min).

Die einzustellende Wellenlänge im VIS-Bereich spielt keine sehr große Rolle, sollte aber um 600 nm liegen. Die Wärmeabstrahlung im Fotometer ist bei der kurzen Reaktionszeit vernachlässigbar. Die genaue Trübungszeit kann dem Diagramm entnommen werden (Abb. 10-7).

Der Versuch wird bei 5, 10 und 40°C wiederholt. Es muß der gleiche Trübungsgrad zur Beurteilung herangezogen werden.

Auswertung: Wie verhalten sich die Reaktionszeiten, wenn die Temperatur um 10°C erhöht wird?

Entsorgung: E3

10.16 Bestimmung der Reaktionsordnung bei der Umsetzung von Kristallviolett mit Natronlauge

Geräte: Fotometer, Polystyrolküvetten, Meßkolben, Pipetten

Chemikalien: Kristallviolett, Natriumhydroxid (R 35/S2-26-37u39/C, Xi)

Prinzip: Kristallviolett wird bei der Reaktion mit NaOH zur farblosen Carbinolbase umgesetzt; die Lösung wird dabei zunehmend farblos. Die Konzentrationsabnahme an Kristallviolett (und die Farbabnahme) ist eine Zeitreaktion, die anhand der abnehmenden Extinktion am Fotometer einfach nachvollzogen werden kann (Abb. 10-8).

Durchführung: Aus dem Kristallviolett wird eine wäßrige Lösung hergestellt, die $2,5 \cdot 10^{-6}$ mol Kristallviolett in einem Liter Lösung enthält.
  In den hinteren Vergleichsstrahl des Fotometers wird eine mit Wasser gefüllte 1-cm-Polystyrol- oder Glasküvette eingestellt und mit Hilfe einer zweiten Küvette mit Wasser bei $\lambda = 591$ nm der Null-Abgleich vorgenommen. Die vordere Küvette wird ausgeleert, getrocknet und darin 2,0 mL Natronlauge $c(1/1 \text{ NaOH}) = 0,1$ mol/L einpipettiert.
  Dazu werden möglichst schnell 2,0 mL der Kristallviolettlösung hinzupipettiert. Um eine gute Durchmischung zu erhalten, wird die Pipette ausnahmsweise durch Ausblasen entleert. Dann ist der Deckel des Fotometers

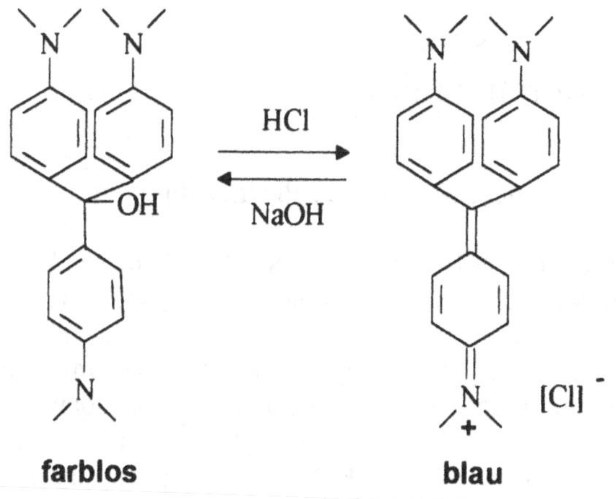

Abb. 10-8. Umsetzung von Kristallviolett zu Carbinolbase

Tabelle 10-12. Werte zur Bestimmung der Reaktionsordnung

Zeit t (Sekunden)	Extinktion E_A	$2{,}303 \cdot \lg \dfrac{E_A}{E_0}$	$\dfrac{1}{E_A}$
(1)	(2)	(3)	(4)
0	$(= E_0)$		
10			
20		usw.	

zu schließen und die Extinktion alle 10 Sekunden abzulesen. Die Anfangs-extinktion entspricht dem Wert c_0. Die Extinktion wird so lange abgelesen, bis sie nahezu den Wert Null einnimmt oder konstant bleibt.

Auswertung: In Tabelle 10-12 sind die Werte einzutragen und zu berechnen. Anschließend ist zum einen die Abhängigkeit von $2{,}303 \cdot \lg \frac{E_A}{E_0}$ (3) und von $\frac{1}{E_A}$ (4) von der Zeit in zwei Diagramme einzutragen.

Welche der Kennlinien bilden eine Gerade? Bestimmen Sie die Reaktions-ordnung. Berechnen Sie aus der Steigung die Geschwindigkeitskonstante k. Können Sie die Reaktionsordnung mit der Reaktionsgleichung in Übereinstimmung bringen? Berechnen Sie die Halbwertszeit!

Entsorgung: E3

10.17 Bestimmung von Histidin mit Hilfe der Biuretreaktion

Geräte: Fotometer, Polystyrolküvetten, Meßkolben, Pipette, Büretten

Chemikalien: Histidin, Kupfersulfat-5-hydrat (R 22/S 24u25/Xn), Kalium-Natriumtartrat, Kaliumiodid, Natriumhydroxid (R35/S2-26-37u39/C, Xi)

Prinzip: Die Reaktion beruht auf der Anlagerung von Kupferionen im alkalischen Bereich an die Peptidbindung von Proteinen und Polypeptiden, dabei entsteht eine violette Färbung. Die sogenannte Biuretlösung enthält Kupfersulfat, Natriumhydroxid, Kaliumiodid und Kalium-Natrium-Tartrat. Das

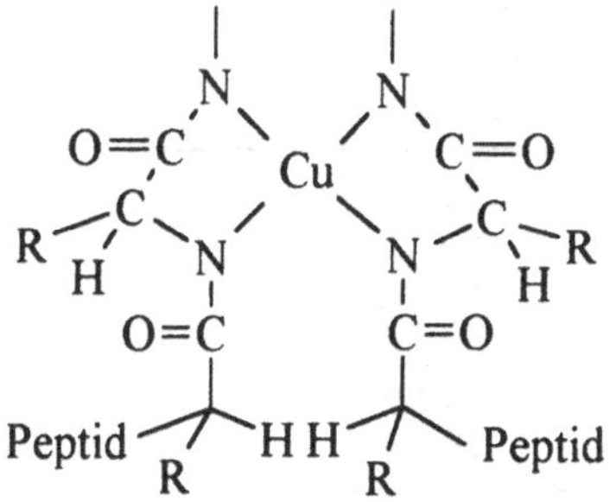

Abb. 10-9. Biuret-Kupfer-Komplex

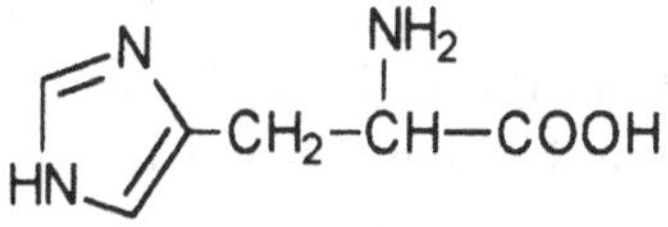

Abb. 10-10. Histidin

zweiwertige Kupfer wird durch den Na-K-Tartrat-Komplex gebunden und damit in Lösung gehalten.

Die Intensität der gefärbten Lösung ist von der Anzahl der Peptidbindungen und damit von der Konzentration an Proteinen proportional abhängig. Freie Aminosäuren können durch die Biuret-Reaktion nicht angezeigt werden, die Ausnahme ist die Aminosäure Histidin. Histidin (2-Amino-3-(4-imidazolyl)-propionsäure, Abb. 10-10) ist eine in der Natur vorkommende semi-essentielle Aminosäure, die an der Bildung von Proteinen beteiligt ist.

Histidin ist im Globin und in Casein, Keratin und Fibrin enthalten. Fehlt im menschlichen Stoffwechsel das Histidin, beobachtet man häufig eine ausgeprägte Blutarmut. Die Verwendung von Histidin beschränkt sich daher auf die Herstellung von Diätnahrungen und Infusionslösungen.

Herstellung der Lösungen:

Biuret-Gebrauchslösung: 9,96 g Kaliumiodid werden in ca. 100 mL gelöst. In einen 1000-mL-Meßkolben werden 100 mL Wasser vorgelegt und dazu 6,0 g Kupfersulfat-5-hydrat und 19,0 g Kalium-Natriumtartrat eingewogen. Nach dem Lösen wird die Kaliumiodidlösung in den Kolben gespült und das Ganze mit 100 mL Natronlauge $c(NaOH) = 1$ mol/L versetzt. Nach dem Lösen und Abkühlen des Inhalts auf Raumtemperatur wird der Kolben mit Wasser bis zur Marke aufgefüllt.

Aminosäurestammlösung: Aus Histidin wird eine wäßrige Lösung mit β Histidin $= 4$ g/L hergestellt (Stammlösung).

Tabelle 10-13. Herstellung der Kalibrierlösungen Histidin

Lösung	Stammlösung	Biuretlösung
Blindlösung	–	50 mL
Lösung 1	5,0 mL	50 mL
Lösung 2	10,0 mL	50 mL
Lösung 3	15,0 mL	50 mL
Lösung 4	20,0 mL	50 mL
Lösung 5	25,0 mL	50 mL
Probenlösung	15,0 mL	20 mL

Probenlösung: Als Probenlösung wird eine handelsübliche, histidinhaltige Infusionslösung verwendet. Die Konzentration an Histidin beträgt ca. 2 bis 4 g/L.

Durchführung: In 100-mL-Kolben werden mit Büretten und Pipetten die in Tabelle 10-13 angegebenen Lösungen hergestellt.

Anschließend wird jeder Kolben mit Wasser bis zur Marke aufgefüllt. Nach genau 30 Minuten werden von allen violettblau gefärbten Lösungen die Extinktionen beim Wellenlängenmaximum von $\lambda=576$ nm gegen die Blindlösung gemessen.

Auswertung: Die Extinktion ist in Abhängigkeit von der Konzentration an Histidin in ein Diagramm einzutragen. Gleichzeitig ist mit Hilfe der linearen Regression die Geradengleichung zu ermitteln. Weiterhin ist die Verfahrensstandardabweichung (Ziel: V_{xo} kleiner als 3%) und der Korrelationskoeffizient r zu berechnen.

Mit Hilfe der Geradengleichung und der Probenextinktion ist die Massenkonzentration an Histidin (g/L) in der Infusionslösung zu berechnen. Berechnen Sie das Prognoseintervall des Meßwertes für eine Sicherheit von $P=95\%$.

Entsorgung: E6

10.18 Bestimmung des Hämoglobingehaltes im Blut

Hämoglobin ist der rote Blutfarbstoff, der in den roten Blutkörperchen des Blutes enthalten ist und ca. 95% von deren Trockenmasse ausmacht. Er wird beim erwachsenen Menschen im Knochenmark synthetisiert. Hämoglobin ist ein Eisenprotein, dessen Monomere aus je einer Globin-Kette mit einem Mol Häm bestehen. Unter „tetramerem Hämoglobin" ist das Gesamtmolekül mit vier Häm-Molekülen, d. h. mit vier Eisenatomen zu verstehen. Dagegen entspricht „monomeres Hämoglobin" einem Viertel des Hämoglobin-Gesamtmoleküles mit nur einer Eisengruppe („Hämoglobin-Eisen").

Geräte: Fotometer, Polystyrolküvetten, Reagenzgläser, Sahli-Pipette

Chemikalien: Testomar-Hämiglobin (Bestell.-Nr. OSOC 10, Behring-Institut, Marburg), Blut, Serum

Prinzip: Die Bestimmung des Hämoglobingehaltes im Blut wird durch die Überführung in stabiles Hämiglobincyanid (Methämoglobincyanid) mit anschließender fotometrischer Untersuchung vorgenommen. Dabei wird das Hämoglobin mit Hilfe von Kaliumhexacynoferrat(III) in Hämiglobin oxidiert, welches mit Kaliumcyanid in einen stabilen Hämiglobincyankomplex umgewandelt wird [7].

Herstellung der Reagenzlösung: Das Farbreagenz in Fläschchen 1 enthält Cyanid-Ionen und ist dadurch sehr giftig. Der Inhalt des Fläschchens 1 in 500 mL Wasser lösen und mit 1,0 mL Detergenzlösung aus Fläschchen 2 mischen. Die fertige Lösung wird in braunen Glasflaschen gut verschlossen aufbewahrt. Die Lösung hält in braunen Flaschen bei 15 bis 20°C etwa ein Jahr.

Durchführung: In ein gereinigtes Reagenzglas werden 5,0 mL Hämoglobin-Reagenz vorgelegt. Es wird vorschriftsmäßig dem Probanden etwas Kapillarblut entnommen. Zum Test kann auch mit Dikalium-EDTA ungerinnbar gemachtes Venenblut benutzt werden. Mit Hilfe einer unbeschädigten Pipette nach Sahli und einer Saugvorrichtung werden 0,02 mL Blut luftblasenfrei aufgezogen und die Pipette mit Zellstoff sorgfältig außen abgewischt. Die Pipette wird in die Reagenzlösung getaucht und durch wiederholtes Ausblasen und Aufziehen geleert. Es muß so schnell gearbeitet werden, daß das Blut nicht gerinnt. Nach gutem und schnellem Durchmischen wird nach ca. 10 Minuten die Extinktion gegen das Hämoglobin-Reagenz als Blindwert bei $\lambda = 546$ nm bestimmt. Vor der Sonne geschützt, bleibt die Absorptionsintensität der Lösung für ca. 24 Stunden erhalten.

Die Sahli-Pipette wird durch Durchziehen von Salzsäure, $w(HCl) = 3\%$, Wasser und Aceton gereinigt. Danach wird solange mit einer Pumpe Luft durch die Pipette gezogen, bis das Aceton vollständig verdampft ist.

Berechnung: Die Berechnung der Hämoglobinkonzentration im Blut erfolgt über die in Gl. (10-16) bis (10-19) angegebenen Faktoren, die den Verdünnungsfaktor bereits einschließen:

$$\beta\,(\text{Hämoglobin}) \text{ in g/100 ml} = \text{Extinktion} \cdot 36,8 \qquad (10\text{-}16)$$

$$\beta\,(\text{Hämoglobin}) \text{ in g/L} = \text{Extinktion} \cdot 368 \qquad (10\text{-}17)$$

$$c\,(\text{Hämoglobin}) \text{ in mmol/L} = \text{Extinktion} \cdot 22,8 \text{ (monomer)} \qquad (10\text{-}18)$$

$$c\,(\text{Hämoglobin}) \text{ in mmol/L} = \text{Extinktion} \cdot 5,7 \text{ (tetramer)} \qquad (10\text{-}19)$$

Bewertung: Der Normalbereich für Menschen beträgt nach Makrem [8], die in Tabelle 10-14 aufgeführten Werte.

Entsorgung: Lösungen mit Eisen(II)sulfat und Eisen(III)chlorid versetzen und erwärmen. Dabei wird das Cyanidion zum Hexacyanoferrat-Komplex umgewandelt. Der blaue Niederschlag kann abgesaugt werden. Der Filterkuchen ist einem Entsorgungsunternehmen (Chemikalienabfälle) zu übergeben.

Tabelle 10-14. Hämoglobingehalt im Blut

	g/100 mL	monomer (mmol/L)	tetramer (mmol/L)
Männer	13 bis 18	8,07 bis 11,2	2,02 bis 2,79
Frauen	11 bis 16	6,83 bis 9,93	1,17 bis 2,48
Neugeborene	14 bis 23	8,69 bis 14,3	2,17 bis 3,57
Einjährige	10 bis 14	6,20 bis 8,69	1,55 bis 2,17

10.19 Enzymatische Bestimmung von Glucose im Serum

Geräte: Büretten, Pipetten

Chemikalien: Triethanolamin-hydrochlorid, Magnesium-heptahydrat, NADP-Na_2,Hexokinase, Glucose-6-phosphat-Dehydrogenase

Glucose (Traubenzucker) ist eine Hexose. Sie ist in allen süßen Früchten meist mit d-Fructose zu Saccarose verbunden. Abbildung 10-11 zeigt die offenkettige D-Glucose nach der Fischer-Projektion und eine der möglichen pyranosiden 6-Ring-Formen in der sog. Haywort-Projektion (α-D-Glucopyranose).

Im menschlichen Blut befinden sich 0,08 bis 0,11% D-Glucose gelöst. Eine Überschreitung des Glucosegehaltes führt zu einer Hyperglykämie. Die Konstanthaltung des Glucosegehaltes wird durch komplizierte Regelmechanismen ermöglicht, an der u. a. Insulin beteiligt ist. Wird vom menschlichen Körper zu wenig Insulin gebildet, kann es zu Diabetes mellitus (Zuckerkrankheit) kommen. Eine Überschreitung des Glucosegehaltes im Blut führt zum Auftreten von Glucose im Harn (Glucosurie), was u. U. auf das Vorliegen eines Diabetes mellitus hinweisen kann. Nach sehr kohlenhydratreichen Mahlzeiten kann aber auch beim Gesunden eine Glucosurie auftreten. Mit Hilfe von Glucosetoleranztests kann ein Diabetes mellitus abgeklärt werden. Üblicherweise wird zur Abklärung der Sachlage der Glucosegehalt im entweißten Blutserum durchgeführt.

Prinzip: Glucose reagiert mit ATP (Adenosin-5′-triphosphoshat) unter Einwirkung des Phosphorylierungs-Enzyms Hexokinase zu Glucose-6-Phosphat und ADP (Adenosion-5′-diphosphat):

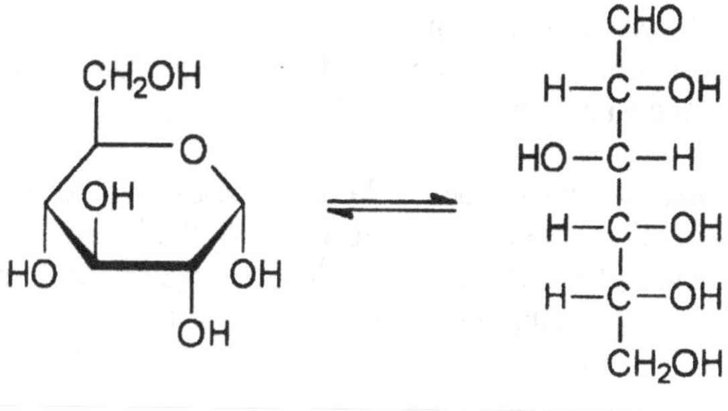

Abb. 10-11. Offenkettige α-D-Glucose und D-Glucopyranose

$$\text{Glucose} + \text{ATP} \xrightarrow{\text{Hexokinase}} \text{Glucose-6-Phosphat} + \text{ADP} \qquad (10\text{-}20)$$

Das entstandene Glucose-6-Phosphat reagiert mit dem Coenzym NADP (Nicotinamid-Adenin-Dinucleotid-Phosphat) zu Gluconat-6-Phosphat und NADPH sowie Wasserstoffionen.

$$\text{Glucose-6-Phosphat} + \text{NADP} \xrightarrow{\text{Dehydrogenase}}$$

$$\text{Gluconat-6-Phosphat} + \text{NADPH} + \text{H}^+ \qquad (10\text{-}21)$$

Auf der charakteristischen Lichtabsorption bei der Reduktion von NADP zu NADPH beruht die enzymatische Bestimmung von Glucose. Dabei wird während der Umsetzung der Anstieg der Extinktion gemessen, der equivalent zur Glucosekonzentration ist.

Herstellung der Lösungen:
- *Pufferlösung:* 13,9 g Triethanolamin-hydrochlorid und 0,246 g Magnesiumsulfat-heptahydrat werden in einen 1000-mL-Meßkolben gewogen, der mit Wasser bis zur Marke aufgefüllt wird.
- *ATP-Lösung:* 0,246 g ATP-NA$_2$H$_2$ und 0,300 g Natriumhydrogencarbonat werden in 6 mL Wasser gelöst.
- *NADP-Lösung:* 0,055 g NADP-NA$_2$ werden in 6 mL Wasser gelöst
- *Hexokinase-Lösung:* Es wird über Verdünnungsreihen eine wäßrige Lösung hergestellt, die 2 mg/L Hexokinase und 1 mg/L Glucose-6-phosphat-Dehydrogenase enthält.

Probenlösung: Die Probenlösung soll zwischen 5 und 50 µg Glucose/mL enthalten. Als Probenlösung kann entweißtes Serum verwendet werden. Dazu wird das gewonnene Kapillarblut sofort in Enteiweißlösung (Perchlorsäurelösung mit $c(\text{HCLO}_4)=0{,}33$ mmol/L) pipettiert und anschließend zentrifugiert. Im Grenzbereich kann das Serum bis 1300 mg/L Glucose (entspricht 1300 µg/mL) enthalten. Das Serum muß daher mit Wasser auf die genannte Probenkonzentration verdünnt werden.

Im Urin weist eine Glucosekonzentration von größer als 15 mg/L (entspricht 15 µg/mL) auf eine Glucosurie hin.

Durchführung der Bestimmung: Die angegebenen Volumen müssen sehr genau eingehalten werden. Der Fotometer wird auf eine Wellenlänge von $\lambda = 340$ nm eingestellt und beide Quarzküvetten mit Wasser abgeglichen. In eine der 1-cm-Quarzküvetten werden hintereinander einpippetiert:

- 1,0 mL Triethanolamin-Mg-Puffer (Lösung 1),
- 0,1 mL NADP-Lösung (Lösung 2),
- 0,1 mL ATP-Lösung (Lösung 3) und
- 2,0 mL Probenlösung.

Nach dem intensiven Durchmischen des Ansatzes wird 3 Minuten gewartet und dann 0,02 mL Hexokinase-Lösung (Lösung 4) zugemischt. Nach schnellem Durchmischen wird jede Minute die Extinktion abgelesen. Nach ca. 30 Minuten ist der Versuch beendet. Der Versuch wird mit Wasser als Blindwert wiederholt. In eine der 1-cm-Quarzküvetten werden hintereinander einpipettiert:

- 1,0 mL Triethanolamin-Mg-Puffer (Lösung 1),
- 0,1 mL NADP-Lösung (Lösung 2),
- 0,1 mL ATP-Lösung (Lösung 3) und
- 2,0 mL Wasser (glucosefrei).

Nach dem intensiven Durchmischen des Ansatzes wird 3 Minuten gewartet und dann 0,02 mL Hexokinase-Lösung (Lösung 4) zugemischt. Nach schnellem Durchmischen wird jede Minute die Extinktion abgelesen. Nach ca. 30 Minuten ist der Versuch beendet. Die sich ergebende Extinktion dieses Versuchs ist der Blindwert E_A, der die Extinktion der glucosehaltigen Lösung E_E verringert.

Auswertung: Die Extinktionswerte werden in Abhängigkeit von der Reaktionszeit ab der Hexokinasezugabe in ein Diagramm eingetragen. Der Extinktionsendwert wird durch Extrapolation abgeschätzt. Die Konzentration der Glucose in der Probe wird mit Gl. (10-22) berechnet:

$$c \text{ (Glucose)} = \frac{3,22 \cdot M \text{ (Glucose)} \cdot (E_E - E_A)}{6,3 \cdot d \cdot V \cdot 1000} \qquad (10\text{-}22)$$

In Gl. (10-22) bedeutet:

M (Glucose)	molare Masse von Glucose (180,15 g/mol)
d	Schichtdicke der Küvette (1 cm)
V	Volumen der Probe (2,0 mL)
E_A	extrapolierte End-Extinktion der Blindlösung
E_E	extrapolierte End-Extinktion der Probenlösung

Die Überprüfung der Richtigkeit wird durch eine Glucoselösung mit bekanntem Glucosegehalt vorgenommen.

Bewertung:

Bewertung	Nüchternwert
Glucose-Stoffwechsel gesund	kleiner als 1000 mg/L Glucose im Serum
Grenzbereich	1000 bis 1300 mg/L Glucose im Serum
Diabetischer Stoffwechsel	größer als 1300 mg/L Glucose im Serum

Entsorgung: E1

10.20 Bestimmung der Wiederfindungsrate von Paracetamol in Paracetamol-Tabletten

Geräte: Fotometer, Polystyrolküvetten, Meßkolben, Pipette, analytische Filter

Chemikalien: reines Paracetamol, Paracetamol-Tabletten, Methanol (R 11-23u25/S 2-7-1-24/F, T)

Prinzip: Die Wiederfindungsrate als Validierungsinstrument für die Richtigkeit einer Methode wird meistens über die Aufstockmethode bestimmt. Die in einem Analyten zu untersuchende Substanz wird quantifiziert, mit einer bestimmten Menge aufgestockt und dann die Gesamtmenge bestimmt. Die Differenz der Gesamtmenge zu der ursprünglich vorhandenen Menge muß die Menge der zugewogenen, aufgestockten Substanz ergeben. Bei systematischen Fehlern, die durch Einflüsse der Begleitstoffe oder durch eine falsche Analysenmethode entstehen, wird die Wiederfindung nicht 100% sein. Üblicherweise wird der Analyt mehrmals mit unterschiedlichen Mengen an Substanz aufgestockt, um über die Wiederfindungsrate einen systematischen Fehler aufzuspüren [2].

Eine Tablette Paracetamol 500 mg (z. B. von Ratiopharm) wird verrieben und homogenisiert. Von der einen Hälfte (unverändert) wird mit Hilfe der UV-Spektroskopie der Massenanteil an Paracetamol bestimmt. Die andere Hälfte der Tablette wird mit etwa der gleichen Menge reinem Paracetamol (4-Hydroxiacetanilid, Abb. 10-12) aufgestockt und über die Kalibrierkenn-

H   O
| ||
H−N−C−CH$_3$

OH   **Abb. 10-12.** Paracetamol

linie quantifiziert. Aus den Extinktionen und den Einwaagen kann die Wiederfindungsrate WFR in % berechnet werden.

Herstellung der Kalibrierlösungen: 500 mg reines Paracetamol, auf 0,0005 g genau gewogen, werden in 50 mL Methanol gelöst und in einen 1000-mL-Meßkolben gegeben, der bis zur Marke mit Wasser aufgefüllt wird. Die Kalibrierlösungen werden durch Verdünnungen hergestellt, bei denen die in Tabelle 10-15 angegebene Menge der Stammlösung im 1000-mL-Meßkolben bis zur Marke aufgefüllt wird.
Von den sechs Kalibrierlösungen ist die Extinktion beim Extinktionsmaximum von $\lambda = 243$ nm zu bestimmen. Die Extinktionsabhängigkeit von der Menge an Paracetamol wird in ein Diagramm eingetragen. Weiterhin ist mit geeigneten Programmen eine lineare Regression durchzuführen und die Geradengleichung (Steigung m und Ordinatenabschnitt b) zu berechnen. Die Verfahrensstandardabweichung soll kleiner als $V_{xo} = 1,5\%$ sein.

Bestimmung der Wiederfindungsrate: Eine Tablette Paracetamol wird im Mörser zerrieben und homogenisiert.

Herstellung der Probenlösung ohne Aufstockung: Die Hälfte der zerriebenen Masse, auf 0,0005 g genau abgewogen, wird mit 50 mL Methanol versetzt

Tabelle 10-15. Herstellung der Kalibrierlösung Paracetamol

Kalibrierlösung Nr.	mL Stammlösung	Konzentration
1	2,0 mL	1,0 mg/L
2	6,0 mL	3,0 mg/L
3	10,0 mL	5,0 mg/L
4	14,0 mL	7,0 mg/L
5	18,0 mL	9,0 mg/L
6	22,0 mL	11,0 mg/L

und intensiv gerührt. Die Mischung wird in einen 1000-mL-Meßkolben gegeben, der bis zur Marke mit Wasser aufgefüllt wird. 20,0 mL der entstandenen Lösung werden in einem weiteren 1000-mL-Meßkolben bis zur Marke aufgefüllt. Diese Lösung wird über einen analytischen Filter abfiltriert bis sie klar ist (= Probenlösung).

Herstellung der aufgestockten Lösung: Die andere Hälfte der zerriebenen und homogenisierten Masse wird genau gewogen und 250 mg reines Paracetamol zugewogen. Das Pulver wird mit 50 mL Methanol verrührt. Die Lösung wird in einen 1000-mL-Meßkolben gegeben, der bis zur Marke mit Wasser aufgefüllt wird. 20,0 mL dieser Lösung werden in einem weiteren 1000-mL-Meßkolben bis zur Marke aufgefüllt. Die entstandene Lösung wird über einen analytischen Filter abfiltriert bis sie klar ist (= Aufstocklösung).

Von beiden Lösungen wird bei 243 nm mehrmals die Extinktion bestimmt.

Auswertebeispiel: Für die Herstellung der *Probenlösung* wurden 0,2694 g der Tablette eingewogen. Für die Herstellung der *Aufstocklösung* wurden 0,2700 g der Tablette abgewogen und 0,2676 g reines Paracetamol hinzugegeben. Die Extinktionen der beiden Lösungen waren:

Probenlösung im Mittel: 0,312
Aufstocklösung im Mittel: 0,643

Die Gleichung der Kalibrierkennlinien war z.B. (Gl. 10-23):

$$\text{Extinktion} = 0,0651 \cdot \text{Konzentration (mg/L)} - 0,00527 \qquad (10\text{-}23)$$

(Korrelationskoeffizient $r = 0,9996$,
Verfahrensstandardabweichung $V_{xo} = 1,2\%$)

Löst man Gl. (10-23) nach der Konzentration auf, erhält man Gl. (10-24).

$$\text{Konzentration} = \frac{\text{Extinktion} + 0,00527}{0,0651} \qquad (10\text{-}24)$$

Setzt man die beiden gemessenen Extinktionen in Gl. (10-24) ein, ergibt dies:

Probenlösung: $$\text{Konzentration} = \frac{0,312 + 0,00527}{0,0651} = 4,874 \text{ mg/L} \qquad (10\text{-}25)$$

Aufstocklösung: $Konzentration = \dfrac{0{,}643 + 0{,}00527}{0{,}0651} = 9{,}958$ mg/L (10-26)

Massenanteil in der Probe: 0,2694 g der Tablette wurden auf 1000 mL aufgefüllt, davon 20 mL wiederum auf 1000 mL aufgefüllt. Das entspricht einer Konzentration von 5,388 mg/L. Durch die Analyse wurde 4,874 mg/L gefunden, das entspricht einem Massenanteil an Paracetamol in der Tablette von (Gl. (10-27)):

$$w \text{ (Paracetamol)} = \frac{4{,}874 \cdot 100\%}{5{,}388} = 90{,}46\% \qquad (10\text{-}27)$$

In der Tablette sind 90,46% Paracetamol als wirksame Substanz enthalten.

Berechnung der Aufstockmenge: Es wurden 0,2700 g der Paracetamol-Tablette eingewogen, davon betrug aber mit einem Massenanteil von 90,46% der Anteil an reinem Paracetamol nur (Gl. (10-28)):

$$m \text{ (Paracetamol)} = \frac{0{,}2700 \text{ g} \cdot 90{,}46\%}{100\%} = 0{,}2442 \text{ g} \qquad (10\text{-}28)$$

Durch die Aufstockung kamen noch 0,2676 g Paracetamol hinzu. Die Gesamtmenge betrug daher:

$m\,\text{(Gesamt)} = 0{,}2442 \text{ g} + 0{,}2676 \text{ g}$

$m\,\text{(Gesamt)} = 0{,}5118 \text{ g}$

Die 0,5118 g Paracetamol (in der Tablette und Zuwaage) wurden auf 1000 mL aufgefüllt, davon 20 mL wiederum auf 1000 mL. Das entspricht einer Konzentration von 10,236 mg/L. Gefunden wurden mit Hilfe der Extinktion 9,958 mg/L. Das entspricht einer Wiederfindungsrate von (Gl. (10-29)):

$$WFR = \frac{9{,}93 \text{ mg/L}}{10{,}236 \text{ mg/L}} \cdot 100\% = 97{,}3\% \qquad (10\text{-}29)$$

Der systematische Fehler beträgt demnach 2,7%.

Der Versuch ist mit einer anderen Tablette und einer Zuwaage von 125 mg bzw. 350 mg Paracetamol zu wiederholen. Welche Tendenz ergibt sich für die Wiederfindungsrate?

Entsorgung: Proben- und Kalibrierlösungen E1 (Vollbiologische Kläranlage)

10.21 Projekt: Bestimmung von Weinsäure in Wein

Die Weinsäure (ebenso Äpfelsäure, Zitronensäure sowie Bernsteinsäure) des Weins wird mit Hilfe eines stark sauren Anionenaustauscher in einer Austauscherröhre adsorbiert. Die gebundenen Säuren können mit einer Natriumsulfatlösung vom Austauscher gelöst werden. Weinsäure gibt mit Ammoniumvanadat eine intensive Rotfärbung [9]. Um den Einfluß der anderen Säuren zu kompensieren, wird aus demselben Wein die Weinsäure durch überschüssige Periodsäure HIO_3 zerstört und diese behandelte Lösung als Blindlösung eingesetzt [7].

10 mL stark basischer Anionenaustauscher (z.B. DOWEK ® Merck III) werden für 24 Stunden in einer Essigsäure, $w(CH_3COOH)=30\%$, aufbewahrt. Nach dem Einfüllen in eine Austauscherröhre wird der Austauscher mit einer Essigsäure, $w(CH_3COOH)=5\%$, gespült. 10,0 bis 20,0 mL Wein werden in die Austauscherröhre pipettiert und langsam durchlaufen gelassen. Die Weinsäure wird mit einer Natriumsulfatlösung, $c(Na_2SO_4)=0,5$ mol/L, langsam eluiert. 100,0 mL Eluat werden aufgefangen.

Zur fotometrischen Bestimmung werden je 20,0 mL Eluat in zwei verschiedene Gefäße gegeben (A=Meßlösung, B=Vergleichslösung). Zum Gefäß A werden 2,0 mL Schwefelsäurelösung, $c(\frac{1}{2}H_2SO_4)=2$ mol/L; 5,0 mL Schwefelsäurelösung, $c(\frac{1}{2}H_2SO_4)=0,1$ mol/L, und 1,0 mL Glycerinlösung, $w(Glycerin)=1\%$ zugefügt. In das Gefäß B werden 2,0 mL Schwefelsäurelösung, $c(\frac{1}{2}H_2SO_4)=2$ mol/L, und 5,0 mL Periodsäurelösung, $c(HIO_4)=0,05$ mol/L, zugegeben. Nach genau 15 Minuten wird 1,0 mL Glycerinlösung, $w(Glycerin)=10\%$, dem Gefäß B zugegeben. Nach weiteren zwei Minuten wird jedem Kolben je 5,0 mL Ammoniumvanadat mit $w(NH_4VO_3)=5\%$ zugegeben und man mißt genau nach 90 Sekunden die Extinktion der Lösung A gegen die der Lösung B bei $\lambda=490$ nm. Es ist über eine vorher erstellte und validierte Kalibrierkurve der Gehalt an Weinsäure im Wein zu bestimmen.

10.22 Projekt: Formaldehydbestimmung in beschichteten Preßspanhölzern

Für die Belastung mit Formaldehyd in Wohnräumen hat das BGA einen Grenzwert für Formaldehyd von 0,1 ppm (0,12 mg/m³) empfohlen. Als Ursache für Formaldehydemissionen in Innenräumen kommen außer Zigarettenrauch, offenen Feuerstellen usw. vor allem Spanplatten in Frage. Die Freisetzung von Formaldehyd ist auf Spanplatten beschränkt, die unter Verwendung von Harnstoff-Formaldehydharzen hergestellt werden. 100 g kleingesägtes Spanholz wird in einem geschlossenen Kolben fünf Stunden bei 50°C entgast. Nach der Abkühlung des Kolbens wird der Gasraum über drei mit 10 mL Wasser gefüllte Gaswaschflaschen abgesaugt. Das Formaldehyd wird durch Anfärben mit 2,4-Pentadion-Lösung bestimmt (75 g Ammoniumacetat, 1,5 mL Essigsäure und 1 mL 2,4-Pentadion werden mit Wasser auf 500 mL aufgefüllt).

40 mL der formaldehydhaltigen Lösung werden mit 5 mL der 2,4-Pentadion-Lösung versetzt und nach einer Standzeit von zwei Stunden bei $\lambda = 413$ nm gemessen. Als Blindlösung werden 40 mL Wasser mit 5 mL der 2,4-Pentadionlösung vermischt. Mittels einer Kalibrierungskennlinie ist der Gehalt an Formaldehyd im Gasraum über dem Holz zu bestimmen. Durch Zusatz von Formaldehyd zum Holz und erneutem Ausdampfen ist die Wiederfindungsrate zu bestimmen [10].

10.23 Projekt: Fotometrische Bestimmung von Sorbinsäure in Lebensmitteln

Aus der homogenisierten Probe läßt sich die Sorbinsäure mit Hilfe einer Wasserdampfdestillation (mit Schwefelsäure und Magnesiumsulfat) abtrennen. Im Destillat wird die Sorbinsäure mit Kaliumdichromat oxidiert und dann mit 2-Thiobarbitursäure zu einer rotgefärbten Verbindung umgesetzt. Das Extinktionsmaximum der roten Lösung liegt bei $\lambda = 530$ nm. Über Kalibrierlösungen ist der Gehalt von Sorbinsäure in konservierten Lebensmitteln zu bestimmen und durch Aufstockungen die Messung zu bestätigen. Als Standardsubstanz dient Kaliumsorbat.

Oxidationsgemisch: 100 mL Kaliumdichromat-Lösung (0,005 mol/L) und 100 mL Schwefelsäure (0,15 mol/L) werden gemischt. Für 2 mL Destillat werden 2 mL Oxidationsgemisch benötigt.

Reaktionslösung: 0,5 g Thiobarbitursäure werden nach und nach in einem 100-mL-Meßkolben mit 30 mL Wasser, 10 mL Natronlauge $c(NaOH) = 1$ mol/L und mit 11 mL Salzsäure $c(HCl) = 1$ mol/L versetzt. Der Kolben wird mit Wasser bis zur Marke aufgefüllt. Es werden 2 mL Reagenz zur Anfärbung benötigt, die Reaktion wird für 10 Minuten im siedenden Wasserbad vorgenommen.

10.24 Literatur

[1] Ohls K.D. (1997): Ende der analytischen Chemie? LABO, Heft 4, April. Verlag Hoppenstedt GmbH, Darmstadt

[2] Gottwald W. (1996): Instrumentelles analytisches Praktikum. VCH, Weinheim

[3] Diese Arbeit wurde von Rahel Getachew als Projektarbeit im Rahmen ihrer Chemielaborantenausbildung im Ausbildungszentrum der HOECHST AG entwickelt und als Methode validiert

[4] Diese Arbeit wurde von Alexander Höger als Projektarbeit im Rahmen seiner Chemielaborantenausbildung im Ausbildungszentrum der HOECHST AG entwickelt und als Methode validiert

[5] Mahr K. (1959): Nephelometrie und nephelometrische Titrationen, Chemie für Labor und Betrieb, Heft 9, September

[6] Begleitzettel für Bestell.-Nr. OSOC 10 (1996) Behring-Institut, Marburg. Blut, Serum

[7] Rapp A. (1985): Weinanalytik. Springer-Verlag, Berlin

[8] Funk W., Dammann V., Vonderheid C., Oelmann G. (1986): Statistische Methoden in der Wasseranalytik. VCH, Weinheim

[9] Makarem A. (1974) in: Henry R.J. (Hrsg) Clinical Chemistry, 2. Aufl. Harper & Row, New York, S 11134. Zitiert aus der Arbeitsvorschrift der Behringwerke

[10] Die Idee und die Durchführung dieser Projektarbeit wurden von Andreas Leppen und Adrian Ertl im Rahmen ihrer Ausbildung bei der Firma HOECHST AG entwickelt

11 Weiterführende Literatur

Zur Vertiefung über die Arbeitsgebiete „Allgemeine und instrumentelle Analytik" können folgende Bücher empfohlen werden:

1. Schmittel E., Bouchee G., Less W. (1991): Labortechnische Grundoperationen. VCH, Weinheim
2. Gübitz T., Haubold G., Stoll C. (1991): Analytisches Praktikum: Quantitative Analyse. VCH, Weinheim
3. Gottwald W. (1996): Instrumentelles-analytisches Praktikum. VCH, Weinheim
4. Otto M. (1995): Analytische Chemie. VCH, Weinheim
5. Kromidas S. (1995): Qualität in der Analytik. VCH, Weinheim
6. Doerffel W., Geyer F. (1994): ANALYTIKUM. Deutscher Verlag Grundstoff, Leipzig

Zur Vertiefung im Bereich der „allgemeinen Physik" können folgende Bücher dem Anwender empfohlen werden:

1. Westphal W. (1963): Physik. Springer-Verlag, Berlin
2. Lindner H. (1992): Physik für Ingenieure. Hanser Fachbuchverlag, München
3. Heywang F., Treiber K., Herberg F. (1992): Physik für Fachhochschulen und technische Berufe. Handwerk & Technik-Verlag (früher Schmiedel, Süß)
4. Von Schilling K. (Hrsg.) (1980): Physik in Beispielen. Optik und Spektroskopie. Harri Deutsch-Verlag, Frankfurt
5. Kuchling H. (1995): Taschenbuch der Physik. Fachbuchverlag Leipzig
6. Westphal W. (1980): Physikalisches Praktikum, Vieweg-Verlag, Braunschweig

Zur Vertiefung im Bereich der „Spektroskopie" können folgende Bücher empfohlen werden:

1. Felmy W.G., Kurtz H.J. (1976): Spektroskopie. Klett-Schulbuch-Verlag, Stuttgart
2. Galla (1988): Spektroskopische Methoden in der Biochemie. Georg Thieme-Verlag, Stuttgart
3. Hediger H.J. (1985) Quantitative Spektroskopie. Dr. A. Hüthig-Verlag, Heidelberg

4. Hesse M., Meier H., Zeeh B. (1995): Spektroskopische Methoden in der Chemie. Georg Thieme-Verlag, Stuttgart
5. Perkampus H.H. (1986): UV-VIS-Spektroskopie. Springer-Verlag, Berlin
6. Rücker G. (1976): Spektroskopische Methoden in der Pharmazie. Wissenschaftliche Verlagsgesellschaft, Stuttgart
7. Schmidt W. (1994): Optische Spektroskopie. VCH, Weinheim
8. v. Pretsch K., Clerc C., Seibl F. (1990) Tabellen zur Strukturaufklärung organischer Verbindungen mit spektroskopischen Methoden. Springer-Verlag, Berlin
9. Demchenko L. (1986): Ultraviolet spectroscopy of proteins. Springer-Verlag, Berlin
10. Sinclair L., Denney C. (1987): Visible and ultraviolet spectroscopy, John Wiley & sons, Sussex

Zur Vertiefung im Bereich der „Statistik" können folgende Bücher empfohlen werden:

1. Kaiser R., Mühlbauer F. (1972): Elementare Tests zur Beurteilung von Meßdaten. Hochschultaschenbücher, Band 774
2. Doerffel K. (1987): Statistik in der analytischen Chemie. VEB Verlag für Grundstoffindustrie, Leipzig
3. Ehrenberg A.S.C. (1985): Statistik oder der Umgang mit Daten. VCH, Weinheim
4. Sachs L. (1974): Angewandte Statistik. Springer-Verlag, Berlin
5. Funk W., Damman V., Vonderheid C., Oelmann G. (1985): Statistische Methoden in der Wasseranalytik. VCH, Weinheim
6. Funk W., Damman V., Donnevert C. (1992): Qualitätssicherung in der Analytischen Chemie. VCH, Weinheim

12 Anhang

12.1 *F*-Tabelle [29]

F-Tabelle (1) (*P*=95%)

f_2/f_1	1	2	3	4	5	6	7	8	9	10	12	15	20	24	30	40	60	120	∞
1	161,4	199,5	215,7	224,6	230,2	234,0	236,8	238,9	240,5	241,9	243,9	245,9	248,0	249,1	250,1	251,1	252,2	253,3	254,30
2	18,51	19,00	19,16	19,25	19,30	19,33	19,35	19,37	19,38	19,40	19,41	19,43	19,45	19,45	19,46	19,47	19,48	19,49	19,50
3	10,13	9,55	9,28	9,12	9,01	8,94	8,89	8,85	8,81	8,79	8,74	8,70	8,66	8,64	8,62	8,59	8,57	8,55	8,53
4	7,71	6,94	6,59	6,39	6,26	6,16	6,09	6,04	6,00	5,96	5,91	5,86	5,80	5,77	5,75	5,72	5,69	5,66	5,63
5	6,61	5,79	5,41	5,19	5,05	4,95	4,88	4,82	4,77	4,74	4,68	4,62	4,56	4,53	4,50	4,46	4,43	4,40	4,36
6	5,99	5,14	4,76	4,53	4,39	4,28	4,21	4,15	4,10	4,06	4,00	3,94	3,87	3,84	3,81	3,77	3,74	3,70	3,67
7	5,59	4,74	4,35	4,12	3,97	3,87	3,79	3,73	3,68	3,64	3,57	3,51	3,44	3,41	3,38	3,34	3,30	3,27	3,23
8	5,32	4,46	4,07	3,84	3,69	3,58	3,50	3,44	3,39	3,35	3,28	3,22	3,15	3,12	3,08	3,04	3,01	2,97	2,93
9	5,12	4,26	3,86	3,63	3,48	3,37	3,29	3,23	3,18	3,14	3,07	3,01	2,94	2,90	2,86	2,83	2,79	2,75	2,71
10	4,96	4,10	3,71	3,48	3,33	3,22	3,14	3,07	3,02	2,98	2,91	2,85	2,77	2,74	2,70	2,66	2,62	2,58	2,54
11	4,84	3,98	3,59	3,36	3,20	3,09	3,01	2,95	2,90	2,85	2,79	2,72	2,65	2,61	2,57	2,53	2,49	2,45	2,40
12	4,75	3,89	3,49	3,26	3,11	3,00	2,91	2,85	2,80	2,75	2,69	2,62	2,54	2,51	2,47	2,43	2,38	2,34	2,30
13	4,67	3,81	3,41	3,18	3,03	2,92	2,83	2,77	2,71	2,67	2,60	2,53	2,46	2,42	2,38	2,34	2,30	2,25	2,21
14	4,60	3,74	3,34	3,11	2,96	2,85	2,76	2,70	2,65	2,60	2,53	2,46	2,39	2,35	2,31	2,27	2,22	2,18	2,13
15	4,54	3,68	3,29	3,06	2,90	2,79	2,71	2,64	2,59	2,54	2,48	2,40	2,33	2,29	2,25	2,20	2,16	2,11	2,07
16	4,49	3,63	3,24	3,01	2,85	2,74	2,66	2,59	2,54	2,49	2,42	2,35	2,28	2,24	2,19	2,15	2,11	2,06	2,01
17	4,45	3,59	3,20	2,96	2,81	2,70	2,61	2,55	2,49	2,45	2,38	2,31	2,23	2,19	2,15	2,10	2,06	2,01	1,96
18	4,41	3,55	3,16	2,93	2,77	2,66	2,58	2,51	2,46	2,41	2,34	2,27	2,19	2,15	2,11	2,06	2,02	1,97	1,92
19	4,38	3,52	3,13	2,90	2,74	2,63	2,54	2,48	2,42	2,38	2,31	2,23	2,16	2,11	2,07	2,03	1,98	1,93	1,88
20	4,35	3,49	3,10	2,87	2,71	2,60	2,51	2,45	2,39	2,35	2,28	2,20	2,12	2,08	2,04	1,99	1,95	1,90	1,84
21	4,32	3,47	3,07	2,84	2,68	2,57	2,49	2,42	2,37	2,32	2,25	2,18	2,10	2,05	2,01	1,96	1,92	1,87	1,81
22	4,30	3,44	3,05	2,82	2,66	2,55	2,46	2,40	2,34	2,30	2,23	2,15	2,07	2,03	1,98	1,94	1,89	1,84	1,78
23	4,28	3,42	3,03	2,80	2,64	2,53	2,44	2,37	2,32	2,27	2,20	2,13	2,05	2,01	1,96	1,91	1,86	1,81	1,76
24	4,26	3,40	3,01	2,78	2,62	2,51	2,42	2,36	2,30	2,25	2,18	2,11	2,03	1,98	1,94	1,89	1,84	1,79	1,73
25	4,24	3,39	2,99	2,76	2,60	2,49	2,40	2,34	2,28	2,24	2,16	2,09	2,01	1,96	1,92	1,87	1,82	1,77	1,71
26	4,23	3,37	2,98	2,74	2,59	2,47	2,39	2,32	2,27	2,22	2,15	2,07	1,99	1,95	1,90	1,85	1,80	1,75	1,69
27	4,21	3,35	2,96	2,73	2,57	2,46	2,37	2,31	2,25	2,20	2,13	2,06	1,97	1,93	1,88	1,84	1,79	1,73	1,67
28	4,20	3,34	2,95	2,71	2,56	2,45	2,36	2,29	2,24	2,19	2,12	2,04	1,96	1,91	1,87	1,82	1,77	1,71	1,65
29	4,18	3,33	2,93	2,70	2,55	2,43	2,35	2,28	2,22	2,18	2,10	2,03	1,94	1,90	1,85	1,81	1,75	1,70	1,64
30	4,17	3,32	2,92	2,69	2,53	2,42	2,33	2,27	2,21	2,16	2,09	2,01	1,93	1,89	1,84	1,79	1,74	1,68	1,62
40	4,08	3,23	2,84	2,61	2,45	2,34	2,25	2,18	2,12	2,08	2,00	1,92	1,84	1,79	1,74	1,69	1,64	1,58	1,51
60	4,00	3,15	2,76	2,53	2,37	2,25	2,17	2,10	2,04	1,99	1,92	1,84	1,75	1,70	1,65	1,59	1,53	1,47	1,39
120	3,92	3,07	2,68	2,45	2,29	2,17	2,09	2,02	1,96	1,91	1,83	1,75	1,66	1,61	1,55	1,50	1,43	1,35	1,25
∞	3,84	3,00	2,60	2,37	2,21	2,10	2,01	1,94	1,88	1,83	1,75	1,67	1,57	1,52	1,46	1,39	1,32	1,22	1,00

F-Tabelle (2) (P=99%)

f_2/f_1	1	2	3	4	5	6	7	8	9	10	12	15	20	24	30	40	60	120	∞
1	4052	4999,5	5403	5625	5764	5859	5928	5982	6022	6056	6106	6157	6209	6235	6261	6287	6313	6339	6366
2	98,50	99,00	99,17	99,25	99,30	99,33	99,36	99,37	99,39	99,40	99,42	99,43	99,45	99,46	99,47	99,47	99,47	99,49	99,50
3	34,12	30,82	29,46	28,71	28,24	27,91	27,67	27,49	27,35	27,23	27,05	26,87	26,69	26,60	26,50	26,41	26,32	26,22	26,13
4	21,20	18,00	16,69	15,98	15,52	15,21	14,98	14,80	14,66	14,55	14,37	14,20	14,02	13,93	13,84	13,75	13,65	13,56	13,46
5	16,26	13,27	12,06	11,39	10,97	10,67	10,46	10,29	10,16	10,05	9,89	9,72	9,55	9,47	9,38	9,29	9,20	9,11	9,02
6	13,75	10,92	9,78	9,15	8,75	8,47	8,26	8,10	7,98	7,87	7,72	7,56	7,40	7,31	7,23	7,14	7,06	6,97	6,88
7	12,25	9,55	8,45	7,85	7,46	7,19	6,99	6,84	6,72	6,62	6,47	6,31	6,16	6,07	5,99	5,91	5,82	5,74	5,65
8	11,26	8,65	7,59	7,01	6,63	6,37	6,18	6,03	5,91	5,81	5,67	5,52	5,36	5,28	5,20	5,12	5,03	4,95	4,86
9	10,56	8,02	6,99	6,42	6,06	5,80	5,61	5,47	5,35	5,26	5,11	4,96	4,81	4,73	4,65	4,57	4,48	4,40	4,31
10	10,04	7,56	6,55	5,99	5,64	5,39	5,20	5,06	4,94	4,85	4,71	4,56	4,41	4,33	4,25	4,17	4,08	4,00	3,91
11	9,65	7,21	6,22	5,67	5,32	5,07	4,89	4,74	4,63	4,54	4,40	4,25	4,10	4,02	3,94	3,86	3,78	3,69	3,60
12	9,33	6,93	5,95	5,41	5,06	4,82	4,64	4,50	4,39	4,30	4,16	4,01	3,86	3,78	3,70	3,62	3,54	3,45	3,36
13	9,07	6,70	5,74	5,21	4,86	4,62	4,44	4,30	4,19	4,10	3,96	3,82	3,66	3,59	3,51	3,43	3,34	3,25	3,17
14	8,86	6,51	5,56	5,04	4,69	4,46	4,28	4,14	4,03	3,94	3,80	3,66	3,51	3,43	3,35	3,27	3,18	3,09	3,00
15	8,68	6,36	5,42	4,89	4,56	4,32	4,14	4,00	3,89	3,80	3,67	3,52	3,37	3,29	3,21	3,13	3,05	2,96	2,87
16	8,53	6,23	5,29	4,77	4,44	4,20	4,03	3,89	3,78	3,69	3,55	3,41	3,26	3,18	3,10	3,02	2,93	2,84	2,75
17	8,40	6,11	5,18	4,67	4,34	4,10	3,93	3,79	3,68	3,59	3,46	3,31	3,16	3,08	3,00	2,92	2,83	2,75	2,65
18	8,29	6,01	5,09	4,58	4,25	4,01	3,84	3,71	3,60	3,51	3,37	3,23	3,08	3,00	2,92	2,84	2,75	2,66	2,57
19	8,18	5,93	5,01	4,50	4,17	3,94	3,77	3,63	3,52	3,43	3,30	3,15	3,00	2,92	2,84	2,76	2,67	2,58	2,49
20	8,10	5,85	4,94	4,43	4,10	3,87	3,70	3,56	3,46	3,37	3,23	3,09	2,94	2,86	2,78	2,69	2,61	2,52	2,42
21	8,02	5,78	4,87	4,37	4,04	3,81	3,64	3,51	3,40	3,31	3,17	3,03	2,88	2,80	2,72	2,64	2,55	2,46	2,36
22	7,95	5,72	4,82	4,31	3,99	3,76	3,59	3,45	3,35	3,26	3,12	2,98	2,83	2,75	2,67	2,58	2,50	2,40	2,31
23	7,88	5,66	4,76	4,26	3,94	3,71	3,54	3,41	3,30	3,21	3,07	2,93	2,78	2,70	2,62	2,54	2,45	2,35	2,26
24	7,82	5,61	4,72	4,22	3,90	3,67	3,50	3,36	3,26	3,17	3,03	2,89	2,74	2,66	2,58	2,49	2,40	2,31	2,21
25	7,77	5,57	4,68	4,18	3,85	3,63	3,46	3,32	3,22	3,13	2,99	2,85	2,70	2,62	2,54	2,45	2,36	2,27	2,17
26	7,72	5,53	4,64	4,14	3,82	3,59	3,42	3,29	3,18	3,09	2,96	2,81	2,66	2,58	2,50	2,42	2,33	2,23	2,13
27	7,68	5,49	4,60	4,11	3,78	3,56	3,39	3,26	3,15	3,06	2,93	2,78	2,63	2,55	2,47	2,38	2,29	2,20	2,10
28	7,64	5,45	4,57	4,07	3,75	3,53	3,36	3,23	3,12	3,03	2,90	2,75	2,60	2,52	2,44	2,35	2,26	2,17	2,06
29	7,60	5,42	4,54	4,04	3,73	3,50	3,33	3,20	3,09	3,00	2,87	2,73	2,57	2,49	2,41	2,33	2,23	2,14	2,03
30	7,56	5,39	4,51	4,02	3,70	3,47	3,30	3,17	3,07	2,98	2,84	2,70	2,55	2,47	2,39	2,30	2,21	2,11	2,01
40	7,31	5,18	4,31	3,83	3,51	3,29	3,12	2,99	2,89	2,80	2,66	2,52	2,37	2,29	2,20	2,11	2,02	1,92	1,80
60	7,08	4,98	4,13	3,65	3,34	3,12	2,95	2,82	2,72	2,63	2,50	2,35	2,20	2,12	2,03	1,94	1,84	1,73	1,60
120	6,85	4,79	3,95	3,48	3,17	2,96	2,79	2,66	2,56	2,47	2,34	2,19	2,03	1,95	1,86	1,76	1,66	1,53	1,38
∞	6,63	4,61	3,78	3,32	3,02	2,80	2,64	2,51	2,41	2,32	2,18	2,04	1,88	1,79	1,70	1,59	1,47	1,32	1,00

F-Tabelle (3) (*P*=99,9%)

f_1/f_2	1	2	3	4	5	6	7	8	9	10	12	15	20	24	30	40	60	120	∞
1	4053[a]	5000[a]	5404[a]	5625[a]	5764[a]	5859[a]	5929[a]	5981[a]	6023[a]	6056[a]	6107[a]	6158[a]	6209[a]	6235[a]	6261[a]	6287[a]	6313[a]	6340[a]	6366[a]
2	998,5	999,0	999,2	999,2	999,3	999,3	999,4	999,4	999,4	999,4	999,4	999,4	999,4	999,5	999,5	999,5	999,5	999,5	999,5
3	167,0	148,5	141,1	137,1	134,6	132,8	131,6	130,6	129,9	129,2	128,3	127,4	126,4	125,9	125,4	125,0	124,5	124,0	123,5
4	74,14	61,25	56,18	53,44	51,71	50,53	49,66	49,00	48,47	48,05	47,41	46,76	46,10	45,77	45,43	45,09	44,75	44,40	44,05
5	47,18	37,12	33,20	31,09	29,75	28,84	28,16	27,64	27,24	26,92	26,42	25,91	25,39	25,14	24,87	24,60	24,33	24,06	23,79
6	35,51	27,00	23,70	21,92	20,81	20,03	19,46	19,03	18,69	18,41	17,99	17,56	17,12	16,89	16,67	16,44	16,21	15,99	15,75
7	29,25	21,69	18,77	17,19	16,21	15,52	15,02	14,63	14,33	14,08	13,71	13,32	12,93	12,73	12,53	12,33	12,12	11,91	11,70
8	25,42	18,49	15,83	14,39	13,49	12,86	12,40	12,04	11,77	11,54	11,19	10,84	10,48	10,30	10,11	9,92	9,73	9,53	9,33
9	22,86	16,39	13,90	12,56	11,71	11,13	10,70	10,37	10,11	9,89	9,57	9,24	8,90	8,72	8,55	8,37	8,19	8,00	7,81
10	21,04	14,91	12,55	11,28	10,48	9,92	9,52	9,20	8,96	8,75	8,45	8,13	7,80	7,64	7,47	7,30	7,12	6,94	6,76
11	19,69	13,81	11,56	10,35	9,58	9,05	8,66	8,35	8,12	7,92	7,63	7,32	7,01	6,85	6,68	6,52	6,35	6,17	6,00
12	18,64	12,97	10,80	9,63	8,89	8,38	8,00	7,71	7,48	7,29	7,00	6,71	6,40	6,25	6,09	5,93	5,76	5,59	5,42
13	17,81	12,31	10,21	9,07	8,35	7,86	7,49	7,21	6,98	6,80	6,52	6,23	5,93	5,78	5,63	5,47	5,30	5,14	4,97
14	17,14	11,78	9,73	8,62	7,92	7,43	7,08	6,80	6,58	6,40	6,13	5,85	5,56	5,41	5,25	5,10	4,94	4,77	4,60
15	16,59	11,34	9,34	8,25	7,57	7,09	6,74	6,47	6,26	6,08	5,81	5,54	5,25	5,10	4,95	4,80	4,64	4,47	4,31
16	16,12	10,97	9,00	7,94	7,27	6,81	6,46	6,19	5,98	5,81	5,55	5,27	4,99	4,85	4,70	4,54	4,39	4,23	4,06
17	15,72	10,66	8,73	7,68	7,02	6,56	6,22	5,96	5,75	5,58	5,32	5,05	4,78	4,63	4,48	4,33	4,18	4,02	3,85
18	15,38	10,39	8,49	7,46	6,81	6,35	6,02	5,76	5,56	5,39	5,13	4,87	4,59	4,45	4,30	4,15	4,00	3,84	3,67
19	15,08	10,16	8,28	7,26	6,62	6,18	5,85	5,59	5,39	5,22	4,97	4,70	4,43	4,29	4,14	3,99	3,84	3,68	3,51
20	14,82	9,95	8,10	7,10	6,46	6,02	5,69	5,44	5,24	5,08	4,82	4,56	4,29	4,15	4,00	3,86	3,70	3,54	3,38
21	14,59	9,77	7,94	6,95	6,32	5,88	5,56	5,31	5,11	4,95	4,70	4,44	4,17	4,03	3,88	3,74	3,58	3,42	3,26
22	14,38	9,61	7,80	6,81	6,19	5,76	5,44	5,19	4,99	4,83	4,58	4,33	4,06	3,92	3,78	3,63	3,48	3,32	3,15
23	14,19	9,47	7,67	6,69	6,08	5,65	5,33	5,09	4,89	4,73	4,48	4,23	3,96	3,82	3,68	3,53	3,38	3,22	3,05
24	14,03	9,34	7,55	6,59	5,98	5,55	5,23	4,99	4,80	4,64	4,39	4,14	3,87	3,74	3,59	3,45	3,29	3,14	2,97
25	13,88	9,22	7,45	6,49	5,88	5,46	5,15	4,91	4,71	4,56	4,31	4,06	3,79	3,66	3,52	3,37	3,22	3,06	2,89
26	13,74	9,12	7,36	6,41	5,80	5,38	5,07	4,83	4,64	4,48	4,24	3,99	3,72	3,59	3,44	3,30	3,15	2,99	2,82
27	13,61	9,02	7,27	6,33	5,73	5,31	5,00	4,76	4,57	4,41	4,17	3,92	3,66	3,52	3,38	3,23	3,08	2,92	2,75
28	13,50	8,93	7,19	6,25	5,66	5,25	4,93	4,69	4,50	4,35	4,11	3,86	3,60	3,46	3,32	3,18	3,02	2,86	2,69
29	13,39	8,85	7,12	6,19	5,59	5,18	4,87	4,64	4,45	4,29	4,05	3,80	3,54	3,41	3,27	3,12	2,97	2,81	2,64
30	13,29	8,77	7,05	6,12	5,53	5,12	4,82	4,58	4,39	4,24	4,00	3,75	3,49	3,36	3,22	3,07	2,92	2,76	2,59
40	12,61	8,25	6,60	5,70	5,13	4,73	4,44	4,21	4,02	3,87	3,64	3,40	3,15	3,01	2,87	2,73	2,57	2,41	2,23
60	11,97	7,76	6,17	5,31	4,76	4,37	4,09	3,87	3,69	3,54	3,31	3,08	2,83	2,69	2,55	2,41	2,25	2,08	1,89
120	11,38	7,32	5,79	4,95	4,42	4,04	3,77	3,55	3,38	3,24	3,02	2,78	2,53	2,40	2,26	2,11	1,95	1,76	1,54
∞	10,83	6,91	5,42	4,62	4,10	3,74	3,47	3,27	3,10	2,96	2,74	2,51	2,27	2,13	1,99	1,84	1,66	1,45	1,00

12.2 *t*-Tabelle [29]

15.3 *t*-Tabelle [29]

f	$P=95\%$	$P=99\%$	$P=99,9\%$
1	12,706	63,657	636,619
2	4,303	9,925	31,598
3	3,182	5,841	12,924
4	2,776	4,604	8,610
5	2,571	4,032	6,869
6	2,447	3,707	5,959
7	2,365	3,499	5,408
8	2,306	3,355	5,041
9	2,262	3,250	4,781
10	2,228	3,169	4,587
11	2,201	3,106	4,437
12	2,179	3,055	4,318
13	2,160	3,016	4,221
14	2,145	2,977	4,140
15	2,131	2,947	4,073
16	2,120	2,921	4,015
17	2,110	2,898	3,965
18	2,101	2,878	3,922
19	2,093	2,861	3,883
20	2,086	2,845	3,850
21	2,080	2,831	3,819
22	2,074	2,819	3,792
23	2,069	2,807	3,767
24	2,064	2,797	3,745
25	2,060	2,787	3,725
26	2,056	2,779	3,707
27	2,052	2,771	3,690
28	2,048	2,763	3,674
29	2,045	2,756	3,659
30	2,042	2,750	3,646
∞	1,960	2,576	3,291

12.3 Unfallverhütung und Produktentsorgung

12.3.1 R-Sätze

Die Gefahrenhinweise geben Auskunft über die Art der Gefahr.

R 1	In trockenem Zustand explosionsgefährlich
R 2	Durch Schlag, Reibung, Feuer oder andere Zündquellen explosionsgefährlich
R 3	Durch Schlag, Reibung, Feuer oder andere Zündquellen besonders explosionsgefährlich
R 4	Bildet hochempfindliche explosionsgefährliche Metallverbindungen
R 5	Beim Erwärmen explosionsfähig
R 6	Mit und ohne Luft explosionsfähig
R 7	Kann Brand verursachen
R 8	Feuergefahr bei Berührung mit brennbaren Stoffen
R 9	Explosionsgefahr bei Mischung mit brennbaren Stoffen
R 10	Entzündlich
R 11	Leichtentzündlich
R 12	Hochentzündlich
R 13	Hochentzündliches Flüssiggas
R 14	Reagiert heftig mit Wasser
R 15	Reagiert mit Wasser unter Bildung leichtentzündlicher Gase
R 16	Explosionsgefährlich in Mischungen mit brandfördernden Stoffen
R 17	Selbstentzündlich an der Luft
R 18	Bei Gebrauch Bildung explosionsfähiger und leichtentzündlicher Dampf-Luftgemische möglich
R 19	Kann explosionsfähige Peroxide bilden
R 20	Gesundheitsschädlich beim Einatmen
R 21	Gesundheitsschädlich bei Berührung mit der Haut
R 22	Gesundheitsschädlich beim Verschlucken
R 23	Giftig beim Einatmen
R 24	Giftig bei Berührung mit der Haut
R 25	Giftig beim Verschlucken
R 26	Sehr giftig beim Einatmen
R 27	Sehr giftig bei Berührung mit der Haut
R 28	Sehr giftig beim Verschlucken
R 29	Entwickelt bei Berührung mit Wasser giftige Gase
R 30	Kann bei Gebrauch leicht entzündlich werden

R 31	Entwickelt bei Berührung mit Säure giftige Gase
R 32	Entwickelt bei Berührung mit Säure sehr giftige Gase
R 33	Gefahr kumulativer Wirkungen
R 34	Verursacht Verätzungen
R 35	Verursacht schwere Verätzungen
R 36	Reizt die Augen
R 37	Reizt die Atemorgane
R 38	Reizt die Haut
R 39	Ernste Gefahr irreversibler Schäden
R 40	Irreversible Schäden möglich
R 41	Gefahr ernster Augenschäden
R 42	Sensibilisierung durch Einatmen möglich
R 43	Sensibilisierung durch Hautkontakt möglich
R 44	Explosionsgefahr bei Erhitzung unter Einschluß
R 45	Kann Krebs erzeugen
R 46	Kann vererbbare Schäden verursachen
R 47	Kann Mißbildungen verursachen
R 48	Gefahr ernster Gesundheitsschäden bei längerer Exposition

12.3.2 S-Sätze

Die Sicherheitsratschläge geben Empfehlungen, wie Gesundheitsgefahren verhindert oder vermindert werden können.

S 1	Unter Verschluß aufbewahren
S 2	Darf nicht in die Hände von Kindern gelangen
S 3	Kühl aufbewahren
S 4	Von Wohnplätzen fernhalten
S 5	Unter ... aufbewahren (geeignete Flüssigkeit wird vom Hersteller angegeben)
S 6	Unter ... aufbewahren (inertes Gas wird vom Hersteller angegeben)
S 7	Behälter dicht geschlossen halten
S 8	Behälter trocken halten
S 9	Behälter an einem gut gelüfteten Ort aufbewahren
S 10	
S 11	
S 12	Behälter nicht gasdicht verschließen
S 13	Von Nahrungsmitteln, Getränken und Futtermitteln fernhalten
S 14	Von ... fernhalten (inkompatible Substanzen vom Hersteller angegeben)
S 15	Vor Hitze schützen

S 16	Von Zündquellen fernhalten – Nicht rauchen
S 17	Von brennbaren Stoffen fernhalten
S 18	Behälter mit Vorsicht öffnen und handhaben
S 20	Bei der Arbeit nicht essen und trinken
S 21	Bei der Arbeit nicht rauchen
S 22	Staub nicht einatmen
S 23	Gas/Rauch Dampf/Aerosol nicht einatmen
S 24	Berührungen mit der Haut vermeiden
S 25	Berührungen mit den Augen vermeiden
S 26	Bei Berührung mit den Augen gründlich mit Wasser abspülen und Arzt konsultieren
S 27	Beschmutzte und getränkte Kleidung sofort ausziehen
S 28	Bei Berührung mit der Haut sofort abwaschen mit viel … (vom Hersteller angegeben)
S 29	Nicht in die Kanalisation gelangen lassen
S 30	Niemals Wasser hinzugießen
S 31	
S 32	
S 33	Maßnahmen gegen elektrostatische Aufladungen treffen
S 34	Schlag und Reibung vermeiden
S 35	Abfälle und Behälter müssen in gesicherter Weise beseitigt werden
S 36	Bei der Arbeit geeignete Schutzkleidung tragen
S 37	Geeignete Schutzhandschuhe tragen
S 38	Bei unzureichender Belüftung Atemschutzmasken tragen
S 39	Schutzbrille/Gesichtsschutz tragen
S 40	Fußboden und verunreinigte Gegenstände mit … reinigen (vom Hersteller angegeben)
S 41	Explosions- und Brandgase nicht einatmen
S 42	Bei Räuchern/Versprühen geeignetes Atemschutzgerät tragen
S 43	Zum Löschen … (vom Hersteller angegeben) verwenden
S 44	Bei Unwohlsein ärztlichen Rat einholen (wenn möglich, Etikett vorzeigen)
S 45	Bei Unfall oder Unwohlsein sofort Arzt zuziehen (wenn möglich, Etikett vorzeigen)
S 46	Bei Verschlucken sofort ärztlichen Rat einholen und Verpackung oder Etikett vorzeigen
S 47	Nicht bei Temperaturen über …. °C aufbewahren (vom Hersteller angegeben)
S 48	Feuchthalten mit … (geeignetes Mittel vom Hersteller angegeben)
S 49	Nur im Originalbehälter aufbewahren
S 50	Nicht mischen mit … (vom Hersteller angegeben)

S 51 Nur in gut gelüfteten Bereichen verwenden
S 52 Nicht großflächig für Wohn- und Aufenthaltsräume verwenden
S 53 Exposition vermeiden. Vor Gebrauch besondere Anweisung einholen

12.3.3 Gefahrensymbole

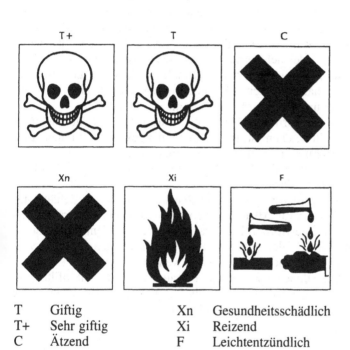

T	Giftig	Xn	Gesundheitsschädlich
T+	Sehr giftig	Xi	Reizend
C	Ätzend	F	Leichtentzündlich

12.3.4 Entsorgung von Chemikalien

Es ist grundsätzlich bei jedem Versuch zu vermeiden, daß giftige und umweltrelevante Stoffe entstehen. Trotzdem werden bei jedem Versuch kleinere Mengen an Chemikalien anfallen, die entsorgt werden müssen. In den jeweiligen Arbeitsvorschriften befinden sich am Schluß Entsorgungs- und Recyclingsempfehlungen von E1 bis E8, die nachfolgend genau beschrieben werden. Das vorliegende Entsorgungskonzept hat sich bewährt und kann empfohlen werden.

E1: Die Lösung kann direkt mit viel Wasser verdünnt in die Kanalisation (Biokläranlage) gegeben werden. Es sollte darauf geachtet werden, daß keine Lösemittel oder Schwermetalle dabei ins Wasser gelangen.

E2: Es werden alle halogenhaltigen Lösemittel in Kanister gesammelt, gekennzeichnet und einer Verbrennungsanlage zugeführt, die in der Lage ist, halogenhaltige Rückstände zu verbrennen.

E3: Nach der Neutralisation mit Essigsäure oder Natronlauge kann die Lösung direkt mit viel Wasser verdünnt in die Kanalisation (Biokläranlage) gegeben werden. Es sollte darauf geachtet werden, daß dabei keine Lösemittel oder Schwermetalle ins Wasser gelangen.

E4: Der Rückstand kann direkt in den Hausmüll gegeben werden.

E5: Es werden alle halogenfreien Lösemittel in einem Kanister gesammelt, gekennzeichnet und einer Verbrennungsanlage zugeführt.

E6: Es sollte eine Schwermetallfällung mit Natriumcarbonat durchgeführt werden. Der Filterkuchen ist abzusaugen, zu trocknen und einem Entsorgungsunternehmen (Chemieabfälle) zu übergeben.
Das Filtrat kann nach der Neutralisation in die Kanalisation (Biokläranlage) gegeben werden.

E7: Die Lösemittel werden in gesonderte Behälter (z. B. einen Behälter für Alkohole und einen für Alkane) gesammelt und dann einer fraktionierten Destillation unterworfen. Die Fraktionen werden identifiziert, quantifiziert (GC, HPLC oder IR-Spektroskopie) und können für viele Synthesen (weniger für Analysen) wiederverwendet werden.

E8: Die Lösemittel können nach einem Filtrationsprozeß (Mikrofiltration) nochmals verwendet werden (z. B. als Laufmittel für die isokratische HPLC, maximal zwei bis drei Durchläufe).

Sachwortregister